WESTERMANN-FACHBÜCHER

BEISPIELE ZUR INTEGRALRECHNUNG

von

DIPL.-ING. ERNST HEIMBURG †
Staatl. Baurat a. D., Hagen i. W.

überarbeitet und ergänzt von
WILHELM ARABIN,
Wetzlar

GEORG WESTERMANN VERLAG

© Georg Westermann Verlag, Druckerei und Kartographische Anstalt GmbH & Co.,
Braunschweig 1952
8. Auflage 1976
Gesamtherstellung: Westermann, Braunschweig 1976

ISBN 3-14-20 3108-1

VORWORT ZUR 7. AUFLAGE

In kurzer Folge sind innerhalb weniger Jahre sechs Auflagen dieses Buches unverändert erschienen. Das zeigt, daß Herr Baurat Heimburg mit großer Sorgfalt dieses Buch plante und es verstand, den Bedürfnissen Studierender und Schüler entgegen zu kommen.

Nachdem nun die anderen von Herrn Baurat Heimburg geschaffenen Beispielbände überarbeitet und ergänzt vorliegen, folgt dieser Band mit seinen vielen Beispielen aus der Integralrechnung als letzter.

Hier sind die Änderungen nicht so umfangreich wie bei den beiden anderen Bänden, hier wurde auch weniger ergänzt. Soweit Wünsche vorlagen, wurden sie möglichst berücksichtigt. Es wurden verschiedene Lösungen vervollständigt, Graphen berichtigt. Ganz neu aufgenommen ist das Kapitel „Arbeitsintegral", während auf andere Beispiele aus der Physik vorerst verzichtet wurde.

Verzichtet wurde auch auf Beispiele zu Differentialgleichungen erster und zweiter Ordnung, solche zu logarithmischen, trigonometrischen, usw. Reihen.

Sollte dafür ein echtes Bedürfnis bestehen, sind Verlag und Autor für Hinweise dankbar.

Alle jenen, die mir wertvolle Hinweise für die Neubearbeitung gaben, mich auf Druckfehler aufmerksam machten, danke ich sehr. Ganz besonderen Dank Herrn Oberbaurat, Dipl. Math. Feyler, Stuttgart, dessen umfangreichen Korrekturvorschläge weitgehendst berücksichtigt wurden.

Dank auch jenen, die unermüdlich beim Lesen der vielen Korrekturen halfen, jenen der anderen Bände, und diese. Das sind vor allem meine beiden Kinder cand. phys. Gerald und cand. chem. Gudrun Arabin.

Für die gute Zusammenarbeit und den fachlichen Rat meinen besonderen Dank den Mitarbeitern des Verlages WESTERMANN, vor allem Herrn Verlagsdirektor Dipl. Ing. J. Seebeck. Dank und Anerkennung der Franklin Druckerei in Budapest für die sorgfältige, saubere und gute Arbeit.

Auch weiterhin sind Verlag und Autor dankbar für jede Anregung, vor allem aber für den Hinweis auf Druckfehler, die sich wohl nie ganz vermeiden lassen. Diesem überarbeiteten Band wünsche ich genau so viel Erfolg wie seinen Vorgängern.

Wetzlar, März 1969 *Wilhelm Arabin*

INHALT

1. **Kurze Einführung in die Integralrechnung**   5

   1.1 Die Integration als Umkehrung der Differentiation 5
   1.2 Das unbestimmte Integral 6
   1.3 Das bestimmte Integral 7
   1.4 Wichtige Integralformeln 9

2. **Unbestimmtes Integral und Integrationsverfahren**

   2.1 Einfache unbestimmte Integrale 17
   2.2 Integration durch Substitution 21
   2.3 Partielle Integration 32
   2.4 Integration durch Partialbruchzerlegung 47

3. **Bestimmtes Integral**

   3.1 Bestimmte Integrale 54
   3.2 Berechnung der Flächen ebener Figuren 62
   3.3 Berechnen der Länge eines Kurvenbogens 80
   3.4 Berechnen der Rotationsfläche 82
   3.5 Volumenberechnung von Rotationskörpern 86

4. **Weitere Anwendungen der Integralrechnung**

   4.1 Statische Momente und Schwerpunkte bei Linien und Flächen 102
   4.2 Statische Momente und Schwerpunkte von Körpern 118
   4.3 Trägheitsmomente von Flächen 124
   4.4 Trägheitsmomente von Körpern 131
   4.5 Die physikalische Arbeit als bestimmtes Integral 140

1. KURZE EINFÜHRUNG IN DIE INTEGRALRECHNUNG

Die nachfolgende kurze Einführung in die Integralrechnung will kein Lehrbuch ersetzen. Sie beabsichtigt auch nicht, vollständig zu sein. Weil die große Gefahr besteht, daß die Integration, schematisch durchgeführt, zu einem Verfahren mit unzähligen Kochrezepten wird, will sie an die Zusammenhänge mit der Differentiation und die Bedeutung der Integration selbst erinnern.
Dabei greift sie bewußt zu den volkstümlicheren Darstellungen des bestimmten Integrals, und sie verzichtet, alle Sätze und Regeln zu beweisen.
Exakte Angaben und Darstellungen samt Beweisen finden sich in jedem größeren Lehrbuch der Mathematik, bzw. in Handbüchern.

1.1 Die Integration als Umkehrung der Differentiation

Nach den entwickelten Ableitungsregeln hat die Potenzfunktion $x \rightarrow y \mid y = a \cdot x^n$ die Ableitungen: $x \rightarrow y' \mid y' = a \cdot n \cdot x^{n-1}$; $x \rightarrow y'' \mid y'' = a \cdot n \cdot (n-1) x^{n-2}$ usw. Stammfunktion, 1. 2. und alle $n-1$ Ableitungen sind Funktionen von x.
Der Schluß liegt nahe, durch Umkehrung des Verfahrens, von einer Ableitung ausgehend, die nächstniedere Ableitung und schließlich die Ausgangsfunktion zu gewinnen.
Aus

$$y'' = a \cdot n \cdot (n-1) \cdot x^{n-2} \qquad \text{wird}$$

$$y' = a \cdot n \cdot \frac{n-1}{n-1} \cdot x^{n-2+1} = a \cdot n \cdot x^{n-1} \qquad \text{und}$$

$$y = a \cdot \frac{n}{n} \cdot x^{n-1+1} \qquad = a \cdot x^n$$

Diese Umkehrung der Differentiation nennt man Integration, den Vorgang Integrieren.
Für obiges Beispiel läßt sich die einfache Regel aufstellen:

■   Beim Integrieren einer Potenzfunktion wird der Exponent um eins erhöht und die
■   neue Funktion durch den neuen Exponenten dividiert.

Geht man von der Funktion $x \rightarrow f(x)$ aus, gilt es, eine zugehörige „Stammfunktion" $x \rightarrow J(x)$ zu suchen, deren 1. Ableitung $J'(x) = f(x)$ ist.

$$J'(x) = f(x)$$

$$\frac{\mathrm{d}J(x)}{\mathrm{d}x} = f(x)$$

$$\mathrm{d}J(x) = f(x) \cdot \mathrm{d}x$$

$\int f(x) \cdot \mathrm{d}x = J(x)$ (Gelesen: Integral f von x mal $\mathrm{d}x$ ist gleich J von x.) $\int$ ist das Zeichen für die durchzuführende Integration. Wird das Differential $f(x) \cdot \mathrm{d}x$ integriert, heben sich die Operationszeichen $\int$ für die Integration und d für die Differentiation auf.

1.2 Das unbestimmte Integral

Nach den Ableitungsregeln haben die Funktionen:

$$x \rightarrow y \mid y = 2x^3 - 24x + 6$$
$$x \rightarrow y \mid y = 2x^3 - 24x - 3$$
$$x \rightarrow y \mid y = 2x^3 - 24x + 15 \text{ alle dieselbe 1. Ableitung}$$
$$y' = J'(x) = f(x) = 6x^2 - 24$$

Durch Integration läßt sich nicht feststellen, welches absolute Glied zur Stammfunktion gehört.

$$J(x) = \int f(x) \cdot dx = \int (6x^2 - 24)\, dx$$

$$J(x) = 2x^3 - 24x + ??$$

Dieses Integral heißt das *unbestimmte Integral* und anstelle der nicht genau zu ermittelnden Konstanten setzt man C, die *Integrationskonstante*.

$$y = J(x) = 2x^3 - 24x + C$$

stellt nicht eine einzige Funktion dar, sondern eine Menge Stammfunktionen, die alle demselben Differential $f(x) \cdot dx = (6x^2 - 24) \cdot dx$ zugeordnet werden können.

Das unbestimmte Integral ist die Menge J_u aller zuzuordnenden Stammfunktionen $J(x) + C$.

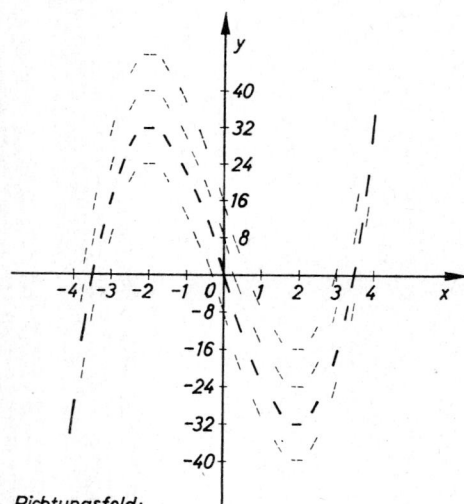

Richtungsfeld:
$y = 2x^3 - 24x + C$

Für die Menge J_u gilt:
$J_u = \{J(x) + C \mid C \in R\}$,
wenn $J'(x) = f(x)$ ist.

Graphisch stellt das unbestimmte Integral das Richtungsfeld einander paralleler Funktionen dar, aus dem durch eine zusätzliche Angabe eine bestimmte Funktion herausgenommen werden kann.

Z. B. Durch die zusätzliche Angabe: „schneidet bei $+6$ die y-Achse", wird aus der Parabelschar $y = 2x^3 - 24x + C$ die Parabel $y = 2x^3 - 24x + 6$ herausgelöst.

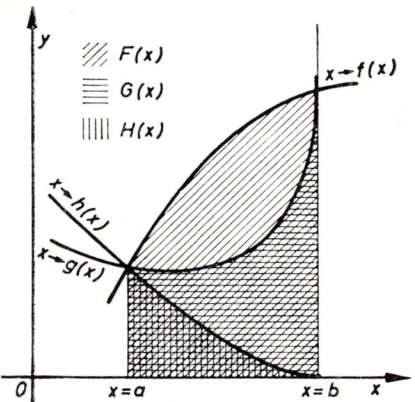
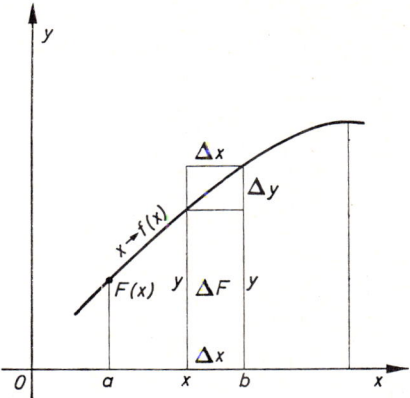

1.3 Das bestimmte Integral

Die drei Funktionen:
$$x \to f(x) \quad x \to g(x) \quad x \to h(x)$$

seien in dem Intervall $[a, b]$ stetig, monoton steigend (oder fallend) und die zugehörigen Funktionswerte ≥ 0, d. h. ihre Graphen verlaufen oberhalb der x-Achse oder berühren sie.
Sie sind die obere Begrenzung der Flächen $F(x)$, $G(x)$, $H(x)$, die außerdem von der x-Achse und den Parallelen zur y-Achse $x = a$ und $x = b$ begrenzt werden. Die Inhalte von $F(x)$, $G(x)$, $H(x)$ sind allein abhängig vom Verlauf der begrenzenden Graphen. $F(x)$ ist eine Funktion von $f(x)$, $G(x)$ eine solche von $g(x)$ und $H(x)$ eine von $h(x)$.

Die Fläche A im Intervall $[a, b]$ ist eine Funktion $F(x)$ und wir vermuten, daß diese Funktion eine Integralfunktion von $f(x)$ ist. (Bzw. $G(x)$ eine von $g(x)$ und $H(x)$ eine solche von $h(x)$.)

Ändert man in dieser noch unbekannten Flächenfunktion x um Δx, so ändert sich y um Δy und wird zu $y + \Delta y$. Die Gesamtfläche ändert sich gleichfalls um ΔF.

Nun ist ΔF größer als das Rechteck $\Delta x \cdot (y + \Delta y)$ und kleiner als das Rechteck $\Delta x \cdot y$.

$$\Delta x \cdot y < \Delta F < \Delta x \cdot (y + \Delta y)$$

Durch Δx dividiert:

$$y < \frac{\Delta F}{\Delta x} < y + \Delta y$$

Strebt nun $\Delta x \to 0$, wird beim Grenzübergang $\frac{\Delta F}{\Delta x}$ zu $\frac{dF}{dx}$ und $F'(x)$; ist $F'(x) = y$.

$$\lim_{\Delta x \to 0} \frac{\Delta F}{\Delta x} = F'(x) = y = f(x).$$

Damit ist gezeigt, daß die Fläche A eine Integralfunktion $F(x)$ von $f(x)$ ist.

$$A = \int F'(x)\, dx = \int f(x)\, dx = F(x) + C$$

Die Fläche, die sich von a bis b erstreckt, ist genau an der Stelle a gleich 0.

$$A_{(a)} = F(a) + C = 0 \quad \text{oder} \quad C = -F(a)$$

und

$$A_{(a,\,x)} = F(x) - F(a)$$

Die Fläche im Intervall $[a, b]$ ist demnach

$$A_{(a,\,b)} = F(b) - F(a) = \int_a^b f(x)\,\mathrm{d}x$$

- $\int_a^b f(x) \cdot \mathrm{d}x$ ist das bestimmte Integral von $f(x)$ in den Grenzen a und b. Es gibt die
- Fläche an, die von der x-Achse, den beiden Parallelen zur y-Achse $x = a$ und
- $x = b$ und der Funktion $x \to f(x)$ begrenzt wird.

Das Zeichen $\int$ kommt von dem Summenzeichen $\sum$ her. Zerlegt man nämlich die Fläche zwischen $x = a$ und $x = b$ in n Streifen, kann man n Rechtecke unter der Kurve und n Rechtecke oberhalb der Kurve bilden. Je größer n, desto kleiner wird die Differenz beider Rechtecksummen und nähert sich die Rechtecksumme selbst der Fläche unter der Kurve. Für $n \to \infty$ ist die Differenz beider Rechtecksummen 0 und die Fläche der unteren oder oberen Rechtecke gleich der Fläche unterhalb der Kurve, d. h. gleich der Summe aller n Rechtecke von $x = a$ bis $x = b$.

Wenn nun n gegen ∞ strebt, wird (noch volkstümlicher ausgedrückt) das Rechteck zum y-Strich. Und damit die gesamte Fläche als Summe aller Rechtecke zur Summe aller y von a bis b

$$A_{(a,\,b)} = \int_a^b y \cdot \mathrm{d}x = \int_a^b f(x) \cdot \mathrm{d}x$$

Ähnlich läßt sich die Berechnung der Drehkörpervolumen erklären. Dreht sich die oben berechnete Fläche um die x-Achse, kann man den so entstehenden Körper in n „dünne Scheiben" zerlegen. Jede Scheibe hat das Volumen $y^2 \cdot \pi \cdot h$ $\left(\text{für } h = \dfrac{b-a}{n}\right)$. Die Summe all dieser „Scheiben" ist der Drehkörper, wenn $n \to \infty$ und $\Delta h \to 0$ strebt.

Daraus folgt die Formel für das Drehkörpervolumen:

$$V = \int_a^b y^2\,\pi\,\mathrm{d}x = \pi \int_a^b [f(x)]^2 \cdot \mathrm{d}x$$

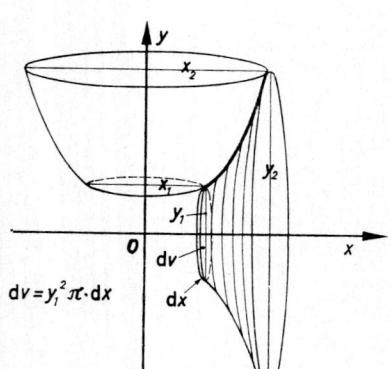

bei Drehung um die x-Achse und

$$V = \pi \int_a^b x^2\,\mathrm{d}y$$

bei Drehung um die y-Achse.

1.4 Wichtige Integralformeln

Bei allen Formeln ist die hier weggelassene Integrationskonstante C zu ergänzen.

1. $\int f'(x)\,dx = f(x)$

2. $\int dx = x$

3. $\int (u \pm v)\,dx = \int u\,dx \pm \int v\,dx$

4. $\int x^m\,dx = \dfrac{x^{m+1}}{m+1};\ m \neq -1$

5. $\int (a+bx)^m\,dx = \dfrac{(a+bx)^{m+1}}{b(m+1)}$

6. $\int \dfrac{dx}{x} = \ln x$

7. $\int \dfrac{dx}{x^2} = -\dfrac{1}{x}$

8. $\int \dfrac{f'(x)}{f(x)}\,dx = \int \dfrac{df(x)}{f(x)} = \ln[f(x)]$

9. $\int e^x\,dx = e^x;$

10. $\int e^{-x}\,dx = -e^{-x} = -\dfrac{1}{e^x}$

11. $\int e^{f(x)} f'(x)\,dx = e^{f(x)}$

12. $\int x e^x\,dx = e^x(x-1)$

13. $\int x^2 e^x\,dx = e^x(x^2 - 2x + 2)$

14. $\int x^3 e^x\,dx = e^x(x^3 - 3x^2 + 6x - 6)$

15. $\int x^n e^x\,dx = e^x x^n - n \int x^{n-1} e^x\,dx$

16. $\int e^{ax}\,dx = \dfrac{1}{a} e^{ax}$

17. $\int x e^{ax}\,dx = \dfrac{1}{a} e^{ax}\left(x - \dfrac{1}{a}\right) = \dfrac{e^{ax}}{a^2}(ax - 1)$

18. $\int x^n e^{ax}\,dx = \dfrac{1}{a} x^n e^{ax} - \dfrac{n}{a} \int x^{n-1} e^{ax}\,dx$

19. $\int \dfrac{e^{ax}}{x^m}\,dx = -\dfrac{1}{m-1} \dfrac{e^{ax}}{x^{m-1}} + \dfrac{a}{m-1} \int \dfrac{e^{ax}}{x^{m-1}}\,dx$

20. $\int a^x\,dx = \dfrac{a^x}{\ln a}$

21. $\int \ln x\,dx = x(\ln x - 1)$

22. $\int (\ln x)^m\,dx = x(\ln x)^m - m \int (\ln x)^{m-1}\,dx$

23. $\int x \ln x\,dx = \dfrac{x^2}{2}\left(\ln x - \dfrac{1}{2}\right)$

24. $\int x^2 \ln x\,dx = \dfrac{x^3}{3}\left(\ln x - \dfrac{1}{3}\right)$

25. $\int x^3 \ln x\,dx = \dfrac{x^4}{4}\left(\ln x - \dfrac{1}{4}\right)$

26. $\int x^m \ln x\,dx = \dfrac{x^{m+1}}{m+1}\left(\ln x - \dfrac{1}{m+1}\right)$

27. $\int \dfrac{\ln x}{x}\,dx = \dfrac{1}{2}(\ln x)^2$

28. $\int \dfrac{\ln x}{x^2}\,dx = -\dfrac{1}{x}(\ln x + 1)$

29. $\int \dfrac{dx}{\ln x \cdot x} = \int \dfrac{\frac{dx}{x}}{\ln x} = \ln|\ln x|$

30. $\int \dfrac{(\ln x)^2}{x}\,dx = \dfrac{1}{3}(\ln x)^3$

30a. $\int (\ln a \pm bx)\,dx = \pm \dfrac{1}{b}(a \pm bx) \ln(a \pm bx) - x$

30b. $\int \ln(x^2 + a^2)\,dx = x \cdot \ln(x^2 + a^2) + 2a \cdot \arctan \dfrac{x}{2} - 2x$

31. $\int \dfrac{dx}{x+a} = \ln(x+a)$

32. $\int \dfrac{dx}{x-a} = \ln(x-a)$

33. $\int \dfrac{dx}{a-x} = -\ln(a-x)$ $\qquad$ 34. $\int \dfrac{dx}{a+bx} = \dfrac{1}{b}\ln(a+bx)$

35. $\int \dfrac{dx}{ax+b} = \dfrac{1}{a}\ln(ax+b)$ $\qquad$ 36. $\int \dfrac{dx}{(x-a)(x-b)} = \dfrac{1}{a-b}\ln\left(\dfrac{x-a}{x-b}\right)$

37. $\int \dfrac{dx}{(a+bx)^2} = -\dfrac{1}{(a+bx)b}$ $\qquad$ 38. $\int \dfrac{dx}{(a-bx)^2} = \dfrac{1}{(a-bx)b}$

39. $\int \dfrac{dx}{a+bx^2} = \dfrac{1}{\sqrt{a\cdot b}}\operatorname{arc}\left[\tan\left(\sqrt{\dfrac{b}{a}}\cdot x\right)\right]$

40. $\int \dfrac{dx}{a-bx^2} = \dfrac{1}{2\sqrt{a\cdot b}}\ln\left(\dfrac{\sqrt{a}+x\sqrt{b}}{\sqrt{a}-x\sqrt{b}}\right) = \dfrac{1}{2\sqrt{ab}}\ln\left(\dfrac{\sqrt{ab}+bx}{\sqrt{ab}-bx}\right)$

41. $\int \dfrac{dx}{a^2+x^2} = \dfrac{1}{a}\operatorname{arc\,tan}\left(\dfrac{x}{a}\right) = -\dfrac{1}{a}\operatorname{arc\,cot}\left(\dfrac{x}{a}\right) = \dfrac{1}{2\,ai}\ln\left(\dfrac{x-ai}{x+ai}\right)$

42. $\int \dfrac{dx}{a^2-x^2} = \dfrac{1}{2a}\ln\left(\dfrac{a+x}{a-x}\right)$ $\qquad$ 43. $\int \dfrac{dx}{1-x^2} = \dfrac{1}{2}\ln\left(\dfrac{1+x}{1-x}\right)$

44. $\int \dfrac{dx}{x^2-a^2} = \dfrac{1}{2a}\ln\left(\dfrac{x-a}{x+a}\right)$

45. $\int \dfrac{x\,dx}{a+bx^2} = \dfrac{1}{2b}\ln(a+bx^2)$ $\qquad$ 46. $\int \dfrac{x\,dx}{a-bx^2} = -\dfrac{1}{2b}\ln(a-bx^2)$

47. $\int \dfrac{x\,dx}{a^2+x^2} = \dfrac{1}{2}\ln(a^2+x^2)$ $\qquad$ 48. $\int \dfrac{x\,dx}{1+x^2} = \dfrac{1}{2}\ln(1+x^2)$

49. $\int \dfrac{x\,dx}{a^2-x^2} = -\dfrac{1}{2}\ln(a^2-x^2)$ $\qquad$ 50. $\int \dfrac{x\,dx}{x^2-a^2} = \dfrac{1}{2}\ln(x^2-a^2)$

51. $\int \sqrt{a+bx}\,dx = \dfrac{2}{3b}\sqrt{(a+bx)^3}$ $\qquad$ 52. $\int \sqrt{a-bx}\,dx = -\dfrac{2}{3b}\sqrt{(a-bx)^3}$

53. $\int \sqrt{a+x}\,dx = \dfrac{2}{3}\sqrt{(a+x)^3}$

54. $\int \sqrt{a^2+x^2}\,dx = \dfrac{x}{2}\sqrt{a^2+x^2} + \dfrac{a^2}{2}\ln(x+\sqrt{a^2+x^2})$

55. $\int \sqrt{1+x^2}\,dx = \dfrac{x}{2}\sqrt{1+x^2} + \dfrac{1}{2}\ln(x+\sqrt{1+x^2})$

56. $\int \sqrt{a^2-x^2}\,dx = \dfrac{x}{2}\sqrt{a^2-x^2} + \dfrac{a^2}{2}\operatorname{arc\,sin}\left(\dfrac{x}{a}\right)$

57. $\int \sqrt{1-x^2}\,dx = \dfrac{x}{2}\sqrt{1-x^2} + \dfrac{1}{2}\operatorname{arc\,sin}x$

58. $\int \sqrt{x^2-a^2}\,dx = \dfrac{x}{2}\sqrt{x^2-a^2} - \dfrac{a^2}{2}\ln(x+\sqrt{x^2-a^2})$

59. $\int \sqrt{x^2-1}\,dx = \dfrac{x}{2}\sqrt{x^2-1} - \dfrac{1}{2}\ln(x+\sqrt{x^2-1})$

60. $\int \sqrt{2ax-x^2}\,dx = \dfrac{x-a}{2}\sqrt{2ax-x^2} + \dfrac{a^2}{2}\operatorname{arc\,sin}\left(\dfrac{x-a}{a}\right)$

61. $\int \sqrt{a^2+x^2}\,x\,dx = \dfrac{1}{3}\sqrt{(a^2+x^2)^3}$ $\qquad$ 62. $\int \sqrt{a^2-x^2}\,x\,dx = -\dfrac{1}{3}\sqrt{(a^2-x^2)^3}$

63. $\int \sqrt{1+x^2}\, x\, dx = \frac{1}{3}\sqrt{(1+x^2)^3}$ 64. $\int \sqrt{1-x^2}\, x\, dx = -\frac{1}{3}\sqrt{(1-x^2)^3}$

65. $\int \sqrt{x^2-a^2}\, x\, dx = \frac{1}{3}\sqrt{(x^2-a^2)^3}$ 66. $\int \sqrt{x^2-1}\, x\, dx = \frac{1}{3}\sqrt{(x^2-1)^3}$

67. $\int x^m \sqrt{a^2+x^2}\, dx = \frac{x^{m+1}}{m+2}\sqrt{a^2+x^2} + \frac{a^2}{m+2}\int \frac{x^m\, dx}{\sqrt{a^2+x^2}}$

68. $\int x^m \sqrt{a^2-x^2}\, dx = \frac{x^{m+1}}{m+2}\sqrt{a^2-x^2} + \frac{a^2}{m+2}\int \frac{x^m\, dx}{\sqrt{a^2-x^2}}$

69. $\int x^m \sqrt{x^2-a^2}\, dx = \frac{x^{m+1}}{m+2}\sqrt{x^2-a^2} - \frac{a^2}{m+2}\int \frac{x^m\, dx}{\sqrt{x^2-a^2}}$

70. $\int \frac{\sqrt{a^2-x^2}}{x}\, dx = \sqrt{a^2-x^2} - a \ln\left(\frac{a+\sqrt{a^2-x^2}}{x}\right)$

70a. $\int \frac{\sqrt{a^2+x^2}}{x}\, dx = \sqrt{a^2+x^2} - a \ln\left(\frac{a+\sqrt{a^2+x^2}}{x}\right)$

71. $\int \frac{\sqrt{x^2-a^2}}{x}\, dx = \sqrt{x^2-a^2} - a \arccos\left(\frac{a}{x}\right)$

72. $\int \frac{dx}{\sqrt{a+x}} = 2\sqrt{a+x}$ 73. $\int \frac{dx}{\sqrt{a-x}} = -2\sqrt{a-x}$

74. $\int \frac{dx}{\sqrt{a+bx}} = \frac{2}{b}\sqrt{a+bx}$ 75. $\int \frac{dx}{\sqrt{a-bx}} = -\frac{2}{b}\sqrt{a-bx}$

76. $\int \frac{dx}{\sqrt{1+x^2}} = \ln(x+\sqrt{1+x^2})$ 77. $\int \frac{dx}{\sqrt{a^2+x^2}} = \ln(x+\sqrt{a^2+x^2})$

77a. $\int \frac{dx}{\sqrt{a^2-x^2}} = \arcsin\left(\frac{x}{a}\right) = -\arccos\left(\frac{x}{a}\right)$ 78. $\int \frac{dx}{\sqrt{2ax-x^2}} = \arcsin\left(\frac{x-a}{a}\right)$

79. $\int \frac{dx}{\sqrt{x^2-a^2}} = \ln(x+\sqrt{x^2-a^2})$ 80. $\int \frac{dx}{\sqrt{x^2-1}} = \ln(x+\sqrt{x^2-1})$

81. $\int \frac{dx}{x\sqrt{a^2+x^2}} = -\frac{1}{a}\ln\left(\frac{a+\sqrt{a^2+x^2}}{x}\right) = \frac{1}{a}\ln\left(\frac{x}{a+\sqrt{a^2+x^2}}\right)$

82. $\int \frac{dx}{x\sqrt{a^2-x^2}} = -\frac{1}{a}\ln\left(\frac{a+\sqrt{a^2-x^2}}{x}\right) = \frac{1}{a}\ln\left(\frac{x}{a+\sqrt{a^2-x^2}}\right)$

83. $\int \frac{dx}{x\sqrt{x^2-a^2}} = -\frac{1}{a}\arcsin\left(\frac{a}{x}\right) = \frac{1}{a}\arccos\left(\frac{a}{x}\right)$

84. $\int \frac{dx}{x\sqrt{2ax-a^2}} = \frac{1}{a}\arcsin\left(\frac{x-a}{x}\right)$

85. $\int \frac{dx}{x^2\sqrt{a^2+x^2}} = -\frac{\sqrt{a^2+x^2}}{a^2 x}$ 86. $\int \frac{dx}{x^2\sqrt{a^2-x^2}} = -\frac{\sqrt{a^2-x^2}}{a^2 x}$

87. $\int \frac{dx}{x^2\sqrt{1+x^2}} = -\frac{\sqrt{1+x^2}}{x}$ 88. $\int \frac{dx}{x^2\sqrt{1-x^2}} = -\frac{\sqrt{1-x^2}}{x}$

89. $\int \dfrac{dx}{x^2\sqrt{x^2-a^2}} = \dfrac{\sqrt{x^2-a^2}}{a^2 x}$

90. $\int \dfrac{x\,dx}{\sqrt{a+bx^2}} = \dfrac{1}{b}\sqrt{a+bx^2}$ 91. $\int \dfrac{x\,dx}{\sqrt{a-bx^2}} = -\dfrac{1}{b}\sqrt{a-bx^2}$

92. $\int \dfrac{x\,dx}{\sqrt{a^2+x^2}} = \sqrt{a^2+x^2}$ 93. $\int \dfrac{x\,dx}{\sqrt{a^2-x^2}} = -\sqrt{a^2-x^2}$

94. $\int \dfrac{x\,dx}{\sqrt{1-x^2}} = -\sqrt{1-x^2}$ 95. $\int \dfrac{x\,dx}{\sqrt{x^2-a^2}} = \sqrt{x^2-a^2}$

96. $\int \dfrac{x^2\,dx}{\sqrt{a^2+x^2}} = \dfrac{x}{2}\sqrt{a^2+x^2} - \dfrac{a^2}{2}\ln(x+\sqrt{a^2+x^2})$

97. $\int \dfrac{x^2\,dx}{\sqrt{1+x^2}} = \dfrac{x}{2}\sqrt{1+x^2} - \dfrac{1}{2}\ln(x+\sqrt{1+x^2})$

98. $\int \dfrac{x^2\,dx}{\sqrt{a^2-x^2}} = -\dfrac{x}{2}\sqrt{a^2-x^2} + \dfrac{a^2}{2}\arcsin\left(\dfrac{x}{a}\right)$

99. $\int \dfrac{x^2\,dx}{\sqrt{1-x^2}} = -\dfrac{x}{2}\sqrt{1-x^2} + \dfrac{1}{2}\arcsin x$

100. $\int \dfrac{x^2\,dx}{\sqrt{x^2-a^2}} = \dfrac{x}{2}\sqrt{x^2-a^2} + \dfrac{a^2}{2}\ln(x+\sqrt{x^2-a^2})$

101. $\int \dfrac{x^2\,dx}{\sqrt{x^2-1}} = \dfrac{x}{2}\sqrt{x^2-1} + \dfrac{1}{2}\ln(x+\sqrt{x^2-1})$

102. $\int \dfrac{x^m\,dx}{\sqrt{a^2+x^2}} = \dfrac{x^{m-1}}{m}\sqrt{a^2+x^2} - \dfrac{(m-1)a^2}{m}\int \dfrac{x^{m-2}\,dx}{\sqrt{a^2+x^2}}$

103. $\int \dfrac{x^m\,dx}{\sqrt{a^2-x^2}} = -\dfrac{x^{m-1}}{m}\sqrt{a^2-x^2} + \dfrac{(m-1)a^2}{m}\int \dfrac{x^{m-2}\,dx}{\sqrt{a^2-x^2}}$

104. $\int \dfrac{x^m\,dx}{\sqrt{x^2-a^2}} = \dfrac{x^{m-1}}{m}\sqrt{x^2-a^2} + \dfrac{(m-1)a^2}{m}\int \dfrac{x^{m-2}\,dx}{\sqrt{x^2-a^2}}$

105. $\int \dfrac{dx}{\sqrt{1-x^2}} = \arcsin x = -\arccos x$ 105a. $-\int \dfrac{dx}{\sqrt{1-x^2}} = \arccos x = -\arcsin x$

106. $\int \dfrac{dx}{1+x^2} = \arctan x = -\operatorname{arccot} x$ 106a. $-\int \dfrac{dx}{1+x^2} = \operatorname{arccot} x = -\arctan x$

107. $\int \sin x\,dx = -\cos x;$ 107a. $\int \sin(mx)\,dx = -\dfrac{1}{m}\cos(mx)$ 107b. $\int \sin(2x)\,dx = $

108. $\int \cos x\,dx = \sin x;$ 108a. $\int \cos(mx)\,dx = \dfrac{1}{m}\sin(mx)$ $= -\dfrac{1}{2}\cos(2x)$

108b. $\int \cos(2x)\,dx = \dfrac{1}{2}\sin(2x)$

109. $\int -\sin x\,dx = -\int \sin x\,dx \cos x$ 110. $\int -\cos x\,dx = -\int \cos x\,dx = -\sin x$

111. $\int \tan x\, dx = -\ln(\cos x)$ 111a. $\int \tan(mx)\, dx = -\dfrac{1}{m}\ln\cos(mx)$

112. $\int \cot x\, dx = \ln(\sin x)$ 112a. $\int \cot(mx)\, dx = \dfrac{1}{m}\ln\sin(mx)$

113. $\int \dfrac{dx}{\cos^2 x} = \tan x$ 113a. $\int (1+\tan^2 x)\, dx = \tan x$ 113b. $\int \dfrac{dx}{\cos^2(ax)} = \dfrac{1}{a}\tan(ax)$

114. $\int \dfrac{dx}{\sin^2 x} = -\cot x$ 114a. $\int (1+\cot^2 x)\, dx = -\cot x$ 114b. $\int \dfrac{dx}{\sin^2(ax)} = -\dfrac{1}{a}\cot(ax)$

115. $\int x \sin x\, dx = -x\cos x + \sin x$ 116. $\int x\cos x\, dx = x\sin x + \cos x$

117. $\int x^2 \sin x\, dx = (2-x^2)\cos x + 2x\sin x$ 117a. $\int x^n \sin x\, dx = -x^n \cos x + n\int x^{n-1}\cos x\, dx$

118. $\int x^2 \cos x\, dx = (x^2-2)\sin x + 2x\cos x$ 118a. $\int x^n \cos x\, dx = x^n \sin x - n\int x^{n-1}\sin x\, dx$

119. $\int e^x \sin x\, dx = \dfrac{e^x}{2}(\sin x - \cos x)$ 120. $\int e^x \cos x\, dx = \dfrac{e^x}{2}(\sin x + \cos x)$

121. $\int e^{ax}\sin(bx)\, dx = \dfrac{e^{ax}}{a^2+b^2}(a\sin(bx) - b\cos(bx))$

122. $\int e^{ax}\cos(bx)\, dx = \dfrac{e^{ax}}{a^2+b^2}(a\cos(bx) + b\sin(bx))$

123. $\int \arcsin x\, dx = x\arcsin x + \sqrt{1-x^2}$ 123a. $\int \arccos x\, dx = x\arccos x - \sqrt{1-x^2}$

124. $\int \arctan x\, dx = x\arctan x - \dfrac{1}{2}\ln(1+x^2)$

125. $\int \operatorname{arccot} x\, dx = x\operatorname{arccot} x + \dfrac{1}{2}\ln(1+x^2)$

126. $\int 3x^2 \arcsin x\, dx = x^3 \arcsin x + \dfrac{\sqrt{1-x^2}(2+x^2)}{3}$

127. $\int \dfrac{dx}{\sin x \cos x} = \ln(\tan x) = -\ln(\cot x)$ 128. $\int \dfrac{dx}{\sin^2 x \cos^2 x} = -2\cot 2x = \tan x - \cot x$

129. $\int \dfrac{dx}{\sin x} = \ln\left(\tan\dfrac{x}{2}\right) = -\ln\left(\cot\dfrac{x}{2}\right)$

130. $\int \dfrac{dx}{\cos x} = -\ln\left[\tan\left(\dfrac{\pi}{4}-\dfrac{x}{2}\right)\right] = \ln\left[\tan\left(\dfrac{\pi}{4}+\dfrac{x}{2}\right)\right]$

$= \ln\left[\cot\left(\dfrac{\pi}{4}-\dfrac{x}{2}\right)\right] = -\ln\left[\cot\left(\dfrac{\pi}{4}+\dfrac{x}{2}\right)\right]$

131. $\int \dfrac{\tan x}{\cos x}\, dx = \dfrac{1}{\cos x}$ 132. $\int \dfrac{\cot x}{\sin x}\, dx = -\dfrac{1}{\sin x}$

133. $\int \dfrac{dx}{1+\cos x} = \tan\left(\dfrac{x}{2}\right)$ 134. $\int \dfrac{dx}{1-\cos x} = -\cot\left(\dfrac{x}{2}\right)$

135. $\int \sin x \cos x\, dx = \dfrac{1}{2}\sin^2 x + C_1 = -\dfrac{1}{2}\cos^2 x + C_2 = -\dfrac{1}{4}\cos(2x) + C$

136. $\int \sin^2 x \, dx = \dfrac{x}{2} - \dfrac{\sin x \cos x}{2} = \dfrac{x}{2} - \dfrac{1}{4} \sin(2x)$

137. $\int \cos^2 x \, dx = \dfrac{x}{2} + \dfrac{\sin x \cos x}{2} = \dfrac{x}{2} + \dfrac{1}{4} \sin(2x)$

138. $\int \sin^m x \, dx = -\dfrac{1}{m} \sin^{m-1} x \cos x + \dfrac{m-1}{m} \int \sin^{m-2} x \, dx$

139. $\int \sin^{2n+1} x \, dx = \int (1 - \cos^2 x)^n \sin x \, dx = -\int (1 - \cos^2 x)^n \, d(\cos x)$

140. $\int \sin^m x \cos^{2n+1} x \, dx = \int \sin^m x (1 - \sin^2 x)^n \cos x \, dx = \int \sin^m x (1 - \sin^2 x)^n \, d(\sin x)$

141. $\int \cos^m x \, dx = \dfrac{1}{m} \cos^{m-1} x \sin x + \dfrac{m-1}{m} \int \cos^{m-2} x \, dx$

142. $\int \cos^{2n+1} x \, dx = \int (1 - \sin^2 x)^n \cos x \, dx = \int (1 - \sin^2 x)^n \, d(\sin x)$

143. $\int \cos^m x \sin^{2n+1} x \, dx = \int \cos^m x (1 - \cos^2 x)^n \sin x \, dx = -\int \cos^m x (1 - \cos^2 x)^n \, d(\cos x)$

143a. $\int \tan^2 x \, dx = \tan x - x$ 143b. $\int \tan^n x \, dx = \dfrac{\tan^{n-1} x}{n-1} - \int \tan^{n-2} x \, dx$

143c. $\int \cot^2 x \, dx = -\cot x - x$ 143d. $\int \cot^n x \, dx = -\dfrac{\cot^{n-1} x}{n-1} - \int \cot^{n-2} x \, dx$

144. Integration durch Substitution. (Siehe S. 21 ff)
Setzt man $x = \varphi(t)$ also $dx = \varphi'(t) \, dt$, so wird
$$\int f(x) \, dx = \int f[\varphi(t)] \, \varphi'(t) \, dt$$

145. Partielle Integration (Siehe S. 32 ff)
$$\int u \, dv = uv - \int v \, du$$

146. Integration durch Partialbruchzerlegung. (Siehe S. 47 ff)
Ist bei einer echt gebrochenen rationalen Funktion der Zähler vom ersten und der Nenner vom zweiten Grade, so kann man dem Zähler die Form $ux + t$ und dem Nenner die Form $x^2 + 2ax + b$ geben. Der Nenner hat also die Form einer quadratischen Gleichung $x^2 + 2x + b = 0$. Hat dieser Nenner die Wurzeln $x_1 = \alpha$ und $x_2 = \beta$, so kann man, wenn diese Wurzeln reell sind, die gegebene Funktion zerlegen in
$$\dfrac{ux + t}{x^2 + 2x + b} = \dfrac{A}{x - \alpha} + \dfrac{B}{x - \beta}$$
A und B sind aber noch zu bestimmen.

147. Der Flächeninhalt einer ebenen Figur, die begrenzt wird (Siehe S. 7)
  a) von der Kurve $y = f(x)$
  b) von der x-Achse
  c) von den beiden Begrenzungsordinaten $x = a$ und $x = b$, ist $A = \int\limits_a^b y \, dx \, f(x) \, dx$

148. Länge eines Kurvenbogens

$$s = \int_{x_1}^{x_2} \sqrt{1+\left(\frac{dy}{dx}\right)^2} \cdot dx = \int_{y_1}^{y_2} \sqrt{1+\left(\frac{dx}{dy}\right)^2} \cdot dy = \int_{t_1}^{t_2} \sqrt{\left(\frac{dx}{dt}\right)^2+\left(\frac{dy}{dt}\right)^2} \cdot dt$$

$$= \int_{t_1}^{t_2} \sqrt{[\varphi'(t)]^2+[\Psi'(t)]^2} \cdot dt$$

149. Mantelfläche der Rotationskörper

$$M = 2\pi \int_{x_1}^{x_2} y \cdot ds = 2\pi \int_{x_1}^{x_2} y \sqrt{\left(1+\frac{dy}{dx}\right)^2} \cdot dx$$

Drehung von $y = f(x)$ um die x-Achse.

$$M = 2\pi \int_{y_1}^{y_2} x \cdot dx = 2\pi \int_{y_1}^{y_2} \sqrt{1+\left(\frac{dx}{dy}\right)^2} \cdot dy$$

Drehung von $x = g(x)$ um die y-Achse

150. Rauminhalt der Umdrehungskörper

    bei Rotation um die x-Achse   bei Rotation um die y-Achse

$$V = \pi \int_{x_1}^{x_2} y^2\, dx \qquad V = \pi \int_{y_1}^{y_2} x^2\, dy$$

151. Schwerpunktskoordinaten eines Kurvenstücks:

$$x_s = \frac{\int_a^b x\sqrt{1+[f'(x)]^2}\cdot dx}{\int_a^b \sqrt{1+[f'(x)]^2}\cdot dx} = \frac{M_y}{\varrho \cdot s} \qquad y_s = \frac{\int_a^b f(x)\sqrt{1+[f'(x)]^2}\cdot dx}{\int_a^b \sqrt{1+[f'(x)]^2}\cdot dx} = \frac{M_x}{\varrho \cdot s}$$

einer Fläche

$$x_s = \frac{\int_a^b x f(x)\, dx}{\int_a^b f(x)\, dx} = \frac{M_y}{\varrho \cdot A} = \frac{\int_a^b x\, dA}{A}$$

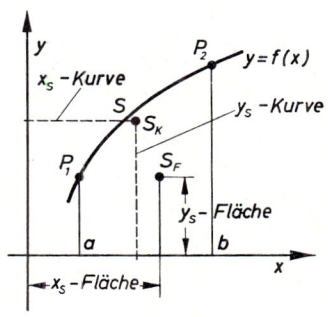

$$y_s = \frac{\frac{1}{2}\int_{x=a}^{x=b} [f(x)]^2\, dx}{\int_{x=a}^{x=b} f(x)\, dx} = \frac{Mx}{\varrho \cdot A} = \frac{\int_{x=a}^{b} y\, dA}{A}$$

von Körpern

$$M_{yz} = \int x\, dV \qquad M_{xz} = \int y\, dV \qquad M_{xy} = \int z\, dV$$

$$x_s = \frac{M_{yz}}{V} \qquad y_s = \frac{M_{xz}}{V} \qquad z_s = \frac{M_{xy}}{V}$$

152. Statische Momente

Drehmoment des Kurvenbogens $\overset{\frown}{P_1P_2}$ in bezug auf x-bzw. y-Achse: ($\varrho =$ konstante Liniendichte)

$$M_x = \varrho \int\limits_{x=a}^{b} y \cdot \mathrm{d}s = \varrho \int\limits_{x=a}^{b} f(x)\sqrt{1+[f'(x)]^2} \cdot \mathrm{d}x \qquad M_y = \varrho \int\limits_{x=a}^{b} x \cdot \mathrm{d}s = \varrho \int\limits_{x=a}^{b} x\sqrt{1+[f'(x)]^2}\, \mathrm{d}x$$

Drehmoment einer Fläche A in bezug auf x-bzw. y-Achse:

$$M_x = \frac{\varrho}{2} \int\limits_{x=a}^{b} [f(x)]^2 \cdot \mathrm{d}x \qquad M_y = \varrho \int\limits_{x=a}^{b} f(x) \cdot \mathrm{d}x$$

153. Berechnung der Trägheitsmomente von Flächen.
Axiales oder äquatoriales Trägheitsmoment

$$J_x = \int y^2\, \mathrm{d}A \qquad J_y = \int x^2\, \mathrm{d}A$$

Polares Trägheitsmoment

$$J_p = \int r^2\, \mathrm{d}A = J_x + J_y$$

Satz von Steiner. Verschiebesatz

$$J_a = J_x + a^2 A = J_y + a^2 A$$

154. Berechnung der Trägheitsmomente von Körpern.
Planales Trägheitsmoment.

$$J_{yz} = \int x^2\, \mathrm{d}V; \qquad J_{xz} = \int y^2\, \mathrm{d}V; \qquad J_{xy} = \int z^2\, \mathrm{d}V$$

Axiales Trägheitsmoment

$$J_x = \int \varrho^2\, \mathrm{d}V = \int (y^2 + z^2)\, \mathrm{d}V = J_{xz} + J_{xy}$$
$$J_y = J_{yz} + J_{yx}$$
$$J_z = J_{yz} + J_{xz}$$

Polares Trägheitsmoment

$$J_p = \int r^2\, \mathrm{d}V = \int (x^2 + y^2 + z^2)\, \mathrm{d}V = J_{yz} + J_{xz} + J_{xy}$$

Satz von Steiner. Verschiebesatz

$$J_0 = J_s + m\, a^2$$

155. Guldinsche Regeln (vergl. S. 113/114)
1. Die Mantelfläche eines Rotationskörpers ist gleich dem Produkt aus der Bogenlänge der erzeugenden Kurve und dem Weg des Schwerpunktes.
2. Das Volumen eines Rotationskörpers ist gleich dem Produkt aus dem Flächeninhalt der rotierenden Fläche und dem Weg ihres Schwerpunktes.

2. UNBESTIMMTES INTEGRAL UND INTEGRATIONSVERFAHREN

2.1 Einfache unbestimmte Integrale

Durch Umkehrung des Verfahren der Differentiation ist die Lösung leicht zu ermitteln. — Die Integrationskonstante C wurde zur Vereinfachung weggelassen.

1. $\int x^8 \, dx = \dfrac{x^9}{9}$

2. $\int 3x^2 \, dx = 3 \int x^2 \, dx = 3 \cdot \dfrac{x^3}{3} = x^3$

3. $\int 9x^5 \, dx = 9 \cdot \dfrac{x^6}{6} = \dfrac{3}{2} x^6$

4. $\int x^{\frac{m}{n}} \, dx = \dfrac{x^{\frac{m}{n}+1}}{\frac{m}{n}+1} = \dfrac{n}{m+n} x^{\frac{m+n}{n}} = \dfrac{n}{m+n} \sqrt[n]{x^{m+n}}$

5. $\int \dfrac{x \, dx}{b} = \dfrac{1}{b} \cdot \dfrac{x^2}{2} = \dfrac{x^2}{2b}$

6. $\int \dfrac{dx}{x^2} = \int x^{-2} \, dx = \dfrac{x^{-1}}{-1} = -\dfrac{1}{x}$

7. $\int \dfrac{dx}{x^3} = -\dfrac{1}{2x^2}$

8. $\int \dfrac{a \, dx}{x^3} = -\dfrac{a}{2x^2}$

9. $\int \dfrac{2 \, dx}{3x^5} = \dfrac{2}{3} \int x^{-5} \, dx = \dfrac{2}{3} \cdot \dfrac{x^{-4}}{-4} = -\dfrac{1}{6x^4}$

10. $\int \dfrac{8 \, dx}{x^7} = -\dfrac{4}{3x^6}$

11. $\int \sqrt{x} \, dx = \int x^{\frac{1}{2}} \, dx = \dfrac{x^{\frac{3}{2}}}{\frac{3}{2}} = \dfrac{2}{3} \sqrt{x^3} = \dfrac{2}{3} x\sqrt{x}$

12. $\int \dfrac{\sqrt{x}}{6} \, dx = \dfrac{1}{9} x\sqrt{x}$

13. $\int \sqrt[3]{x} \, dx = \int x^{\frac{1}{3}} \, dx = \dfrac{x^{\frac{4}{3}}}{\frac{4}{3}} = \dfrac{3}{4} \sqrt[3]{x^4} = \dfrac{3}{4} x\sqrt[3]{x}$

14. $\int 4\sqrt[3]{x} \, dx = 3x\sqrt[3]{x}$

15. $\int \sqrt[3]{x^2} \, dx = \int x^{\frac{2}{3}} \, dx = \dfrac{x^{\frac{5}{3}}}{\frac{5}{3}} = \dfrac{3}{5} \sqrt[3]{x^5} = \dfrac{3}{5} x\sqrt[3]{x^2}$

16. $\int 5\sqrt{x^3}\,dx = 2x^2\sqrt{x}$ 　　17. $\int \sqrt[3]{x^5}\,dx = \dfrac{3}{8}x^2\sqrt[3]{x^2}$ 　　18. $\int 5\sqrt[7]{x^5}\,dx = \dfrac{35}{12}x\sqrt[7]{x^5}$

19. $\int \dfrac{dx}{\sqrt{x}} = \int x^{-\frac{1}{2}}\,dx = \dfrac{x^{\frac{1}{2}}}{\frac{1}{2}} = 2\sqrt{x}$

20. $\int \dfrac{4\,dx}{\sqrt[3]{x}} = 4\int x^{-\frac{1}{3}}\,dx = \dfrac{4x^{\frac{2}{3}}}{\frac{2}{3}} = 6\sqrt[3]{x^2}$

21. $\int \dfrac{dx}{\sqrt[3]{x^5}} = -\dfrac{3}{2\sqrt[3]{x^2}}$

22. $\int \sqrt[6]{\dfrac{x}{n^2}}\,dx = \dfrac{1}{\sqrt[6]{n^2}}\int x^{\frac{1}{6}}\,dx = \dfrac{6}{7\sqrt[6]{n^2}} \cdot x^{\frac{7}{6}} = \dfrac{6}{7}\sqrt[6]{\dfrac{x^7}{n^2}} = \dfrac{6x}{7}\sqrt[6]{\dfrac{x}{n^2}}$

23. $\int x\sqrt[4]{x}\,dx = \int x^{\frac{5}{4}}\,dx = \dfrac{4}{9}x^2\sqrt[4]{x}$

24. $\int x^2\sqrt[3]{x}\,dx = \int x^{\frac{7}{3}}\,dx = \dfrac{3}{10}x^3\sqrt[3]{x}$

25. $\int \dfrac{dx}{\sqrt{x}\sqrt[4]{x^3}} = \int \dfrac{dx}{x^{\frac{5}{4}}} = \int x^{-\frac{5}{4}}\,dx = -\dfrac{4}{\sqrt[4]{x}}$

26. $\int \dfrac{x^3\sqrt{x}}{\sqrt[3]{x^2}}\,dx = \int x^{\frac{17}{6}}\,dx = \dfrac{6}{23}x^3\sqrt[6]{x^5}$

27. $\int \dfrac{\sqrt{x\sqrt{x}}}{\sqrt[5]{x^3}}\,dx = \int \dfrac{\sqrt[4]{x^3}}{\sqrt[5]{x^3}}\,dx = \int x^{\frac{3}{20}}\,dx = \dfrac{20}{23}x\sqrt[20]{x^3}$

28. $\int (x^3 + x^2)\,dx = \dfrac{x^4}{4} + \dfrac{x^3}{3}$

29. $\int (a^4 + x^4)\,dx = a^4 x + \dfrac{x^5}{5}$

30. $\int (ax + b)\,dx = \dfrac{a}{2}x^2 + bx$

31. $\int (5x^3 - 7x + 4)\,dx = \dfrac{5x^4}{4} - \dfrac{7}{2}x^2 + 4x$

32. $\int \left(x^4 + 7\sqrt{x} - \dfrac{11}{\sqrt[3]{x^5}} + \dfrac{5}{x^6}\right)dx = \dfrac{x^5}{5} + \dfrac{14}{3}x\sqrt{x} + \dfrac{33}{2\sqrt[3]{x^2}} - \dfrac{1}{x^5}$

33. $\int \left(\dfrac{x^3}{4} - 7\sqrt[5]{x^9} + \dfrac{4}{7}x^4 - \dfrac{4}{3x^2}\right)dx = \dfrac{x^4}{16} - \dfrac{5}{2}x^2\sqrt[5]{x^4} + \dfrac{4}{35}x^5 + \dfrac{4}{3x}$

34. $\int \left(x^7 + 9\sqrt[3]{x} - \dfrac{13}{\sqrt[7]{x^5}} + \dfrac{7}{x^{11}}\right)dx = \dfrac{x^8}{8} + \dfrac{27}{4}x\sqrt[3]{x} - \dfrac{91}{9}\sqrt[7]{x^2} - \dfrac{7}{10x^{10}}$

35. $\int \left(\dfrac{1}{x^2} + \sqrt[3]{x}\right)dx = -\dfrac{1}{x} + \dfrac{3x}{4}\sqrt[3]{x}$

36. $\int \left(\dfrac{1}{x^4} - \dfrac{1}{x^5}\right) dx = -\dfrac{1}{3\,x^3} + \dfrac{1}{4\,x^4}$

37. $\int (x+1)^2\, dx = \int (x^2 + 2\,x + 1)\, dx = \dfrac{x^3}{3} - x^2 + x$

38. $\int 2\,b\,(a+b\,x)\, dx = 2\,a\,b \int dx + 2\,b^2 \int x\, dx = 2\,a\,b\,x + b^2\,x^2$

39. $\int x^2\,(x^2 + 2)\, dx = \int (x^4 + 2\,x^2)\, dx = \dfrac{x^5}{5} + \dfrac{2}{3}\,x^3$

40. $\int (x + x^2)\,(x - x^2)\, dx = \int (x^2 - x^4)\, dx = \dfrac{x^3}{3} - \dfrac{x^5}{5}$

41. $\int \dfrac{5\, dx}{x} = 5 \int \dfrac{dx}{x} = 5\,\ln x$

42. $\int 10^x\, dx = \dfrac{10^x}{\ln 10}$

43. $\int m \cdot a^x\, dx = m \cdot \dfrac{a^x}{\ln a}$

44. $\int (a + b\, e^x)\, dx = a\,x + b \cdot e^x$

45. $\int a^x \cdot b^x\, dx = \int (a \cdot b)^x\, dx = \dfrac{(a \cdot b)^x}{\ln(a \cdot b)}$

46. $\int \left(a + \dfrac{b}{x} + \dfrac{c}{x^2}\right) dx = a\,x + b\,\ln x - \dfrac{c}{x}$

47. $\int \left(5\,x^2 - 6\,x + 3 - \dfrac{2}{x} + \dfrac{5}{x^2}\right) dx = \dfrac{5\,x^3}{3} - 3\,x^2 + 3\,x - 2\,\ln x - \dfrac{5}{x}$

48. $\int \left(a \cdot 5^x - b\,\dfrac{x^4}{4} + \dfrac{c}{x^2}\right) dx = \dfrac{a \cdot 5^x}{\ln 5} + \dfrac{b}{3}\,\dfrac{x^5}{5} - \dfrac{c}{x}$

49. $\int \left(x^5 + 5\,x^2 - 7 + \dfrac{3}{x} + \dfrac{5}{x^2}\right) dx = \dfrac{x^6}{6} + \dfrac{5}{3}\,x^3 - 7\,x + 3\,\ln x - \dfrac{5}{x}$

50. $\int \dfrac{(8\,x - 9)\, dx}{4\,x^2 - 9\,x + 7} = \ln(4\,x^2 - 9\,x + 7)$

51. $\int \dfrac{5\,x^4 + 6\,x - 1}{x^5 + 3\,x^2 - x}\, dx = \ln(x^5 + 3\,x^2 - x)$

52. $\int \left(\sqrt{x} - \dfrac{2}{3}\sqrt[3]{x^2}\right)^3 dx = \int \left(x^{\frac{3}{2}} - 2\,x^{\frac{5}{3}} + \dfrac{4}{3}\,x^{\frac{11}{6}} - \dfrac{8}{27}\,x^2\right) dx$

$= \dfrac{2}{5}\sqrt{x^5} - \dfrac{3}{4}\sqrt[3]{x^8} + \dfrac{8}{17}\sqrt[6]{x^{17}} - \dfrac{8}{81}\,x^3$

$= \dfrac{2}{5}\,x^2\sqrt{x} - \dfrac{3}{4}\,x^2\sqrt[3]{x^2} + \dfrac{8}{17}\,x^2\sqrt[6]{x^5} - \dfrac{8}{81}\,x^3$

53. $\int \dfrac{(x^2 - 1)}{x}\, dx = \int \left(x^5 - 3\,x^3 + 3\,x - \dfrac{1}{x}\right) dx = \dfrac{x^6}{6} - \dfrac{3}{4}\,x^4 + \dfrac{3}{2}\,x^2 - \ln x$

54. $\int \dfrac{(1 - \sqrt{x})^2}{\sqrt{x}}\, dx = \int \dfrac{(1 - 2\sqrt{x} + x)}{\sqrt{x}}\, dx = \int \left(\dfrac{1}{\sqrt{x}} - 2 + \sqrt{x}\right) dx$

$= 2\,x^{\frac{1}{2}} - 2\,x + \dfrac{2}{3}\,x^{\frac{3}{2}} = 2\sqrt{x}\left(1 - \sqrt{x} + \dfrac{x}{3}\right)$

55. $\int (3+2\sqrt[4]{x})^3 \, dx = \int \left(27 + 54 x^{\frac{1}{4}} + 36 x^{\frac{1}{2}} + 8 x^{\frac{3}{4}}\right) dx$

$= 27x + \frac{216}{5} x^{\frac{5}{4}} + 24 x^{\frac{3}{2}} + \frac{32}{7} x^{\frac{7}{4}}$

$= 27x + \frac{216}{5} x\sqrt[4]{x} + 24 x\sqrt{x} + \frac{32}{7} x\sqrt[4]{x^3}$

56. $\int \frac{\sqrt{x} - 2\sqrt[3]{x^2} + 4\sqrt[4]{5 x^3}}{6\sqrt[3]{x}} \, dx = \int \left(\frac{x^{\frac{1}{6}}}{6} - \frac{1}{3} x^{\frac{1}{3}} + \frac{2}{3} \cdot 5^{\frac{1}{4}} \cdot x^{\frac{5}{12}}\right) dx$

$= \frac{1}{7} x^{\frac{7}{6}} - \frac{1}{4} x^{\frac{4}{3}} + \frac{8}{17} 5^{\frac{3}{12}} \cdot x^{\frac{17}{12}}$

$= \frac{1}{7} x\sqrt[6]{x} + \frac{1}{4} x\sqrt[3]{x} + \frac{8}{17} x\sqrt[12]{125 x^5}$

57. $a \int \cos x \, dx = a \sin x$

58. $\int m \sin x \, dx = -m \cos x$

59. $\int \sin \alpha \cos \varphi \, d\varphi = \sin \alpha \int \cos \varphi \, d\varphi = \sin \alpha \sin \varphi$

60. $\int \left(5x - \frac{1}{x} + \frac{\cos x}{3}\right) dx = \frac{5}{2} x^2 - \ln x + \frac{1}{3} \sin x$

61. $\int \left(\frac{\sqrt[3]{x}}{7} + \frac{5}{\cos^2 x} + \frac{1}{6x}\right) dx = \frac{3}{28} x\sqrt[3]{x} + 5 \tan x + \frac{1}{6} \ln x$

62. $\int \left(5^x + \frac{3}{\cos^2 x} + \frac{3}{2\sqrt{x}} + 5\right) dx = \frac{5^x}{\ln 5} + 3 \tan x + 3\sqrt{x} + 5x$

63. $\int \frac{dx}{1 - \sin^2 x} = \int \frac{dx}{\cos^2 x} = \tan x$

64. $\int \frac{dx}{\cos x \sqrt{1 - \sin^2 x}} = \int \frac{dx}{\cos^2 x} = \tan x$

65. $\int \frac{dx}{\sqrt{1+x}\sqrt{1-x}} = \int \frac{dx}{\sqrt{1-x^2}} = \arcsin x$

66. $\int \frac{dx}{\sin x \cos x} = \int \frac{\frac{dx}{\cos^2 x}}{\frac{\sin x \cos x}{\cos^2 x}} = \int \frac{d(\tan x)}{\tan x} = \ln(\tan x) = -\ln(\cot x)$ (127)*

67. $\int \frac{dx}{\sin^2 x \cos^2 x} = \int \frac{(\sin^2 x + \cos^2 x) \, dx}{\sin^2 x \cos^2 x} = \int \frac{\sin^2 x \, dx}{\sin^2 x \cos^2 x} + \int \frac{\cos^2 x \, dx}{\sin^2 x \cos^2 x}$

$= \int \frac{dx}{\cos^2 x} (113) + \int \frac{dx}{\sin^2 x} (114) = \tan x - \cot x = \frac{\sin x}{\cos x} - \frac{\cos x}{\sin x}$

$= \frac{\sin^2 x - \cos^2 x}{\sin x \cos x} = -\frac{\cos(2x)}{\sin x \cos x} = \frac{-2\cos(2x)}{2\sin x \cos x} = -\frac{2\cos(2x)}{\sin(2x)}$

$= -2\cot(2x)$ (128)

---

* Die Ziffern geben die Nr. der entsprechenden Integralformel aus 1.4 an.

2.2 Integration durch Substitution

Ein Integral läßt sich häufig dadurch vereinfachen und somit lösen, daß man eine *neue Veränderliche* einführt. Setzt man z. B. unter dem Integral $\int (ax+b)^3\,dx$ für $ax+b = z$, so geht das Integral über in $\int z^3\,dx$. Nun muß aber auch dx durch dz ausgedrückt werden. Aus der Substitutionsgleichung $z = ax+b$ erhält man $\dfrac{dz}{dx} = a$, also ist $dx = \dfrac{dz}{a}$. Setzt man diesen Wert oben ein, so erhält man:

$$\int (ax+b)^3\,dx = \int z^3 \cdot \frac{1}{a}\,dz = \frac{1}{a}\int z^3\,dz = \frac{z^4}{4a} + C.$$

Setzt man jetzt wieder für z den Wert $ax+b$ ein, so ergibt sich $\dfrac{1}{4a}(ax+b)^4$ und somit ist.

$$\int (ax+b)^3\,dx = \frac{1}{4a}(ax+b)^4 + C$$

Durch Differentiation dieses gefundenen Ausdruckes läßt sich die Richtigkeit des Verfahrens bestätigen.

1. $\int (ax+b)^5\,dx = \dfrac{1}{a}\int z^5\,dz = \dfrac{1}{a}\dfrac{z^6}{6} = \dfrac{1}{6a}(ax+b)^6$ \hfill $ax+b = z$; $dx = \dfrac{dz}{a}$

2. $\int (ax+b)^n\,dx = \dfrac{1}{a}\int z^n\,dz = \dfrac{(ax+b)^{n+1}}{a(n+1)}$ \hfill $ax+b = z$; $dx = \dfrac{dz}{a}$

3. $\int \sqrt{a+bx}\,dx = \dfrac{1}{b}\int z^{\frac{1}{2}}\,dz = \dfrac{1}{b}\cdot z^{\frac{3}{2}}\cdot\dfrac{2}{3} = \dfrac{2}{3b}\sqrt{(a+bx)^3}$ \quad (51)* \hfill $a+bx = z$; $dx = \dfrac{dz}{b}$

4. $\int \sqrt{5x+3}\,dx = \dfrac{1}{5}\int z^{\frac{1}{2}}\,dz = \dfrac{1}{5}z^{\frac{3}{2}}\cdot\dfrac{2}{3} = \dfrac{2}{15}\sqrt{(5x+3)^3}$ \hfill $5x+3 = z$; $dz = \dfrac{dz}{5}$

5. $\int \dfrac{7}{3-4x}\,dx = -\dfrac{7}{4}\int\dfrac{dz}{z} = -\dfrac{7}{4}\ln z = -\dfrac{7}{4}\ln(3-4x)$ \hfill $3-4x = z$; $dx = -\dfrac{dz}{4}$

6. $\int \dfrac{dx}{\sqrt{mx+n}} = \dfrac{1}{m}\int\dfrac{dz}{z^{\frac{1}{2}}} = \dfrac{1}{m}\int z^{-\frac{1}{2}}\,dz = \dfrac{1}{m}z^{\frac{1}{2}}\cdot 2 = \dfrac{2}{m}\sqrt{mx+n}$ \hfill $mx+n = z$; $dx = \dfrac{dz}{m}$

7. $\int e^{nx}\,dx = \dfrac{1}{n}\int e^z\,dz = \dfrac{1}{n}e^z = \dfrac{1!}{n}\cdot e^{nx}$ \quad (10)* \hfill $nx = z$; $dx = \dfrac{dz}{n}$

8. $\int e^{-x}\,dx = -\int e^z\,dz = -e^z = -e^{-x} = -\dfrac{1}{e^x}$ \quad (11)* \hfill $-x = z$; $dx = -dz$

9. $\int \dfrac{5\,dx}{e^{3x}} = -\dfrac{5}{3}\int\dfrac{du}{e^u} = \dfrac{5}{3}\int e^{-u}\,du = -\dfrac{5}{3}e^{-3x} = -\dfrac{5}{3e^{3x}}$ \hfill $3x = u$; $dx = \dfrac{du}{3}$

---
* Die Ziffern geben die Nr. der entsprechenden Integralformel aus 1.4 an.

10. $\int \dfrac{20\,dx}{5x-8} = \dfrac{20}{5}\int \dfrac{du}{u} = 4\ln u = 4\ln(5x-8)$ \quad\quad $5x-8 = u$
$dx = \dfrac{du}{5}$

11. $\int \dfrac{6\,dx}{(2+3x)^4} = \dfrac{6}{3}\int \dfrac{du}{u^4} = 2\int u^{-4}\,du = \dfrac{2u^{-3}}{-3} = -\dfrac{2}{3(2+3x)^3}$ \quad\quad $2+3x = u$

12. $\int \dfrac{3\,dx}{\sqrt[4]{(1-3x)^5}} = -\dfrac{3}{3}\int \dfrac{du}{u^{\frac{5}{4}}} = -\int u^{-\frac{5}{4}}\,du = -\dfrac{u^{-\frac{1}{4}}}{-\dfrac{1}{4}} = \dfrac{4}{\sqrt[4]{1-3x}}$ \quad\quad $1-3x = u$

13. $\int \sqrt[3]{2+3x}\,dx = \dfrac{1}{3}\int u^{\frac{1}{3}}\,du = \dfrac{1}{3}u^{\frac{4}{3}}\cdot\dfrac{3}{4} = \dfrac{1}{4}\sqrt[3]{(2+3x)^4}$ \quad\quad $2+3x = u$

14. $\int \dfrac{48\,dx}{(2-3x)^5} = -\dfrac{48}{3}\int u^{-5}\,du = -16\dfrac{u^{-4}}{-4} = \dfrac{4}{(2-3x)^4}$ \quad\quad $2-3x = u$

15. $\int 4e^{3+2x}\,dx = \dfrac{4}{2}\int e^u\,du = 2e^{3+2x}$ \quad\quad $3+2x = u$

16. $\int \dfrac{Ax\,dx}{B+Cx^2} = \dfrac{A}{2C}\int \dfrac{du}{u} = \dfrac{A}{2C}\ln(B+Cx^2)$ \quad\quad $B+Cx^2 = u$
$2Cx\,dx = du$
$x\,dx = \dfrac{du}{2C}$

17. $\int \dfrac{5\,dx}{\sqrt{2x+3}} = \dfrac{5}{2}\int \dfrac{dt}{t^{\frac{1}{2}}} = 5\sqrt{2x+3}$ \quad\quad $2x+3 = t$

18. $\int \sin(ax)\,dx = \dfrac{1}{a}\int \sin t\,dt = -\dfrac{1}{a}\cos(ax)$ \quad (110a) \quad $ax = t$
$dx = \dfrac{dt}{a}$

19. $\int \cos(ax+b)\,dx = \dfrac{1}{a}\int \cos t\,dt = \dfrac{1}{a}\sin(ax+b)$ \quad\quad $ax+b = t$

20. $\int \sin(\alpha x+\beta)\,dx = \dfrac{1}{\alpha}\int \sin t\,dt = -\dfrac{1}{\alpha}\cos(\alpha x+\beta)$ \quad\quad $\alpha x+\beta = t$

21. $\int \sin\left(\dfrac{2\pi t}{T}\right)dt = \dfrac{T}{2\pi}\int \sin z\,dz = -\dfrac{T}{2\pi}\cos\left(\dfrac{2\pi t}{T}\right)$ \quad\quad $\dfrac{2\pi t}{T} = z$
$dt = dz\cdot\dfrac{T}{2\pi}$

22. $\int \cos(2x)\,dx = \dfrac{1}{2}\int \cos t\,dt = \dfrac{1}{2}\sin(2x)$ \quad (109a) \quad $2x = t$

23. $\int \dfrac{dx}{x+a} = \int \dfrac{dt}{t} = \ln t = \ln(x+a)$ \quad (31) \quad $x+a = t$

24. $\int \dfrac{dx}{x-a} = \ln(x-a)$ \quad (32) \quad $x-a = t$

25. $\int \dfrac{dx}{a-x} = -\ln(a-x)$ \quad (33) \quad $a-x = t$

26. $\int \dfrac{dx}{a+bx} = \dfrac{1}{b}\ln(a+bx)$ \quad (34) \quad $a+bx = t$

27. $\int \dfrac{dx}{a-bx} = -\dfrac{1}{b}\ln(a-bx)$ \quad\quad $a-bx = t$

28. $\int \dfrac{dx}{ax+b} = \dfrac{1}{a}\ln(ax+b)$ \quad (35) \quad $ax+b = t$

29. $\int \dfrac{dx}{ax-b} = \dfrac{1}{a}\ln(ax-b)$ \quad\quad $ax-b = t$

30. $\int \dfrac{x\,dx}{\sqrt{a^2+x^2}} = \int \dfrac{t\,dt}{t} = \int dt = \sqrt{a^2+x^2}$ \quad (92) \hfill $\sqrt{a^2+x^2} = t$
\hfill $a^2+x^2 = t^2$
\hfill $x\,dx = t\,dt$

31. $\int \dfrac{x\,dx}{\sqrt{1+x^2}} = \sqrt{1+x^2}$ \hfill $\sqrt{1+x^2} = z$

32. $\int \dfrac{x\,dx}{\sqrt{a^2-x^2}} = -\sqrt{a^2-x^2}$ \quad (93) \hfill $\sqrt{a^2-x^2} = z$
\hfill $x\,dx = -z\,dz$

33. $\int \dfrac{x\,dx}{\sqrt{1-x^2}} = -\sqrt{1-x^2}$ \quad (94) \hfill $\sqrt{1-x^2} = z$

34. $\int \dfrac{x\,dx}{\sqrt{x^2-a^2}} = \sqrt{x^2-a^2}$ \quad (95) \hfill $\sqrt{x^2-a^2} = z$

35. $\int \dfrac{x\,dx}{\sqrt{x^2-1}} = \sqrt{x^2-1}$ \hfill $\sqrt{x^2-1} = z$

36. $\int \dfrac{x\,dx}{a^2+x^2} = \dfrac{1}{2}\int \dfrac{dt}{t} = \dfrac{1}{2}\ln t = \dfrac{1}{2}\ln(a^2+x^2)$ \quad (47) \hfill $a^2+x^2 = t$
\hfill $x\,dx = \dfrac{dt}{2}$

37. $\int \dfrac{x\,dx}{a^2+b^2x^2} = \dfrac{1}{2b^2}\int \dfrac{dz}{z} = \dfrac{1}{2b^2}\ln(a^2+b^2x^2)$ \hfill $a^2+b^2x^2 = z$
\hfill $x\,dx = \dfrac{dz}{2b^2}$

38. $\int \dfrac{x\,dx}{1+x^2} = \dfrac{1}{2}\ln(1+x^2)$ \quad (48) \hfill $1+x^2 = z$

39. $\int \dfrac{x\,dx}{a^2-x^2} = -\dfrac{1}{2}\ln(a^2-x^2)$ \quad (49) \hfill $a^2-x^2 = z$

40. $\int \dfrac{x\,dx}{1-x^2} = -\dfrac{1}{2}\ln(1-x^2)$ \hfill $1-x^2 = z$

41. $\int \dfrac{x\,dx}{x^2-a^2} = \dfrac{1}{2}\ln(x^2-a^2)$ \quad (50) \hfill $x^2-a^2 = z$

42. $\int \sqrt{a^2+x^2}\,x\,dx = \int t\cdot t\,dt = \dfrac{t^3}{3} = \dfrac{1}{3}\sqrt{(a^2+x^2)^3}$ \quad (61) \hfill $\sqrt{a^2+x^2} = t$
\hfill $x\,dx = t\,dt$

43. $\int \sqrt{1+x^2}\,x\,dx = \dfrac{1}{3}\sqrt{(1+x^2)^3}$ \quad (63) \hfill $\sqrt{1+x^2} = t$

44. a) $\int \sqrt{a^2-x^2}\,x\,dx = -\int t\cdot t\,dt = -\dfrac{t^3}{3} = -\dfrac{1}{3}\sqrt{(a^2-x^2)^3}$ \quad (62) \hfill $\sqrt{a^2-x^2} = t$
\hfill $x\,dx = -t\,dt$

b) $= -\dfrac{1}{2}\int t^{\frac{1}{2}}\,dt = -\dfrac{1}{2}t^{\frac{3}{2}}\cdot\dfrac{3}{2} = -\dfrac{1}{3}\sqrt{(a^2-x^2)^3}$ \hfill $a^2-x^2 = t$
\hfill $x\,dx = -\dfrac{dt}{2}$

45. $\int \sqrt{1-x^2}\,x\,dx = -\dfrac{1}{3}\sqrt{(1-x^2)^3}$ \quad (64) \hfill $\sqrt{1-x^2} = t$

46. $\int \sqrt{x^2-a^2}\,x\,dx = \dfrac{1}{3}\sqrt{(x^2-a^2)^3}$ \quad (65) \hfill $\sqrt{x^2-a^2} = t$

47. $\int \dfrac{dx}{a^2+x^2} = a\int \dfrac{dt}{a^2+a^2t^2} = \dfrac{1}{a}\int \dfrac{dt}{1+t^2} = \dfrac{1}{a}\arctan t$ \hfill $x = at$
\hfill $dx = a\,dt$

$= \dfrac{1}{a}\arctan\left(\dfrac{x}{a}\right) = -\dfrac{1}{a}\operatorname{arc\,cot}\left(\dfrac{x}{a}\right)$ \quad (41)

andere Lösung durch Partialbruchzerlegung, siehe 1.7 Beispiel 4

48. $\int \dfrac{dx}{x\sqrt{x^2-a^2}} = -a \int \dfrac{dt}{t^2 \cdot \dfrac{a}{t}\sqrt{\dfrac{a^2}{t^2}-a^2}} = -\dfrac{1}{a}\int \dfrac{dt}{\sqrt{1-t^2}}$ (83) $\quad\left|\; x=\dfrac{a}{t}\right.$

$= -\dfrac{1}{a}\arcsin t = -\dfrac{1}{a}\arcsin\left(\dfrac{a}{x}\right) = \dfrac{1}{a}\arccos\left(\dfrac{a}{x}\right)$ $\quad dx = -\dfrac{a}{t^2}dt$

49. $\int \dfrac{dx}{x\sqrt{2ax-a^2}} = \int \dfrac{dx}{x\sqrt{x^2-x^2+2ax-a^2}} = \int \dfrac{dx}{x\sqrt{x^2-(x-a)^2}}$ $\quad z=\dfrac{x-a}{x}$

$= \int \dfrac{dx}{x^2\sqrt{1-\left(\dfrac{x-a}{x}\right)^2}} = \dfrac{1}{a}\int \dfrac{dz}{\sqrt{1-z^2}}$ $\quad = 1 - \dfrac{a}{x}$

$\quad dz = \dfrac{a}{x^2}dx$

$= \dfrac{1}{a}\arcsin z = \dfrac{1}{a}\arcsin\dfrac{x-a}{x}$ (84) $\quad \dfrac{dx}{x^2} = \dfrac{dz}{a}$

50. $\int \dfrac{dx}{x^2\sqrt{a^2+x^2}} = -a\int \dfrac{dt}{t^2 \cdot \dfrac{a^2}{t^2}\sqrt{a^2+\dfrac{a^2}{t^2}}} = -\dfrac{1}{a}\int \dfrac{dt}{\sqrt{\dfrac{a^2t^2+a^2}{t^2}}}$ $\quad x=\dfrac{a}{t}$

$\quad dx = -\dfrac{a}{t^2}dt$

$= -\dfrac{1}{a^2}\int \dfrac{t\,dt}{\sqrt{t^2+1}} = -\dfrac{1}{a^2}\int \dfrac{z\,dz}{z} = -\dfrac{1}{a^2}\int dz$ $\quad \sqrt{t^2+1}=z$

$\quad t^2+1 = z^2$

$= -\dfrac{1}{a^2}z = -\dfrac{1}{a^2}\sqrt{t^2+1} = -\dfrac{1}{a^2}\sqrt{\dfrac{a^2}{x^2}+1}$ $\quad t\,dt = z\,dz$

$= -\dfrac{1}{a^2}\dfrac{\sqrt{a^2+x^2}}{x} = -\dfrac{\sqrt{a^2+x^2}}{a^2 x}$ (85)

51. $\int \dfrac{dx}{x^2\sqrt{1+x^2}} = -\int \dfrac{dt\cdot t}{\sqrt{1+t^2}} = -\int dz = -\sqrt{1+t^2}$ $\quad x=\dfrac{1}{t}$

$= -\sqrt{1+\dfrac{1}{x^2}} = -\dfrac{\sqrt{1+x^2}}{x}$ (87) $\quad \sqrt{1+t^2}=z$

$\quad \dfrac{dz}{dx} = \dfrac{t}{z}$

52. $\int \dfrac{dx}{x^2\sqrt{a^2-x^2}}$ (wie 50) $= -\dfrac{\sqrt{a^2-x^2}}{a^2 x}$ (86)

Wenn unter dem Integral $\sqrt{a^2-x^2}$; $\sqrt{a^2+x^2}$; $\sqrt{x^2-a^2}$ steht, substituiert man oft mit Vorteil eine trigonometrische Funktion.

$\int \dfrac{dx}{x^2\sqrt{a^2-x^2}} = a\int \dfrac{\cos t\,dt}{a^2\sin^2 t\cdot a\cos t} = \dfrac{1}{a^2}\int \dfrac{dt}{\sin^2 t}$ $\quad x = a\sin t$

$\quad dx = a\cos t\,dt$

$= -\dfrac{1}{a^2}\int \dfrac{dt}{-\sin^2 t} = -\dfrac{1}{a^2}\cot t$ $\quad \sin t = \dfrac{x}{a}$

$\cot t = \dfrac{\cos t}{\sin t} = \dfrac{\sqrt{1-\sin^2 t}}{\sin t} = \dfrac{\sqrt{1-\left(\dfrac{x}{a}\right)^2}}{\dfrac{x}{a}} = \dfrac{\sqrt{a^2-x^2}}{x}$

diesen Wert in $-\dfrac{1}{a^2}\cot t$ eingesetzt

$= -\dfrac{1}{a^2}\cdot \dfrac{\sqrt{a^2-x^2}}{x} = -\dfrac{\sqrt{a^2-x^2}}{a^2 x}$ (86)

53. $\int \dfrac{dx}{x^2\sqrt{1-x^2}}$ (wie 50) $= -\dfrac{\sqrt{1-x^2}}{x}$ (88)

54. $\int \dfrac{dx}{x^2\sqrt{x^2-a^2}}$ (wie 50) $= \dfrac{\sqrt{x^2-a^2}}{a^2\,x}$ (89)

55. $\int \dfrac{dx}{x^2\sqrt{x^2-1}}$ (wie 50) $= \dfrac{\sqrt{x^2-1}}{x}$

56. $\int (ax^2+b)^3\, x\, dx = \dfrac{1}{2a}\int z^3\, dz = \dfrac{1}{8a}(ax^2+b)^4$

$\quad ax^2+b = z$
$\quad x\,dx = \dfrac{dz}{2a}$

57. $\int \dfrac{dx}{1+(x-2)^2} = \int \dfrac{dt}{1+t^2} = \arctan t = \arctan(x-2)$

$\quad x-2 = t$

58. $\int \dfrac{dx}{e^x+e^{-x}} = \int \dfrac{dz}{z\left(z+\dfrac{1}{z}\right)} = \int \dfrac{dz}{z^2+1} = \arctan z = \arctan(e^x)$

$\quad e^x = z;$
$\quad e^x\,dx = dz$
$\quad e^x + e^{-x} = z + \dfrac{1}{z}$

59. $\int \dfrac{\arctan^2 x\, dx}{1+x^2} = \int \dfrac{z^2(1+x^2)}{1+x^2}\, dz = \int z^2\, dz = \dfrac{\arctan^3 x}{3}$

$\quad \arctan x = z$
$\quad \dfrac{1}{1+x^2}\, dx = dz$

a)

60. $\int \dfrac{dx}{\sqrt{a^2-x^2}} = \dfrac{1}{a}\int \dfrac{dx}{\sqrt{1-\dfrac{x^2}{a^2}}} = \int \dfrac{dt}{\sqrt{1-t^2}} = \arcsin t = \arcsin\left(\dfrac{x}{a}\right)$ (77a)

$\quad \dfrac{x}{a} = t$
$\quad dx = a\, dt$

b) direkt: $= \int \dfrac{a\, dt}{a\sqrt{1-t^2}} = \int \dfrac{dt}{\sqrt{1-t^2}} = \arcsin\left(\dfrac{x}{a}\right)$ (77a)

$\quad x = at$
$\quad dx = a\, dt$

c)

$\int \dfrac{dx}{\sqrt{a^2-x^2}} = -a\int \dfrac{\sin\varphi\, d\varphi}{\sqrt{a^2-a^2\cos^2\varphi}} = -a\int \dfrac{\sin\varphi\, d\varphi}{a\cdot\sin\varphi} =$

$= -\int d\varphi = -\varphi$

$\quad x = a\cos\varphi$
$\quad dx = -a\sin\varphi\, d\varphi$

$x = a\cos\varphi, \Rightarrow \varphi = \arccos\left(\dfrac{x}{a}\right)$

$\wedge -\varphi = \arcsin\left(\dfrac{x}{a}\right)$ (77a)

61. $\int \dfrac{dx}{\sqrt{a^2+x^2}}$

$\dfrac{2x}{2\sqrt{a^2+x^2}} = \dfrac{dt}{dx} - 1$

$\dfrac{x}{\sqrt{a^2+x^2}} + 1 = \dfrac{dt}{dx}$

$\dfrac{x+\sqrt{a^2+x^2}}{\sqrt{a^2+x^2}} = \dfrac{dt}{dx} \quad dx = \dfrac{\sqrt{a^2+x^2}\, dt}{x+\sqrt{a^2+x^2}}$

$dx = \dfrac{(t-x)\, dt}{t}$

$\quad \sqrt{a^2+x^2} = t-x$

$\int \dfrac{dx}{\sqrt{a^2+x^2}} = \int \dfrac{(t-x)\, dt}{t(t-x)} = \int \dfrac{dt}{t} = \ln t = \ln(x+\sqrt{a^2+x^2})$ (77)

$\sqrt{a^2+x^2} = t-x;\qquad a^2+x^2 = t^2 - 2tx + x^2$

$$x = \frac{t^2 - a^2}{2t}$$

$$\frac{dx}{dt} = \frac{2t \cdot 2t - (t^2 - a^2) \cdot 2}{4t^2} = \frac{4t^2 - 2tx \cdot 2}{4t^2}$$

$$\frac{dx}{dt} = \frac{t-x}{t} \qquad dx = \frac{t-x}{t}\,dt$$

$$\int \frac{dx}{\sqrt{a^2 + x^2}} = \int \frac{(t-x)\,dt}{t(t-x)} = \int \frac{dt}{t} = \ln(x + \sqrt{a^2 + x^2}) \quad (77)$$

62. $\int \frac{dx}{\sqrt{1+x^2}}$ = (wie 61) = $\ln(x + \sqrt{1+x^2})$ (76) $\qquad \sqrt{1+x^2} = t - x$

63. $\int \frac{dx}{\sqrt{x^2 - a^2}}$ = (wie 61) = $\ln(x + \sqrt{x^2 - a^2})$ (79) $\qquad \sqrt{x^2 - a^2} = t - x$

64. $\int \frac{dx}{\sqrt{x^2 - 1}}$ = (wie 61) = $\ln(x^2 + \sqrt{x^2 - 1})$ (80) $\qquad \sqrt{x^2 - 1} = t - x$

65. $\int \frac{dx}{x\sqrt{a^2 + x^2}} = -a \int \frac{dt}{t^2 \cdot \frac{a}{t}\sqrt{a^2 - \frac{a^2}{t^2}}} = -\frac{1}{a} \int \frac{dt}{\sqrt{t^2 + 1}}$ $\qquad x = \frac{a}{t}$

$\qquad dx = -\frac{a}{t^2}\,dt$

$\qquad = -\frac{1}{a} \ln(t + \sqrt{t^2 + 1})$ (wie 62)

$\qquad = -\frac{1}{a} \ln\left(\frac{a}{x} + \sqrt{\frac{a^2 + x^2}{x^2}}\right) = -\frac{1}{a} \ln\left(\frac{a + \sqrt{a^2 + x^2}}{x}\right)$

$\qquad = \frac{1}{a} \ln\left(\frac{x}{a + \sqrt{a^2 + x^2}}\right)$ (81)

66. $\int \frac{dx}{x\sqrt{a^2 - x^2}} = -a \int \frac{dt}{t^2 \cdot \frac{a}{t}\sqrt{a^2 - \frac{a^2}{t^2}}} = -\frac{1}{a} \int \frac{dt}{\sqrt{t^2 - 1}}$ (80) $\qquad x = \frac{a}{t}$

$\qquad dx = -\frac{a}{t^2}\,dt$

$\qquad = -\frac{1}{a} \ln(t + \sqrt{t^2 - 1}) = -\frac{1}{a} \ln\left(\frac{a}{x} + \sqrt{\frac{a^2 - x^2}{x^2}}\right)$

$\qquad = -\frac{1}{a} \ln\left(\frac{a + \sqrt{a^2 - x^2}}{x}\right) = \frac{1}{a} \ln\left(\frac{x}{a + \sqrt{a^2 - x^2}}\right)$ (82)

67. $\int \frac{dx}{\sqrt{a+x}}$ = $2\sqrt{a+x}$ (72) $\qquad a + x =$

68. $\int \frac{dx}{\sqrt{a-x}}$ = $-2\sqrt{a-x}$ (73) $\qquad a - x = t$

69. $\int \frac{dx}{\sqrt{a+bx}}$ = $\frac{2}{b}\sqrt{a+bx}$ (74) $\qquad \sqrt{a+bx} = z$

70. $\int \frac{dx}{\sqrt{a-bx}}$ = $-\frac{2}{b}\sqrt{a-bx}$ (75) $\qquad a - bx = z^2$

71. $\int \frac{dx}{(a+bx)^2}$ = $-\frac{1}{b(a+bx)}$ (37) $\qquad a + bx = z$

72. $\int \frac{dx}{(a-bx)^2}$ = $\frac{1}{b(a-bx)}$ (38) $\qquad a - bx = z$

73. $\int \dfrac{dx}{a+bx^2} = \dfrac{1}{b}\int \dfrac{dx}{\dfrac{a}{b}+x^2} = \dfrac{1}{b}\cdot\sqrt{\dfrac{a}{b}}\int \dfrac{dt}{\dfrac{a}{b}+\dfrac{a}{b}t^2}$ $\qquad\left|\; x = \sqrt{\dfrac{a}{b}}\cdot t\right.$

$\qquad = \dfrac{1}{b}\cdot\dfrac{b}{a}\sqrt{\dfrac{a}{b}}\int \dfrac{dt}{1+t^2} = \dfrac{1}{\sqrt{a\cdot b}}\,\mathrm{arc\,tan}\, t$ $\qquad dx = \sqrt{\dfrac{a}{b}}\,dt$

$\qquad = \dfrac{1}{\sqrt{a\cdot b}}\,\mathrm{arc}\left[\tan\left(\sqrt{\dfrac{b}{a}}\cdot x\right)\right]$ (39)

74. $\int \dfrac{2x\,dx}{1+x^4} = \int \dfrac{dt}{1+t^2}$ (18) $= \mathrm{arc\,tan}\,(x^2)$ $\qquad x^2 = t$

75. $\int \dfrac{x^3\,dx}{(a+bx^2)^3} = \int \dfrac{x^2\cdot x\,dx}{(a+bx^2)^3} = \int \dfrac{\dfrac{t-a}{b}}{t^3}\cdot\dfrac{dt}{2b} = \dfrac{1}{2b^2}\int \dfrac{(t-a)\,dt}{t^3}$ $\qquad a+bx^2 = t$

$\qquad = \dfrac{1}{2b^2}\int \dfrac{t\,dt}{t^3} - \dfrac{a}{2b^2}\int \dfrac{dt}{t^3} = \dfrac{1}{2b^2}\int t^{-2}\,dt - \dfrac{a}{2b^2}\int t^{-3}\,dt$ $\qquad x\,dx = \dfrac{dt}{2b}$

$\qquad = \dfrac{1}{2b^2}\dfrac{t^{-1}}{(-1)}+\dfrac{a}{2b^2}\cdot\dfrac{t^{-2}}{2} = -\dfrac{1}{2b^2 t}+\dfrac{a}{4b^2 t^2} = -\dfrac{1}{4b^2}\left(\dfrac{2}{t}-\dfrac{a}{t^2}\right)$ $\qquad x^2 = \dfrac{t-a}{b}$

$\qquad = -\dfrac{1}{4b^2}\left(\dfrac{2t-a}{t^2}\right) = -\dfrac{1}{4b^2}\left(\dfrac{2a+2bx^2-a}{(a+bx^2)^2}\right)$

$\qquad = -\dfrac{a+2bx^2}{4b^2(a+bx^2)^2}$

76. $\int \dfrac{f'(x)\,dx}{f(x)} = \ln f(x)$ (8)

77. $\int \tan x\,dx = -\int \dfrac{-\sin x\,dx}{\cos x} = -\int \dfrac{d(\cos x)}{\cos x} = -\ln(\cos x)$ (107)

78. $\int \cot x\,dx = \int \dfrac{\cos x\,dx}{\sin x} = \int \dfrac{d(\sin x)}{\sin x} = \ln(\sin x)$ (108)

79. $\int \sin(a+bx)\,dx = \dfrac{1}{b}\int \sin t\,dt = -\dfrac{1}{b}\cos t = -\dfrac{1}{b}\cos(a+bx)$ $\qquad a+bx = t$

$\qquad dx = \dfrac{dt}{b}$

80. $\int \sin x \cos x\,dx = \int \sin x\,d(\sin x) = \dfrac{1}{2}\sin^2$ (135)

81. $\int \sin^2 x\,dx = \dfrac{1}{2}\int(1-\cos(2x))\,dx = \dfrac{1}{2}\int dx - \dfrac{1}{2}\int \cos(2x)\,dx$ $\qquad \cos(2x) =$

$\qquad |2x = t|$ $\qquad = 1-2\sin^2 x$

$\qquad dx = \dfrac{dt}{2}$ $\qquad \sin^2 x =$

$\qquad = \dfrac{1-\cos(2x)}{2}$

$\qquad = \dfrac{x}{2}-\dfrac{1}{4}\int \cos t\,dt = \dfrac{x}{2}-\dfrac{1}{4}\sin t$

$\qquad = \dfrac{x}{2}-\dfrac{1}{4}\sin(2x) = \dfrac{x}{2}-\dfrac{\sin x \cos x}{2}$ (136)

82. $\int \cos^2 x\,dx = \dfrac{1}{2}\int(1+\cos(2x))\,dx = \dfrac{1}{2}\int dx + \dfrac{1}{2}\int \cos(2x)\,dt$ $\qquad \cos(2x) =$

$\qquad |2x = t|$ $\qquad = 2\cos^2 x - 1$

$\qquad dx = \dfrac{dt}{2}$ $\qquad \cos^2 x =$

$\qquad = \dfrac{1+\cos(2x)}{2}$

$\qquad = \dfrac{x}{2}+\dfrac{1}{4}\int \cos t\,dt = \dfrac{x}{2}+\dfrac{1}{4}\sin t$

$$= \frac{x}{2} + \frac{1}{4}\sin(2x) = \frac{x}{2} + \frac{\sin x \cos x}{2} \quad (137)$$

83. $\displaystyle\int \frac{dx}{\sin x \cos x} = \int \frac{dx}{\frac{\sin x}{\cos x}\cos^2 x} = \int \frac{\frac{dx}{\cos^2 x}}{\tan x} = \int \frac{d(\tan x)}{\tan x} = \ln(\tan x) \quad (127)$

84. $\displaystyle\int \frac{dx}{\sin x} = \int \frac{2\,dt}{2\sin t \cos t} = \int \frac{dt}{\sin t \cos t}$ (nach 83) $\quad\bigg|\; x = 2t;\; dx = 2\,dt$
$\sin x = \sin(2t) = 2\sin t \cos t$

$$= \ln(\tan t) = \ln\left(\tan\left(\frac{x}{2}\right)\right) = -\ln\left(\cot\left(\frac{x}{2}\right)\right) \quad (129)$$

85. $\displaystyle\int \frac{dx}{\cos x} \qquad$ für $\quad x = \frac{\pi}{2} - t \quad$ ist $\quad \cos x = \sin t;$

$$dx = -dt,\; \wedge \int \frac{dx}{\cos x} = \int \frac{-dt}{\sin t} \quad \text{(nach 84)}$$

$$= -\ln\left[\tan\left(\frac{t}{2}\right)\right]\; t = \frac{\pi}{2} - x \quad \text{da} \quad \frac{t}{2} = \frac{\pi}{4} - \frac{x}{2}$$

$$= -\ln\left[\tan\left(\frac{\pi}{4} - \frac{x}{2}\right)\right]$$

$$= \ln\left[\cot\left(\frac{\pi}{4} - \frac{x}{2}\right)\right] \quad (130)$$

■ Durch die Substitution $x = \frac{\pi}{2} - t$ gehen die trigonometrischen
■ Funktionen von x: $\sin x$; $\cos x$; $\tan x$; $\cot x$ über in die kom-
■ plementären Funktionen von t, also in $\cos t$; $\sin t$; $\cot t$; $\tan t$. Es
■ wird also $\int f(\sin x; \cos x; \tan x; \cot x)\,dx = -\int f(\cos t; \sin t; \cot t;$
■ $\tan t)\,dt$. Ist das eine Integral ermittelt, ist das andere ebenfalls
   gefunden.

86. $\displaystyle\int \frac{\tan x}{\cos x}\,dx = \int \frac{\sin x\,dx}{\cos^2 x} = -\int \frac{d(\cos x)}{\cos^2 x} = -\int \cos^{-2} x\,d(\cos x) = -\frac{\cos^{-1} x}{-1} = \frac{1}{\cos x}$
$$(131)$$

87. $\displaystyle\int \frac{\cot x}{\sin x}\,dx = \int \frac{\cos x\,dx}{\sin^2 x} = \int \frac{d(\sin x)}{\sin^2 x} = \int \sin^{-2} x\,d(\sin x) = \frac{\sin^{-1} x}{-1} = -\frac{1}{\sin x} \quad (132)$

88. $\displaystyle\int \frac{dx}{1 + \cos x} = \int \frac{dx}{1 + 2\cos^2\left(\frac{x}{2}\right) - 1} = \frac{1}{2}\int \frac{dx}{\cos^2\left(\frac{x}{2}\right)} \;\bigg|\; \frac{x}{2} = z;\; dx = 2\,dz$

$$= \frac{1}{2}\cdot 2 \int \frac{dz}{\cos^2 z} = \tan z = \tan\left(\frac{x}{2}\right) \quad (133)$$

89. $\displaystyle\int \frac{dx}{1 - \cos x} = \int \frac{dx}{1 - 1 + 2\sin^2 x\left(\frac{x}{2}\right)} = \frac{1}{2}\int \frac{dx}{\sin^2\left(\frac{x}{2}\right)}$

$$= \frac{1}{2}\cdot 2 \int \frac{dz}{\sin^2 z} = -\cot z = -\cos\left(\frac{x}{2}\right) \quad (134)$$

■ Steht unter dem Integral das Produkt einer Funktion $f(x)$ und deren Ableitung
■ $f'(x)$, so ist die Lösung gleich dem halben Quadrat der Funktion.

90. $\int \dfrac{\tan x \, dx}{\cos^2 x} \quad = \int \tan x \cdot \dfrac{dx}{\cos^2 x} = \dfrac{\tan^2 x}{2}$

91. $\int x^3 \, 3x^2 \, dx \quad = 3\int x^5 \, dx = \dfrac{3x^6}{6} = \dfrac{x^6}{2}$

92. $\int \dfrac{\arctan x \, dx}{1+x^2} = \dfrac{(\arctan x)^2}{2}$

93. $\int \dfrac{\arcsin x \, dx}{\sqrt{1-x^2}} = \dfrac{(\arcsin x)^2}{2}$

94. $\int (\tan^3 x - 7\tan^2 x + 2\tan x + 9) \, dx$ erweitert mit: $\dfrac{1}{\cos^2 x} = 1 + \tan^2 x$

$= \int \dfrac{\tan^3 x - 7\tan^2 x + 2\tan x + 9}{1 + \tan^2 x} \cdot \dfrac{dx}{\cos^2 x}$ Zähler durch Nenner dividiert:

$(\tan^3 x - 7\tan^2 x + 2\tan x + 9) : (\tan^2 x + 1) = \tan x - 7 + \dfrac{\tan x + 16}{\tan^2 x + 1}$

$\underline{\tan^3 x + \tan x}$

$-7\tan^2 x + 9$
$\underline{-7\tan^2 x - 7}$
$ \tan x + 16$

$= \int \left(\tan x - 7 + \dfrac{\tan x}{\tan^2 x + 1} + \dfrac{16}{\tan^2 x + 1} \right) \dfrac{dx}{\cos^2 x}$

$= \int \left(\tan x - 7 + \dfrac{\tan x}{\tan^2 x + 1} + \dfrac{16}{\tan^2 x + 1} \right) d(\tan x)$

$= \int \tan x \, d(\tan x) - 7 \int d(\tan x) + \dfrac{1}{2} \int \dfrac{2\tan x \, d(\tan x)}{\tan^2 x + 1} + 16 \int \dfrac{d(\tan x)}{\tan^2 x + 1}$

$= \dfrac{\tan^2 x}{2} - 7\tan x + \dfrac{1}{2} \ln(\tan^2 x + 1) + 16 \arctan(\tan x)$ $16 \arctan(\tan x) = z$

$\tan x = t$

$ 16 \arctan t = z$

$ \arctan t = \dfrac{z}{16}$

$ t = \tan x = \tan \dfrac{z}{16}$

$= \dfrac{\tan^2 x}{2} - 7\tan x + \dfrac{1}{2} \ln(1 + \tan^2 x) + 16x$ $z = 16x$

95. $\int (\tan^5 x - 9\tan^3 x + 4\tan^2 x + 11) \, dx$ $\tan x = t; \quad \dfrac{1}{\cos^2 x} = 1 + \tan^2 x = \dfrac{dt}{dx}$

$= \int \dfrac{t^5 - 9t^3 + 4t^2 + 11}{t^2 + 1} \cdot dt$ $dx = \dfrac{dt}{1 + \tan^2 x} = \dfrac{dt}{t^2 + 1}$

$(t^5 - 9t^3 + 4t^2 + 11) : (t^2 + 1) = t^3 - 10t + 4 + \dfrac{10t + 7}{t^2 + 1}$

$= \int \left(t^3 - 10t + 4 + \dfrac{10t}{t^2 + 1} + \dfrac{7}{t^2 + 1} \right) dt$

$= \dfrac{t^4}{4} - \dfrac{10t^2}{2} + 4t + \dfrac{10}{2} \int \dfrac{2t \, dt}{t^2 + 1} + 7 \int \dfrac{dt}{t^2 + 1}$

$= \dfrac{t^4}{4} - 5t^2 + 4t + 5\ln(t^2 + 1) + 7 \arctan t$ $\tan x = t$

$ x = \arctan t$

$= \dfrac{1}{4} \tan^4 x - 5\tan^2 x + 4\tan x + 5 \ln(1 + \tan^2 x) + 7x$

96. $\int (\cot^4 x + 3\cot^2 x - 7)\,dx$ $\qquad \dfrac{1}{\sin^2 x} = \cot^2 x + 1$

$\int \left(\dfrac{\cot^4 x + 3\cot^2 x - 7}{\cot^2 x + 1}\right)\dfrac{dx}{\sin^2 x} = \int \left(\cot^2 x + 2 - \dfrac{9}{\cot^2 x + 1}\right)\dfrac{dx}{\sin^2 x}$

$= -\int \left(\cot^2 x + 2 - \dfrac{9}{\cot^2 x + 1}\right) d(\cot x) = -\dfrac{\cot^3 x}{3} - 2\cot x + 9 \int \dfrac{d(\cot x)}{\cot^2 x + 1}$

$= -\dfrac{\cot^3 x}{3} - 2\cot x + 9 \int \dfrac{dt}{t^2 + 1}$ $\qquad \begin{array}{l} \cot x = t \\ x = \text{arc cot}\,t \\ d(\cot x) = dt \end{array}$

$= -\dfrac{\cot^3 x}{3} - 2\cot x - 9\,\text{arc cot}\,t$

$= -\dfrac{\cot^3 x}{3} - 2\cot x - 9x$

97. $\int \dfrac{dx}{\sqrt{2ax - x^2}} = \int \dfrac{dx}{\sqrt{a^2 - x^2 + 2ax - a^2}} = \int \dfrac{dx}{\sqrt{a^2 - (x-a)^2}}$ $\qquad \begin{array}{l} \dfrac{x-a}{a} = \dfrac{x}{a} - 1 = \\ = z \\ \dfrac{1}{a}dx = dz \end{array}$

$= \dfrac{1}{a}\int \dfrac{dx}{\sqrt{1 - \left(\dfrac{x-a}{a}\right)^2}} = \dfrac{a}{a}\int \dfrac{dz}{\sqrt{1 - z^2}}$

$= \arcsin z = \arcsin\left(\dfrac{x-a}{a}\right) \quad (78)$

98. $\int \sqrt{a+bx}\,dx = \dfrac{1}{b}\int z^{\frac{1}{2}}\,dz = \dfrac{1}{b} z^{\frac{3}{2}} \cdot \dfrac{2}{3} = \dfrac{2}{3b}\sqrt{(a+bx)^3} \quad (51)$ $\qquad \begin{array}{l} a+bx = z \\ dx = \dfrac{dz}{b} \end{array}$

99. $\int \sqrt{a-bx}\,dx = -\dfrac{2}{3b}\sqrt{(a-bx)^3} \quad (52)$ $\qquad a-bx = z$

100. $\int \dfrac{x\,dx}{a+bx^2} = \dfrac{1}{2b}\int \dfrac{dz}{z} = \dfrac{1}{2b}\ln(a+bx^2) \quad (45)$ $\qquad \begin{array}{l} a+bx^2 = z \\ x\,dx = \dfrac{dz}{2b} \end{array}$

101. $\int \dfrac{x\,dx}{a-bx^2} = -\dfrac{1}{2b}\ln(a-bx^2) \quad (46)$ $\qquad a-bx^2 = z$

102. $\int \dfrac{x\,dx}{\sqrt{a+bx^2}} = \dfrac{1}{b}\int \dfrac{z\,dz}{z} = \dfrac{1}{b}\sqrt{a+bx^2} \quad (90)$ $\qquad \begin{array}{l} \sqrt{a+bx^2} = z \\ a+bx^2 = z^2 \end{array}$

103. $\int \dfrac{x\,dx}{\sqrt{a-bx^2}} = -\dfrac{1}{b}\sqrt{a-bx^2} \quad (91)$ $\qquad \sqrt{a-bx^2} = z$

104. $\int \cos^3 x\,dx = \int \cos^2 x \cos x\,dx = \int (1 - \sin^2 x)\,d(\sin x) = \sin x - \dfrac{1}{3}\sin^3 x \quad (142)$

105. $\int \sin^5 x\,dx = \int \sin^4 x \sin x\,dx = -\int (1 - \cos^2 x)^2\,d(\cos x)$

$= -\int (1 - 2\cos^2 x + \cos^4 x)\,d(\cos x) = -\cos x + \dfrac{2}{3}\cos^3 x - \dfrac{\cos^5 x}{5} \quad (139)$

106. $\int \cos^4 x \sin^3 x\,dx = \int \cos^4 x \cdot \sin^2 x \sin x\,dx = -\int \cos^4 x \cdot (1 - \cos^2 x)\,d(\cos x)$

$= -\int \cos^4 x\,d(\cos x) + \int \cos^6 x\,d(\cos x) = -\dfrac{\cos^5 x}{5} + \dfrac{\cos^7 x}{7} \quad (143)$

107. $\int \sin^2 x \cos^5 x \, dx = \int \sin^2 x \, (1-\sin^2 x)^2 \, d(\sin x)$

$$= \int \sin^2 x \, (1 - 2\sin^2 x + \sin^4 x) \, d(\sin x)$$

$$= \int \sin^2 x \, d(\sin x) - 2 \int \sin^4 x \, d(\sin x) + \int \sin^6 x \, d(\sin x)$$

$$= \frac{\sin^3 x}{3} - \frac{2 \sin^5 x}{5} + \frac{\sin^7 x}{7} \qquad (140)$$

108. $\int \frac{\cos x \, dx}{\sin^3 x} = \int \sin^{-3} x \, d(\sin x) = -\frac{1}{2 \sin^2 x}$

109. $\int \frac{\sin x \, dx}{\cos^4 x} = -\int \frac{d(\cos x)}{\cos^4 x} = \frac{1}{3 \cos^3 x}$

110. $\int (\sin^4 x - 5 \sin^3 x + 3 \sin^2 x - 7 \sin x) \cos x \, dx \qquad \sin x = t; \ \cos x \, dx = dt \Rightarrow$

$$= \int (t^4 - 5 t^3 + 3 t^2 - 7 t) \, dt$$

$$= \frac{1}{5} t^5 - \frac{5}{4} t^4 - \frac{3}{3} t^3 - \frac{7}{2} t^2 = \frac{1}{5} \sin^5 x - \frac{5}{4} \sin^4 x + \sin^3 x - \frac{7}{2} \sin^2 x$$

Die Lösung hätte man einfacher gefunden, wenn man nach den vorigen Beispielen umgeformt hätte. Man erhält dann

$\int (\sin^4 x - 5 \sin^3 x + 3 \sin^2 x - 7 \sin x) \, d(\sin x) \qquad$ (direkt)

$$= \frac{1}{5} \sin^5 x - \frac{5}{4} \sin^4 x + \sin^3 x - \frac{7}{2} \sin^2 x$$

111. $\int (\cos^3 x - 4 \cos^2 x + 2 \cos x - 3) \sin x \, dx$

$$= -\int (\cos^3 x - 4 \cos^2 x + 2 \cos x - 3) \, d(\cos x)$$

$$= -\frac{\cos^4 x}{4} + \frac{4}{3} \cos^3 x - \cos^2 x + 3 \cos x$$

112. $\int \sqrt{2ax - x^2} \, dx = \int \sqrt{a^2 - a^2 + 2ax - x^2} \, dx = \int \sqrt{a^2 - (x-a)^2} \, dx \qquad \begin{array}{l} x - a = z \\ dx = dz \end{array}$

$$= \int \sqrt{a^2 - z^2} \, dz = \frac{z}{2} \sqrt{a^2 - z^2} + \frac{a^2}{2} \arcsin\left(\frac{z}{a}\right)$$

$$= \frac{x-a}{2} \sqrt{a^2 - x^2 + 2ax - a^2} + \frac{a^2}{2} \arcsin\left(\frac{x-a}{a}\right)$$

$$= \frac{x-a}{2} \sqrt{2ax - x^2} + \frac{a^2}{2} \arcsin\left(\frac{x-a}{a}\right) \qquad (60)$$

2.3 Partielle Integration

Sind u und v zwei beliebige Funktionen von x, so ist nach der Formel der Differentialrechnung.

$$d(uv) = v\,du + u\,dv \qquad \text{oder}$$

$$u\,dv = d(uv) - v\,du \qquad \text{Beide Seiten integriert}$$

$$\int u\,dv = uv - \int v\,du.$$

Dadurch hat man erreicht, daß die Integration der Differentialfunktion $u\,dv$ umgeformt wird auf eine Integration von $v\,du$. Durch geeignete Wahl der beiden Faktoren u und dv gelingt es meistens, das Integral $\int v\,du$ leichter zu lösen, als das Integral $\int u\,dv$.

1. $\displaystyle \int \ln x\,dx = \ln x \cdot x - \int \frac{x\,dx}{x} = \ln x \cdot x - x$ $\quad\bigg|\quad u = \ln x \qquad dv = dx$

$$= x(\ln x - 1) \qquad (25)$$

$\displaystyle du = \frac{1}{x}\,dx \qquad v = x$

2. $\displaystyle \int (\ln x)^m\,dx = x(\ln x)^m - m \int (\ln x)^{m-1}\,dx \qquad (26)$ $\quad\bigg|\quad u = (\ln x)^m \qquad dv = dx$
$\qquad v = x$

Das gesuchte Integral wurde auf ein einfacheres zurückgeführt (vergl. 17)

$\displaystyle du = m(\ln x)^{m-1} \cdot \frac{1}{x}\,dx$

3. $\displaystyle \int \frac{\ln x}{x}\,dx = (\ln x)^2 - \int \frac{\ln x}{x}\,dx$ $\quad\bigg|\quad u = \ln x \qquad dv = \frac{dx}{x}$

$$2 \int \frac{\ln x}{x}\,dx = (\ln x)^2$$

$\displaystyle du = \frac{1}{x}\,dx \qquad v = \ln x$

$$\int \frac{\ln x}{x}\,dx = \frac{1}{2}(\ln x)^2 \qquad (27)$$

4. $\displaystyle \int \frac{\ln x}{x^2}\,dx = -\frac{1}{x}\ln x + \int \frac{dx}{x^2} = -\frac{\ln x}{x} - \frac{1}{x}$ $\quad\bigg|\quad u = \ln x \qquad dv = \frac{dx}{x^2}$

$$= -\frac{1}{x}(\ln x + 1) \qquad (28)$$

$\displaystyle du = \frac{1}{x}\,dx \qquad v = -\frac{1}{x}$

5. $\displaystyle \int \frac{\ln x}{x^4}\,dx = -\ln x \cdot \frac{x^{-3}}{3} + \frac{1}{3} \int \frac{x^{-3}}{x}\,dx$ $\quad\bigg|\quad u = \ln x \qquad dv = x^{-4}\,dx$

$$= -\frac{\ln x}{3\,x^3} + \frac{1}{3} \int x^{-4}\,dx$$

$\displaystyle du = \frac{dx}{x} \qquad v = -\frac{x^{-3}}{3}$

$$= -\frac{\ln x}{3\,x^3} - \frac{1}{9\,x^3} = -\frac{1}{3\,x^3}\left(\ln x + \frac{1}{3}\right)$$

6. $\displaystyle \int \frac{dx}{\ln x \cdot x} = \int \frac{\frac{dx}{x}}{\ln x} = \int \frac{d(\ln x)}{\ln x} = \ln(\ln x) \qquad (29)$

7. $\int \frac{(\ln x)^2}{x}\,dx = \frac{1}{2}(\ln x)^2 \ln x - \frac{1}{2}\int \frac{(\ln x)^2}{x}\,dx$ $u = \ln x \quad dv = \frac{\ln x}{x}\,dx$

$\frac{3}{2}\int \frac{(\ln x)^2}{x}\,dx = \frac{1}{2}(\ln x)^3 \quad\Big|\cdot\frac{2}{3}$ $du = \frac{dx}{x} \quad v = \frac{1}{2}(\ln x)^2$

$\int \frac{(\ln x)^2}{x}\,dx = \frac{1}{3}(\ln x)^3 \quad (30)$ (27)

8. $\int x \sin x\,dx = -x\cos x + \int \cos x\,dx = -x\cos x + \sin x \quad (115)$ $u = x \qquad dv = \sin x\,dx$

9. $\int x \cos x\,dx = x\sin x - \int \sin x\,dx = x\sin x + \cos x \quad (116)$ $u = x \qquad dv = \cos x\,dx$

10. $\int x^2 \sin x\,dx = -x^2 \cos x + 2\int x\cos x\,dx \quad (116) \text{ (wie 9)}$ $u = x^2 \qquad dv = \sin x\,dx$

$\qquad = -x^2\cos x + 2x\sin x + 2\cos x$
$\qquad = \cos x (2 - x^2) + 2x\sin x \quad (117)$

11. $\int x^2 \cos x\,dx = x^2 \sin x - 2\int x\sin x\,dx \quad (115) \text{ (wie 8)}$ $u = x^2 \qquad dv = \cos x\,dx$

$\qquad = x^2 \sin x - 2(-x\cos x + \sin x)$
$\qquad = x^2 \sin x + 2x\cos x - 2\sin x$
$\qquad = \sin x (x^2 - 2) + 2x\cos x \quad (118)$

12. $\int x^3 \ln x\,dx = \frac{x^4}{4}\ln x - \frac{1}{4}\int x^3\,dx$ $u = \ln x \quad dv = x^3\,dx$

$\qquad = \frac{x^4}{4}\ln x - \frac{1}{4}\cdot\frac{x^4}{4} = \frac{x^4}{4}\left(\ln x - \frac{1}{4}\right)$ $du = \frac{dx}{x} \quad v = \frac{x^4}{4}$

13. $\int x^m \ln x\,dx = \frac{x^{m+1}}{m+1}\ln x - \frac{1}{m+1}\int x^m\,dx$ $u = \ln x \quad dv = x^m\,dx$

$\qquad = \frac{x^{m+1}}{m+1}\ln x - \frac{1}{m+1}\cdot\frac{x^{m+1}}{m+1}$ $du = \frac{dx}{x} \quad v = \frac{x^{m+1}}{m+1}$

$\qquad = \frac{x^{m+1}}{m+1}\left(\ln x - \frac{1}{m+1}\right) \quad (24)$

Wählt man eine andere Zerlegung, wird die **Lösung umständlicher**.

z.B.
$u = x^m \quad dv = \ln x\,dx$
$du = m x^{m-1}\,dx$
$v = x(\ln x - 1) \quad (25)$

14. $\int x\cdot e^x\,dx = x\cdot e^x - \int e^x\,dx = e^x(x-1) \quad (14)$ $u = x \qquad dv = e^x\,dx$
    $du = dx \quad v = e^x$

15. $\int x^2 e^x\,dx = x^2 e^x - 2\int x e^x\,dx \quad (14) = x^2 e^x - 2(x e^x - e^x)$ $u = x^2 \qquad dv = e^x\,dx$
    $du = 2x\,dx \quad v = e^x$

$\qquad = e^x(x^2 - 2x + 2) \quad (15)$

16. $\int x^3 e^x\,dx = e^x(x^3 - 3x^2 + 6x - 6) \quad (16)$ $u = x^3 \qquad dv = e^x\,dx$

17. $\int x^n e^x\,dx = e^x x^n - n\int x^{n-1} e^x\,dx \quad (17)$ $u = x^n \qquad dv = e^x\,dx$

$\qquad = e^x x^n - n\cdot x^{n-1} e^x + n(n-1)\int x^{n-2} e^x\,dx$
$\qquad = e^x x^n - n\cdot x^{n-1} e^x + n(n-1)\cdot x^{n-2}\cdot e^x -$
$\qquad\quad - n\cdot(n-1)(n-2)\int x^{n-3}\cdot e^x\,dx \ldots$
$\qquad = e^x\cdot x^n - n\cdot e^x\cdot x^{n-1} + n(n-1)\cdot e^x\cdot x^{n-2} -$
$\qquad\quad - n(n-1)(n-2)\int x^{n-3}\cdot e^x\,dx \quad \text{usw.}$
$\qquad = e^x[x^n - n\cdot x^{n-1} + n(n-1)x^{n-2} -$
$\qquad\quad - n(n-1)(n-2)x^{n-3}\ldots]$

18. $\int x \ln x \, dx = \dfrac{x^2}{2} \ln x - \dfrac{1}{2} \int x \, dx = \dfrac{x^2}{2} \ln x - \dfrac{x^2}{4} =$
$\qquad\qquad\qquad\qquad = \dfrac{x^2}{2}\left(\ln x - \dfrac{1}{2}\right)$ (21) $\quad u = \ln x \quad dv = x \, dx$

19. $\int x^2 \ln x \, dx = \dfrac{x^3}{3} \ln x - \dfrac{1}{3} \int x^2 \, dx = \dfrac{x^3}{3}\left(\ln x - \dfrac{1}{3}\right)$ (22) $\quad u = \ln x \quad dv = x^2 \, dx$

20. $\int x^3 \ln x \, dx = \dfrac{x^4}{4} \ln x - \dfrac{1}{4} \int x^3 \, dx = \dfrac{x^4}{4}\left(\ln x - \dfrac{1}{4}\right)$ (23) $\quad u = \ln x \quad dv = x^3 \, dx$

21. $\int x e^{ax} \, dx = \dfrac{x}{a} e^{ax} - \dfrac{1}{a}\int e^{ax} \, dx = \dfrac{x}{a} e^{ax} - \dfrac{1}{a}\cdot\dfrac{1}{a} e^{ax}$ $\quad u = x \quad dv = e^{ax} \, dx$
$\qquad\qquad = \dfrac{e^{ax}}{a}\left(x - \dfrac{1}{a}\right) \quad \text{oder} \quad \dfrac{e^{ax}}{a^2}(a x - 1)$ (18) $\quad du = dx \quad v = \dfrac{1}{a} e^{ax}$ (10)

22. $\int x^4 e^{2x} \, dx = \dfrac{x^4}{2} e^{2x} - 2 \int x^3 e^{2x} \, dx$ $\quad u = x^4 \quad dv = e^{2x} \, dx$
$\qquad\qquad\qquad\qquad\qquad\qquad\qquad\qquad du = 4 x^3 \, dx \quad v = \dfrac{1}{2} e^{2x}$ (10)

$\int x^3 e^{2x} \, dx = \dfrac{x^3 e^{2x}}{2} - \dfrac{3}{2}\int x^2 e^{2x} \, dx$ $\quad u = x^3 \quad dv = e^{2x} \, dx$

$\int x^2 e^{2x} \, dx = \dfrac{x^2 \cdot e^{2x}}{2} - \int x e^{2x} \, dx$ $\quad u = x^2 \quad dv = e^{2x} \, dx$

$\int x e^{2x} \, dx = \dfrac{x e^{2x}}{2} - \dfrac{1}{2}\int e^{2x} \, dx = \dfrac{x e^{2x}}{2} - \dfrac{1}{2}\cdot\dfrac{1}{2} e^{2x}$ $\quad u = x \quad dv = e^{2x} \, dx$

$\qquad = \dfrac{x^4 \cdot e^{2x}}{2} - 2 \cdot \dfrac{x^3 e^{2x}}{2} + 2 \cdot \dfrac{3}{2}\cdot\dfrac{x^2 \cdot e^{2x}}{2} - $
$\qquad\quad - 2 \cdot \dfrac{3}{2}\cdot\dfrac{1}{2}\cdot x e^{2x} + 2 \cdot \dfrac{3}{2}\cdot\dfrac{1}{2}\cdot\dfrac{1}{2} e^{2x}$
$\qquad = \dfrac{e^{2x}}{2}\left[x^4 - 2 x^3 + 3 x^2 - 3 x + \dfrac{3}{2}\right]$

23. $\int x^n e^{ax} \, dx = \dfrac{1}{a} x^n e^{ax} - \dfrac{n}{a}\int x^{n-1} e^{ax} \, dx$ (19) $\quad u = x^n \quad dv = e^{ax} \, dx$
$\qquad\qquad\qquad\qquad\qquad\qquad\qquad\qquad du = n x^{n-1} \, dx;$
$\qquad\qquad\qquad\qquad\qquad\qquad\qquad\qquad\qquad v = \dfrac{1}{a} e^{ax}$ (10)

24. $\int \dfrac{e^{ax}}{x^m} \, dx = \dfrac{1}{a}\dfrac{e^{ax}}{x^m} + \dfrac{m}{a}\int \dfrac{e^{ax}}{x^{m+1}} \, dx$ $\quad u = x^{-m} \quad dv = e^{ax} \, dx$
$\qquad\qquad\qquad\qquad\qquad\qquad\qquad\qquad du = -m x^{-m-1};$
$\qquad\qquad\qquad\qquad\qquad\qquad\qquad\qquad\qquad v = \dfrac{1}{a} e^{ax}$

zerlegt man anders und setzt
$u = e^{ax}; \quad du = a \cdot e^{ax} \, dx; \quad dv = x^{-m} \, dx:$
$v = \dfrac{x^{-m+1}}{-m+1} = -\dfrac{1}{m-1}\cdot\dfrac{1}{x^{m-1}}$
erhält man
$\int \dfrac{e^{ax}}{x^m} \, dx = -\dfrac{1}{m-1}\cdot\dfrac{e^{ax}}{x^{m-1}} + \dfrac{a}{m-1}\int \dfrac{e^{ax}}{x^{m-1}} \, dx$ (20)

25. $\int e^x \sin x \, dx = - e^x \cos x + \int e^x \cos x \, dx$ $\quad u = e^x \quad dv = \sin x \, dx$
Zerlegt man $\quad u = \cos x \quad dv = e^x \, dx$ $\quad du = e^x \, dx \quad v = -\cos x$
$\qquad\qquad\quad du = -\sin x \, dx \quad v = e^x$

erhält man

$$\int e^x \sin x \, dx = -e^x \cos x + e^x \cos x - \int e^x \sin x \, dx$$

keine Lösung. Man muß daher zerlegen

$u = e^x \quad dv = \cos x \, dx$
$du = e^x \, dx \quad v = \sin x$

$$\int e^x \sin x \, dx = -e^x \cos x + e^x \sin x - \int e^x \sin x \, dx$$

$$2 \int e^x \sin x \, dx = e^x \sin x - e^x \cos x$$

$$\int e^x \sin x \, dx = \frac{e^x}{2}(\sin x - \cos x) \quad (119)$$

26. $\int e^x \cos x \, dx = \dfrac{e^x}{2}(\sin x + \cos x) \quad (120)$ (wie 25)

27. $\int e^{ax} \sin(bx) \, dx = -\dfrac{e^{ax}}{b}\cos(bx) + \dfrac{a}{b}\int e^{ax}\cos(bx)\,dx$

$u = e^{ax};$
$dv = \sin(bx)\,dx$
$du = a \cdot e^{ax}\,dx$
$v = -\dfrac{1}{b}\cos(bx)\quad (110a)$

$= -\dfrac{e^{ax}}{b}\cos(bx) + \dfrac{a}{b^2} e^{ax}\sin(bx) - \dfrac{a^2}{b^2}\int e^{ax}\sin(bx)\,dx$

$\left(1+\dfrac{a^2}{b^2}\right)\int e^{ax}\sin(bx)\,dx = \dfrac{e^{ax}}{b}\left[\dfrac{a}{b}\sin(bx) - \cos(bx)\right]$

$u = e^{ax};$
$dv = \cos(bx)\,dx$
$du = a \cdot e^{ax}\,dx$
$v = \dfrac{1}{b}\sin(bx) \quad (109a)$

$\int e^{ax} \sin(bx)\,dx = \dfrac{e^{ax}}{b}\cdot\dfrac{b^2}{a^2+b^2}\left[\dfrac{a}{b}\sin(bx) - \cos(bx)\right]$

$= \dfrac{e^{ax}}{a^2+b^2}[a\sin(bx) - b\cos(bx)] \quad (121)$

28. $\int e^{ax} \cos(bx)\,dx = \dfrac{e^{ax}}{a^2+b^2}[a\cos(bx) + b\sin(bx)] \quad (122)$

29a. $\int \sin x \cos x\,dx = \sin x \cdot \sin x - \int \sin x \cos x\,dx$

$u = \sin x;\quad dv = \cos x\,dx$
$du = \cos x\,dx;\quad v = \sin x$

$2\int \sin x \cos x\,dx = \sin^2 x$

$\int \sin x \cos x\,dx = \dfrac{1}{2}\sin^2 x + C_1 \quad (135)$

b. $\int \sin x \cos x\,dx = -\cos^2 x - \int \sin x \cos x\,dx$

$u = \cos x;\quad dv = \sin x\,dx$
$du = -\sin x\,dx;$
$v = \cos x$

$2\int \sin x \cos x\,dx = -\cos^2 x$

$\int \sin x \cdot \cos x\,dx = -\dfrac{1}{2}\cos^2 x + C_2 \quad (135)$

Wegen $\sin^2 x + \cos^2 x = 1$ können $\dfrac{1}{2}\sin^2 x + C_1$ u. $-\dfrac{1}{2}\cos^2 x + C_2$ nur gleich sein, wenn: $\dfrac{1}{2}\sin^2 x + \dfrac{1}{2}\cos^2 x = C_2 - C_1 = \dfrac{1}{2}$. Deshalb müssen die Integrationskonstanten C_1 u. C_2 hier unbedingt hingeschrieben werden.

30. $\int \sin^2 x \, dx = -\sin x \cos x + \int \cos^2 x \, dx$ $\quad\quad u = \sin x; \; dv = \sin x \, dx$
$\quad\quad\quad\quad\quad\quad\quad\quad\quad\quad\quad\quad\quad\quad\quad\quad\quad\quad\quad du = \cos x \, dx;$
$\quad\quad\quad\quad\quad = -\sin x \cos x + \int (1 - \sin^2 x) \, dx \quad\quad\quad\quad v = -\cos x$

$\quad\quad\quad\quad\quad = -\sin x \cos x + \int dx - \int \sin^2 x \, dx$

$2 \int \sin^2 x \, dx = -\sin x \cos x + x$

$\int \sin^2 x \, dx = \dfrac{x}{2} - \dfrac{1}{2} \sin x \cos x = \dfrac{x}{2} - \dfrac{1}{4} \sin(2x) \quad (136)$

31. $\int \cos^2 x \, dx = \sin x \cos x + \int \sin^2 x \, dx$ $\quad\quad u = \cos x; \; dv = \cos x \, dx$
$\quad\quad\quad\quad\quad\quad\quad\quad\quad\quad\quad\quad\quad\quad\quad\quad\quad\quad\quad du = -\sin x \, dx;$
$\quad\quad\quad\quad\quad = \sin x \cos x + \int (1 - \cos^2 x) \, dx \quad\quad\quad\quad v = \sin x$

$\quad\quad\quad\quad\quad = \sin x \cos x + \int dx - \int \cos^2 x \, dx$

$2 \int \cos^2 x \, dx = \sin x \cos x + x$

$\int \cos^2 x \, dx = \dfrac{x}{2} + \dfrac{1}{2} \sin x \cos x = \dfrac{x}{2} + \dfrac{1}{4} \sin(2x) \quad (137)$

$\quad\quad\quad\quad\quad\quad\quad\quad\quad\quad\quad\quad\quad\quad\quad\quad\quad\quad\quad u = \arcsin x \quad dv = dx$

32. $\int \arcsin x \, dx = x \arcsin x - \int \dfrac{x \, dx}{\sqrt{1-x^2}} \quad (94) \quad du = \dfrac{1}{\sqrt{1-x^2}} dx \quad v = x$

$\quad\quad\quad\quad\quad\quad = x \arcsin x + \sqrt{1-x^2} \quad (123)$

$\quad\quad\quad\quad\quad\quad\quad\quad\quad\quad\quad\quad\quad\quad\quad\quad\quad\quad\quad z = \arcsin x; \; x = \sin z$
$\quad\quad\quad\quad\quad\quad\quad\quad\quad\quad\quad\quad\quad\quad\quad\quad\quad\quad\quad dx = \cos z \cdot dz$

33. $\int \arcsin x \, dx = \int z \cdot \cos z \, dz = z \cdot \sin z - \int \sin z \, dz$
$\quad\quad\quad\quad\quad\quad\quad\quad\quad\quad\quad\quad\quad\quad\quad\quad\quad\quad\quad u = z \quad\quad dv = \cos z \, dz$
$\quad\quad\quad\quad\quad\quad = \sin z \cdot z + \cos z \quad\quad\quad\quad\quad\quad\quad\quad du = dz \quad\quad v = \sin z$

$\quad\quad\quad\quad\quad\quad = x \arcsin x + \sqrt{1-x^2} \quad (123)$

34. $\int \arccos x \, dx = x \arccos x + \int \dfrac{x \, dx}{\sqrt{1-x^2}} \quad (94)' \quad u = \arccos x \quad dv = dx$
$\quad\quad\quad\quad\quad\quad\quad\quad\quad\quad\quad\quad\quad\quad\quad\quad\quad\quad\quad du = -\dfrac{dx}{\sqrt{1-x^2}} \quad v = x$

$\quad\quad\quad\quad\quad\quad = x \arccos x - \sqrt{1-x^2} \quad (123\text{a})$

$\quad\quad\quad\quad\quad\quad\quad\quad\quad\quad\quad\quad\quad\quad\quad\quad\quad\quad\quad \arccos x = z \quad x = \cos z$
$\int \arccos x \, dx = -\int z \sin z \, dz = z \cos z - \int \cos z \, dz \quad dx = -\sin z \, dz$

$\quad\quad\quad\quad\quad\quad = z \cdot \cos z - \sin z = x \arccos x - \sqrt{1-x^2} \quad (123\text{a}) \quad u = z \quad dv = -\sin z \, dz$
$\quad\quad\quad\quad\quad\quad\quad\quad\quad\quad\quad\quad\quad\quad\quad\quad\quad\quad\quad du = dz \quad v = \cos z$

35. $\int \arctan x \, dx = x \arctan x - \int \dfrac{x \, dx}{1+x^2} \quad (48)$

$\quad\quad\quad\quad\quad\quad\quad\quad\quad\quad\quad\quad\quad\quad\quad\quad\quad\quad\quad u = \arctan x \quad dv = dx$
$\quad\quad\quad\quad\quad\quad = x \arctan x - \dfrac{1}{2} \ln(1+x^2) \quad\quad\quad\quad\quad du = \dfrac{1}{1+x^2} dx \quad v = x$

$\quad\quad\quad\quad\quad\quad = x \arctan x - \ln \sqrt{1+x^2} \quad (124)$

36. $\int \operatorname{arccot} x \, dx = x \operatorname{arccot} x + \int \dfrac{x \, dx}{1+x^2} \quad (48)$

$\quad\quad\quad\quad\quad\quad\quad\quad\quad\quad\quad\quad\quad\quad\quad\quad\quad\quad\quad u = \operatorname{arccot} x \quad dv = dx$
$\quad\quad\quad\quad\quad\quad = x \operatorname{arccot} x + \dfrac{1}{2} \ln(1+x^2) \quad\quad\quad\quad du = -\dfrac{1}{1+x^2} dx \quad v = x$

$\quad\quad\quad\quad\quad\quad = x \operatorname{arccot} x + \ln \sqrt{1+x^2} \quad (124)$

37. $\int \sin^m x \, dx = \int \sin^{m-1} x \sin x \, dx$ $\quad\bigg|\; u = \sin^{m-1} x$

$\qquad = -\sin^{m-1} x \cos x + (m-1) \int \sin^{m-2} x \cos^2 x \, dx \quad\bigg|\; dv = \sin x \, dx$
$\hfill v = -\cos x$

$\qquad = -\sin^{m-1} x \cos x + (m-1) \int \sin^{m-2} x (1-\sin^2 x) \, dx \quad\bigg|\; du = (m-1)\sin^{m-2} x \cdot$
$\hfill \times \cos x \, dx$

$\qquad = -\sin^{m-1} x \cos x +$

$\qquad\qquad + (m-1) \int \sin^{m-2} x \, dx - (m-1) \int \sin^m x \, dx$

$(m-1+1) \int \sin^m x \, dx =$

$\qquad = -\sin^{m-1} x \cos x + (m-1) \int \sin^{m-2} x \, dx$

$\int \sin^m x \, dx = -\dfrac{1}{m} \sin^{m-1} x \cos x + \dfrac{m-1}{m} \int \sin^{m-2} x \, dx \quad (138)$

Rekursionsformel.

37a. $m = 2$:

$\int \sin^2 x \, dx = -\dfrac{1}{2} \sin x \cos x + \dfrac{1}{2} x \quad (136)$

37b. $m = 8$:

$\int \sin^8 x \, dx = -\dfrac{1}{8} \sin^7 x \cos x + \dfrac{7}{8} \int \sin^6 x \, dx$

$\int \sin^6 x \, dx = -\dfrac{1}{6} \sin^5 x \cos x + \dfrac{5}{6} \int \sin^4 x \, dx$

$\int \sin^4 x \, dx = -\dfrac{1}{4} \sin^3 x \cos x + \dfrac{3}{4} \int \sin^2 x \, dx$

$\int \sin^2 x \, dx = -\dfrac{1}{2} \sin x \cos x + \dfrac{x}{2} \quad$ also wird

$\int \sin^8 x \, dx = -\dfrac{1}{8} \sin^7 x \cos x - \dfrac{7}{8} \cdot \dfrac{1}{6} \sin^5 x \cos x -$

$\qquad\qquad - \dfrac{7 \cdot 5 \cdot 1}{8 \cdot 6 \cdot 4} \sin^3 x \cos x - \dfrac{7 \cdot 5 \cdot 3 \cdot 1}{8 \cdot 6 \cdot 4 \cdot 2} \sin x \cos x +$

$\qquad\qquad\qquad + \dfrac{7 \cdot 5 \cdot 3 \cdot 1}{8 \cdot 6 \cdot 4 \cdot 2} x$

$\qquad = -\cos x \left[\dfrac{1}{8} \sin^7 x + \dfrac{7}{8} \cdot \dfrac{1}{6} \sin^5 x \right.$

$\qquad\qquad + \dfrac{7 \cdot 5 \cdot 1}{8 \cdot 6 \cdot 4} \sin^3 x + \dfrac{7 \cdot 5 \cdot 3 \cdot 1}{8 \cdot 6 \cdot 4 \cdot 2} \sin x \left.\right]$

$\qquad\qquad + \dfrac{7 \cdot 5 \cdot 3 \cdot 1}{8 \cdot 6 \cdot 4 \cdot 2} x$

Man wird, wenn $m = 2n+1$ eine ungerade Zahl ist, $\int \sin^m x \, dx$ besser zerlegen in:

38. $\int \sin^{2n+1} x \, dx = \int \sin^{2n} x \cdot \sin x \, dx$

$\qquad = -\int (1-\cos^2 x)^n \, d(\cos x). \quad (139)$

39. $\displaystyle\int \sin^m x \cos^{2n+1} x \, dx = \int \sin^m x (1-\sin^2 x) \cos x \, dx$

$\displaystyle\qquad\qquad\qquad\qquad = \int \sin^m x (1-\sin^2 x)^n \, d(\sin x) \quad (140)$

40. $\displaystyle\int \cos^m x \, dx = \int \cos^{m-1} x \cos x \, dx$

$\displaystyle\qquad\qquad = \cos^{m-1} x \sin x + (m-1) \int \cos^{m-2} x \sin x \, dx$

$\qquad\qquad\qquad\qquad\qquad\qquad\qquad\qquad$ (wie 37)

$\displaystyle\qquad\qquad = \frac{1}{m} \cos^{m-1} x \sin x + \frac{m-1}{m} \int \cos^{m-2} x \, dx \quad (141)$

$\qquad u = \cos^{m-1} x$
$\qquad dv = \cos x \, dx$
$\qquad du = (m-1) \cos^{m-2} x \cdot$
$\qquad\qquad \times (-\sin x) \, dx$
$\qquad v = \sin x$

$m = 2$:

40a. $\displaystyle\int \cos^2 x \, dx = \frac{1}{2} \cos x \sin x + \frac{1}{2} x \quad (137)$

Wenn $m = 2n+1$ ist, dann $\cos^m x \, dx$ zerlegen in:

41. $\displaystyle\int \cos^{2n+1} x \, dx = \int (1-\sin^2 x)^n \cos x \, dx$

$\displaystyle\qquad\qquad\qquad = \int (1-\sin^2 x)^n \, d(\sin x) \quad (142)$

42. $\displaystyle\int \cos^m x \sin^{2n+1} x \, dx = \int \cos^m x (1-\cos^2 x)^n \sin x \, dx$

$\displaystyle\qquad\qquad\qquad\qquad = -\int \cos^m x (1-\cos^2 x)^n \, d(\cos x) \quad (143)$

43. $\displaystyle\int \frac{x^2 \, dx}{\sqrt{a^2+x^2}} = \int \frac{x \cdot x \, dx}{\sqrt{a^2+x^2}} = x\sqrt{a^2+x^2} - \int \sqrt{a^2+x^2} \, dx$

$\displaystyle\qquad\qquad = x\sqrt{a^2+x^2} - \int \frac{(a^2+x^2) \, dx}{\sqrt{a^2+x^2}}$

$\displaystyle\qquad\qquad = x\sqrt{a^2+x^2} - a^2 \int \frac{dx}{\sqrt{a^2+x^2}} - \int \frac{x^2 \, dx}{\sqrt{a^2+x^2}}$

$\displaystyle 2\int \frac{x^2 \, dx}{\sqrt{a^2+x^2}} = x\sqrt{a^2+x^2} - a^2 \int \frac{dx}{\sqrt{a^2+x^2}} \quad (77)$

$\displaystyle \int \frac{x^2 \, dx}{\sqrt{a^2+x^2}} = \frac{x}{2}\sqrt{a^2+x^2} - \frac{a^2}{2} \ln(x+\sqrt{a^2+x^2}) \quad (96)$

$\qquad u = x$
$\qquad dv = \dfrac{x \, dx}{\sqrt{a^2+x^2}} \quad (92)$
$\qquad du = dx; \quad v = \sqrt{a^2+x^2}$

44. $\displaystyle\int \frac{x^2 \, dx}{\sqrt{1+x^2}} = \int \frac{x \cdot x \, dx}{\sqrt{1+x^2}} = x\sqrt{1+x^2} - \int \sqrt{1+x^2} \, dx$

$\displaystyle\qquad\qquad = x\sqrt{1+x^2} - \int \frac{1+x^2}{\sqrt{1+x^2}} \, dx$

$\displaystyle\qquad\qquad = x\sqrt{1+x^2} - \int \frac{dx}{\sqrt{1+x^2}} - \int \frac{x^2 \, dx}{\sqrt{1+x^2}}$

$\displaystyle 2\int \frac{x^2 \, dx}{\sqrt{1+x^2}} = x\sqrt{1+x^2} - \int \frac{dx}{\sqrt{1+x^2}} \quad (76)$

$\displaystyle \int \frac{x^2 \, dx}{\sqrt{1+x^2}} = \frac{x}{2}\sqrt{1+x^2} - \frac{1}{2} \ln(x+\sqrt{1+x^2}) \quad (97)$

$\qquad u = x$
$\qquad dv = \dfrac{x \, dx}{\sqrt{1+x^2}}$
$\qquad du = dx \quad v = \sqrt{1+x^2}$

45. $\int \dfrac{x^2\,dx}{\sqrt{a^2-x^2}} = \int \dfrac{x\,x\,dx}{\sqrt{a^2-x^2}} = -x\sqrt{a^2-x^2} + \int \sqrt{a^2-x^2}\,dx$ $\quad u=x \quad dv = \dfrac{x\,dx}{\sqrt{a^2-x^2}}$ (93)

$\qquad = -x\sqrt{a^2-x^2} + \int \dfrac{(a^2-x^2)\,dx}{\sqrt{a^2-x^2}}$ $\quad du=dx \quad v=-\sqrt{a^2-x^2}$

$\qquad = -x\sqrt{a^2-x^2} + a^2\int \dfrac{dx}{\sqrt{a^2-x^2}} - \int \dfrac{x^2\,dx}{\sqrt{a^2-x^2}}$

$2\int \dfrac{x^2\,dx}{\sqrt{a^2-x^2}} = -x\sqrt{a^2-x^2} + a^2\int \dfrac{dx}{\sqrt{a^2-x^2}}$ (77a)

$\int \dfrac{x^2\,dx}{\sqrt{a^2-x^2}} = -\dfrac{x}{2}\sqrt{a^2-x^2} + \dfrac{a^2}{2}\arcsin\left(\dfrac{x}{a}\right)$ (98)

46. $\int \dfrac{x^2\,dx}{\sqrt{1-x^2}} = \int \dfrac{x\,x\,dx}{\sqrt{1-x^2}} = -x\sqrt{1-x^2} + \int \sqrt{1-x^2}\,dx$ $\quad u=x \quad dv=\dfrac{x\,dx}{\sqrt{1-x^2}}$ (94)

$\qquad = -x\sqrt{1-x^2} + \int \dfrac{1-x^2}{\sqrt{1-x^2}}\,dx$ $\quad du=dx \quad v=-\sqrt{1-x^2}$

$\qquad = -x\sqrt{1-x^2} + \int \dfrac{dx}{\sqrt{1-x^2}} - \int \dfrac{x^2\,dx}{\sqrt{1-x^2}}$

$2\int \dfrac{x^2\,dx}{\sqrt{1-x^2}} = -x\sqrt{1-x^2} + \int \dfrac{dx}{\sqrt{1-x^2}}$ (105)

$\int \dfrac{x^2\,dx}{\sqrt{1-x^2}} = -\dfrac{x}{2}\sqrt{1-x^2} + \dfrac{1}{2}\arcsin x$ (99)

47. $\int \dfrac{x^2\,dx}{\sqrt{x^2-a^2}} = \int \dfrac{x\,x\,dx}{\sqrt{x^2-a^2}} = x\sqrt{x^2-a^2} - \int \sqrt{x^2-a^2}\,dx$ $\quad u=x \quad dv=\dfrac{x\,dx}{\sqrt{x^2-a^2}}$ (95)

$\qquad = x\sqrt{x^2-a^2} - \int \dfrac{x^2-a^2}{\sqrt{x^2-a^2}}\,dx = x\sqrt{x^2-a^2} -$ $\quad du=dx \quad v=\sqrt{x^2-a^2}$

$\qquad -\int \dfrac{x^2\,dx}{\sqrt{x^2-a^2}} + a^2\int \dfrac{dx}{\sqrt{x^2-a^2}}$ (79)

$2\int \dfrac{x^2\,dx}{\sqrt{x^2-a^2}} = x\sqrt{x^2-a^2} + a^2\ln(x+\sqrt{x^2-a^2})$

$\int \dfrac{x^2\,dx}{\sqrt{x^2-a^2}} = \dfrac{x}{2}\sqrt{x^2-a^2} + \dfrac{a^2}{2}\ln(x+\sqrt{x^2-a^2})$ (100)

48. $\int \dfrac{x^2\,dx}{\sqrt{x^2-1}} = \int \dfrac{x\cdot x\,dx}{\sqrt{x^2-1}} = x\sqrt{x^2-1} - \int \sqrt{x^2-1}\,dx$ $\quad u=x;\ dv=\dfrac{x\,dx}{\sqrt{x^2-1}}$

$\qquad = x\sqrt{x^2-1} - \int \dfrac{(x^2-1)\,dx}{\sqrt{x^2-1}} = x\sqrt{x^2-1} -$ $\quad du=dx \quad v=\sqrt{x^2-1}$

$\qquad -\int \dfrac{x^2\,dx}{\sqrt{x^2-1}} + \int \dfrac{dx}{\sqrt{x^2-1}}$ (30)

$2\int \dfrac{x^2\,dx}{\sqrt{x^2-1}} = x\sqrt{x^2-1} + \ln(x+\sqrt{x^2-1})$

$\int \dfrac{x^2\,dx}{\sqrt{x^2-1}} = \dfrac{x}{2}\sqrt{x_2-1} + \dfrac{1}{2}\ln(x+\sqrt{x^2-1})$ (101)

49. $\int \sqrt{a^2+x^2}\,dx = \int \dfrac{a^2+x^2}{\sqrt{a^2+x^2}}\,dx$

$\qquad = a^2\int \dfrac{dx}{\sqrt{a^2+x^2}} + \int \dfrac{x^2\,dx}{\sqrt{a^2+x^2}}$

39

$$a^2 \int \frac{dx}{\sqrt{a^2+x^2}} = a^2 \ln(x+\sqrt{a^2+x^2}) \quad (77)$$

$$\int \frac{x^2\, dx}{\sqrt{a^2+x^2}} = \frac{x}{2}\sqrt{a^2+x^2} - \frac{a^2}{2}\ln(x+\sqrt{a^2+x^2}) \quad (96)$$

$$\int \sqrt{a^2+x^2}\, dx = \frac{x}{2}\sqrt{a^2+x^2} + \frac{a^2}{2}\ln(x+\sqrt{a^2+x^2}) \quad (54)$$

50. $\int \sqrt{1+x^2}\, dx = \int \frac{(1+x^2)\, dx}{\sqrt{1+x^2}} = \int \frac{dx}{\sqrt{1+x^2}} + \int \frac{x^2\, dx}{\sqrt{1+x^2}}$

$$\int \frac{dx}{\sqrt{1+x^2}} = \ln(x+\sqrt{1+x^2}) \quad (76)$$

$$\int \frac{x^2\, dx}{\sqrt{1+x^2}} = \frac{x}{2}\sqrt{1+x^2} - \frac{1}{2}\ln(x+\sqrt{1+x^2}) \quad (97)$$

$$\int \sqrt{1+x^2}\, dx = \frac{x}{2}\sqrt{1+x^2} + \frac{1}{2}\ln(x+\sqrt{1+x^2}) \quad (55)$$

51. $\int \sqrt{a^2-x^2}\, dx = \int \frac{a^2-x^2}{\sqrt{a^2-x^2}}\, dx$

$$= a^2 \int \frac{dx}{\sqrt{a^2-x^2}} - \int \frac{x^2\, dx}{\sqrt{a^2-x^2}}$$

$$a^2 \int \frac{dx}{\sqrt{a^2-x^2}} = a^2 \arcsin\left(\frac{x}{a}\right) \quad (77a)$$

$$\int \frac{x^2\, dx}{\sqrt{a^2-x^2}} = -\frac{x}{2}\sqrt{a^2-x^2} + \frac{a^2}{2}\arcsin\left(\frac{x}{a}\right) \quad (98)$$

$$\int \sqrt{a^2-x^2}\, dx = \frac{x}{2}\sqrt{a^2-x^2} + \frac{a^2}{2}\arcsin\left(\frac{x}{a}\right) \quad (56)$$

52. $\int \sqrt{1-x^2}\, dx = \int \frac{1-x^2}{\sqrt{1-x^2}}\, dx = \int \frac{dx}{\sqrt{1-x^2}} - \int \frac{x^2\, dx}{\sqrt{1-x^2}}$

$$\int \frac{dx}{\sqrt{1-x^2}} = \arcsin x \quad (105)$$

$$\int \frac{x^2\, dx}{\sqrt{1-x^2}} = -\frac{x}{2}\sqrt{1-x^2} + \frac{1}{2}\arcsin x \quad (99)$$

$$\int \sqrt{1-x^2}\, dx = \frac{x}{2}\sqrt{1-x^2} + \frac{1}{2}\arcsin x \quad (57)$$

53. $\int \sqrt{x^2-a^2}\, dx = \int \frac{x^2-a^2}{\sqrt{x^2-a^2}}\, dx$

$$= \int \frac{x^2\, dx}{\sqrt{x^2-a^2}} - a^2 \int \frac{dx}{\sqrt{x^2-a^2}}$$

$$\int \frac{x^2\, dx}{\sqrt{x^2-a^2}} = \frac{x}{2}\sqrt{x^2-a^2} + \frac{a^2}{2}\ln(x+\sqrt{x^2-a^2}) \quad (100)$$

$$a^2 \int \frac{dx}{\sqrt{x^2-a^2}} = a^2 \ln(x+\sqrt{x^2-a^2}) \quad (79)$$

$$\int \sqrt{x^2-a^2}\, dx = \frac{x}{2}\sqrt{x^2-a^2} - \frac{a^2}{2}\ln(x+\sqrt{x^2-a^2}) \quad (58)$$

54. $\int \sqrt{x^2-1}\,dx = \int \frac{x^2-1}{\sqrt{x^2-1}}\,dx = \int \frac{x^2\,dx}{\sqrt{x^2-1}} - \int \frac{dx}{\sqrt{x^2-1}}$

$\int \frac{x^2\,dx}{\sqrt{x^2-1}} = \frac{x}{2}\sqrt{x^2-1} + \frac{1}{2}\ln(x+\sqrt{x^2-1})$ (101)

$\int \frac{dx}{\sqrt{x^2-1}} = \ln(x+\sqrt{x^2-1})$ (80)

$\int \sqrt{x^2-1}\,dx = \frac{x}{2}\sqrt{x^2-1} - \frac{1}{2}\ln(x+\sqrt{x^2-1})$ (59)

55. $\int \frac{\sqrt{a^2+x^2}}{x}\,dx = \int \frac{(a^2+x^2)\,dx}{x\sqrt{a^2+x^2}}$

$= a^2\int \frac{dx}{x\sqrt{a^2+x^2}} + \int \frac{x\,dx}{\sqrt{a^2+x^2}}$

$a^2\int \frac{dx}{x\sqrt{a^2+x^2}} = -a\ln\left(\frac{a+\sqrt{a^2+x^2}}{x}\right)$ (81)

$\int \frac{x\,dx}{\sqrt{a^2+x^2}} = \sqrt{a^2+x^2}$ (92)

$\int \frac{\sqrt{a^2+x^2}}{x}\,dx = \sqrt{a^2+x^2} - a\ln\left(\frac{a+\sqrt{a^2+x^2}}{x}\right)$ (70a)

56. $\int \frac{\sqrt{a^2-x^2}}{x}\,dx = \int \frac{(a^2-x^2)\,dx}{x\sqrt{a^2-x^2}}$

$= a^2\int \frac{dx}{x\sqrt{a^2-x^2}} - \int \frac{x\,dx}{\sqrt{a^2-x^2}}$

$a^2\int \frac{dx}{x\sqrt{a^2-x^2}} = -a\ln\left(\frac{a+\sqrt{a^2-x^2}}{x}\right)$ (82)

$\int \frac{x\,dx}{\sqrt{a^2-x^2}} = -\sqrt{a^2-x^2}$ (93)

$\int \frac{\sqrt{a^2-x^2}}{x}\,dx = \sqrt{a^2-x^2} - a\ln\left(\frac{a+\sqrt{a^2-x^2}}{x}\right)$ (70)

57. $\int \frac{\sqrt{x^2-a^2}}{x}\,dx = \int \frac{x^2-a^2}{x\sqrt{x^2-a^2}}\,dx$

$= \int \frac{x\,dx}{\sqrt{x^2-a^2}} - a^2\int \frac{dx}{x\sqrt{x^2-a^2}}$

$\int \frac{x\,dx}{\sqrt{x^2-a^2}} = \sqrt{x^2-a^2}$ (95)

$a^2\int \frac{dx}{x\sqrt{x^2-a^2}} = -a\cdot\arcsin\left(\frac{a}{x}\right)$ (83)

$\int \frac{\sqrt{x^2-a^2}}{x}\,dx = \sqrt{x^2-a^2} + \arcsin\left(\frac{a}{x}\right)$ (71)

58. $\int \frac{x^m\,dx}{\sqrt{a^2+x^2}} = \int \frac{x^{m-1}\,x\,dx}{\sqrt{a^2+x^2}}$

$= x^{m-1}\sqrt{a^2+x^2} - (m-1)\int x^{m-2}\sqrt{a^2+x^2}\,dx$

$= x^{m-1}\sqrt{a^2+x^2} - (m-1)\int \frac{(a^2x^{m-2}+x^m)}{\sqrt{a^2+x^2}}\,dx$

$u = x^{m-1}$

$dv = \frac{x\,dx}{\sqrt{a^2+x^2}}$ (92)

$du = (m-1)x^{m-2}\,dx$

$v = \sqrt{a^2+x^2}$

$$= x^{m-1}\sqrt{a^2+x^2} - (m-1)\,a^2 \cdot$$
$$\times \int \frac{x^{m-2}\,dx}{\sqrt{a^2+x^2}} - (m-1)\int \frac{x^m\,dx}{\sqrt{a^2+x^2}}$$

$$(m-1+1)\int \frac{x^m\,dx}{\sqrt{a^2+x^2}} = x^{m-1}\sqrt{a^2+x^2} - (m-1)\,a^2 \cdot \int \frac{x^{m-2}\,dx}{\sqrt{a^2+x^2}}$$

$$\int \frac{x^m\,dx}{\sqrt{a^2+x^2}} = \frac{x^{m-1}}{m}\sqrt{a^2+x^2} - \frac{(m-1)\,a^2}{m}\cdot \int \frac{x^{m-2}\,dx}{\sqrt{a^2+x^2}} \quad (102)$$

Rekursionsformel nur anwenden, wenn m eine gerade Zahl. Ist $m = 2n+1$, also ungerade, führt die Substitution $\sqrt{a^2+x^2} = t$ schneller zum Ziel.

59. $\displaystyle\int \frac{x^{2n+1}\,dx}{\sqrt{a^2+x^2}} = \int \frac{x^{2n}\cdot x\,dx}{\sqrt{a^2+x^2}} = \int \frac{(x^2)^n\,x\,dx}{\sqrt{a^2+x^2}}$

$$= \int \frac{(t^2-a^2)^n\,t\,dt}{t} = \int (t^2-a^2)^n\,dt \qquad \begin{aligned}\sqrt{a^2+x^2} &= t \\ a^2+x^2 &= t^2 \\ x\,dx &= t\,dt\end{aligned}$$

a) $m = 6$:

$$\int \frac{x^6\,dx}{\sqrt{a^2+x^2}} = \frac{x^5}{6}\sqrt{a^2+x^2} - \frac{5\,a^2}{6}\int \frac{x^4\,dx}{\sqrt{a^2+x^2}}$$

$$\int \frac{x^4\,dx}{\sqrt{a^2+x^2}} = \frac{x^3}{4}\sqrt{a^2+x^2} - \frac{3\,a^2}{4}\int \frac{x^2\,dx}{\sqrt{a^2+x^2}}$$

$$\int \frac{x^2\,dx}{\sqrt{a^2+x^2}} = \frac{x}{2}\sqrt{a^2+x^2} - \frac{a^2}{2}\int \frac{dx}{\sqrt{a^2+x^2}} \quad (77)$$

$$\int \frac{dx}{\sqrt{a^2+x^2}} = \ln\left(\frac{x+\sqrt{a^2+x^2}}{a}\right) = \ln(x+\sqrt{a^2+x^2}) \quad (77)$$

$$\int \frac{x^6\,dx}{\sqrt{a^2+x^2}} = \frac{x^5}{6}\sqrt{a^2+x^2} - \frac{5\,a^2\,x^3}{6\cdot 4}\sqrt{a^2+x^2} +$$

$$+ \frac{5\cdot 3\,a^4\,x}{6\cdot 4\cdot 2}\sqrt{a^2+x^2} - \frac{5\cdot 3\cdot 1}{6\cdot 4\cdot 2}\,a^6 \ln\left(\frac{x+\sqrt{a^2+x^2}}{a}\right)$$

$$= \frac{\sqrt{a^2+x^2}}{6}\left(x^5 - \frac{5\,a^2\,x^3}{4} + \frac{5\cdot 3}{4\cdot 2}\,a^4\,x\right) -$$

$$- \frac{5\cdot 3\cdot 1}{6\cdot 4\cdot 2}\,a^6 \ln\left(\frac{x+\sqrt{a^2+x^2}}{a}\right)$$

60. $\displaystyle\int \frac{x^m\,dx}{\sqrt{a^2-x^2}} = \int \frac{x^{m-1}\,x\,dx}{\sqrt{a^2-x^2}} \qquad \begin{aligned}u &= x^{m-1} \\ dv &= \frac{x\,dx}{\sqrt{a^2-x^2}} \quad (93) \\ du &= (m-1)\,x^{m-2}\,dx \\ v &= -\sqrt{a^2-x^2}\end{aligned}$

$$= -x^{m-1}\sqrt{a^2-x^2} + (m-1)\int x^{m-2}\sqrt{a^2-x^2}\,dx$$

$$= -x^{m-1}\sqrt{a^2-x^2} + (m-1)\int \frac{a^2 x^{m-2} - x^m}{\sqrt{a^2-x^2}}\,dx$$

$$= -x^{m-1}\sqrt{a^2-x^2} + (m-1)\,a^2\int \frac{x^{m-2}\,dx}{\sqrt{a^2-x^2}} -$$

$$- (m-1)\int \frac{x^m\,dx}{\sqrt{a^2-x^2}}$$

$$m \int \frac{x^m\,dx}{\sqrt{a^2-x^2}} = -x^{m-1}\sqrt{a^2-x^2} + (m-1)\,a^2 \int \frac{x^{m-2}\,dx}{\sqrt{a^2-x^2}}$$

$$\int \frac{x^m\,dx}{\sqrt{a^2-x^2}} = -\frac{x^{m-1}}{m}\sqrt{a^2-x^2} + \frac{(m-1)\,a^2}{m} \int \frac{x^{m-2}\,dx}{\sqrt{a^2-x^2}}$$

60a) $m = 6$: (103)

$$\int \frac{x^6\,dx}{\sqrt{a^2-x^2}} = -\frac{x^5}{6}\sqrt{a^2-x^2} + \frac{5}{6} a^2 \int \frac{x^4\,dx}{\sqrt{a^2-x^2}}$$

$$\int \frac{x^4\,dx}{\sqrt{a^2-x^2}} = -\frac{x^3}{4}\sqrt{a^2-x^2} + \frac{3}{4} a^2 \int \frac{x^2\,dx}{\sqrt{a^2-x^2}}$$

$$\int \frac{x^2\,dx}{\sqrt{a^2-x^2}} = -\frac{x}{2}\sqrt{a^2-x^2} + \frac{a^2}{2} \int \frac{dx}{\sqrt{a^2-x^2}} \qquad (77a)$$

$$\int \frac{dx}{\sqrt{a^2-x^2}} = \arcsin\left(\frac{x}{a}\right)$$

$$\int \frac{x^6\,dx}{\sqrt{a^2-x^2}} = -\frac{\sqrt{a^2-x^2}}{6}\left(x^5 + \frac{5\,a^2 x^3}{4} + \frac{5\cdot 3\,a^4 x}{4\cdot 2}\right) +$$

$$+ \frac{5\cdot 3\cdot 1}{6\cdot 4\cdot 2} a^6 \arcsin\left(\frac{x}{a}\right)$$

60b) $m = 7$: (nach der *Rekursionsformel*)

$$\int \frac{x^7\,dx}{\sqrt{a^2-x^2}} = -\frac{\sqrt{a^2-x^2}}{7}\left(x^6 + \frac{6\,a^2 x^4}{5} + \frac{6\cdot 4\,a^4 x^2}{5\cdot 3} + \frac{6\cdot 4\cdot 2}{5\cdot 3\cdot 1} a^6\right)$$

Rekursionsformel nur anwenden, wenn m eine gerade Zahl. Ist m ungerade, $2n+1$, führt die Substitution $\sqrt{a^2-x^2} = t$ schneller zum Ziel.

$$\int \frac{x^{2n+1}\,dx}{\sqrt{a^2-x^2}} = \int \frac{x^{2n}\cdot x\,dx}{\sqrt{a^2-x^2}} = \int \frac{(x^2)^n x\,dx}{\sqrt{a^2-x^2}}$$

$$= -\int \frac{(a^2-t^2)^n t\,dt}{t} = -\int (a^2-t^2)^n\,dt$$

$$\int \frac{x^7\,dx}{\sqrt{a^2-x^2}} \qquad (n = 3)$$

$$\int \frac{x^7\,dx}{\sqrt{a^2-x^2}} = \int \frac{(x^2)^3 x\,dx}{\sqrt{a^2-x^2}} = -\int (a^2-t^2)^3\,dt$$

$$= -\int (a^6 - 3\,a^4 t^2 + 3\,a^2 t^4 - t^6)\,dt$$

$$= -a^6 t + \frac{3\,a^4 t^3}{3} - \frac{3\,a^2 t^5}{5} + \frac{t^7}{7}$$

$$= -t\left(a^6 - a^4 t^2 + \frac{3}{5} a^2 t^4 - \frac{t^6}{7}\right)$$

$\sqrt{a^2-x^2} = t$
$a^2 - x^2 = t^2$
$x^2 = a^2 - t^2$
$x\,dx = -t\,dt$

$$= -\sqrt{a^2-x^2}\left[a^6 - a^4(a^2-x^2) + \right.$$
$$+ \frac{3}{5}a^2(a^4 - 2a^2x^2 + x^4) -$$
$$\left. -\frac{1}{7}(a^6 - 3a^4x^2 + 3a^2x^4 - x^6)\right]$$
$$= -\sqrt{a^2-x^2}\left(\frac{x^6}{7} + \frac{6}{35}a^2x^4 + \frac{8}{35}a^4x^2 + \frac{16}{35}a^6\right)$$
$$= -\frac{\sqrt{a^2-x^2}}{7}\left(x^6 + \frac{6}{5}a^2x^4 + \frac{8}{5}a^4x^2 + \frac{16}{5}a^6\right)$$

61. $\displaystyle\int \frac{x^m\,dx}{\sqrt{x^2-a^2}} = \int \frac{x^{m-1}x\,dx}{\sqrt{x^2-a^2}}$

$\qquad u = x^{m-1}$

$\qquad dv = \dfrac{x\,dx}{\sqrt{x^2-a^2}}$ (95)

$= x^{m-1}\sqrt{x^2-a^2} - (m-1)\int x^{m-2}\sqrt{x^2-a^2}\,dx$

$\qquad du = (m-1)x^{m-2}\,dx$

$= x^{m-1}\sqrt{x^2-a^2} - (m-1)\int \dfrac{x^m - a^2x^{m-2}}{\sqrt{x^2-a^2}}\,dx$

$\qquad v = \sqrt{x^2-a^2}$

$= x^{m-1}\sqrt{x^2-a^2} - (m-1)\int \dfrac{x^m\,dx}{\sqrt{x^2-a^2}} +$

$\qquad + (m-1)a^2\int \dfrac{x^{m-2}\,dx}{\sqrt{x^2-a^2}}$

$= \dfrac{x^{m-1}}{m}\sqrt{x^2-a^2} + \dfrac{(m-1)a^2}{m}\int \dfrac{x^{m-2}\,dx}{\sqrt{x^2-a^2}}$ (104)

Wenn m ungerade, Substitution: $\sqrt{x^2-a^2} = t$.

61a) $\displaystyle\int \frac{x^{2n+1}\,dx}{\sqrt{x^2-a^2}} = \int \frac{(x^2)^n \cdot x\,dx}{\sqrt{x^2-a^2}}$

$\qquad \sqrt{x^2-a^2} = t$

$\qquad x^2 - a^2 = t^2$

$= \displaystyle\int \frac{(t^2+a^2)^n t\,dt}{t} = \int (t^2+a^2)^n\,dt$

$\qquad x\,dx = t\,dt$

62. $\displaystyle\int x^m\sqrt{a^2+x^2}\,dx = \int \frac{x^m(a^2+x^2)}{\sqrt{a^2+x^2}}\,dx = \int \frac{(a^2 x^m + x^{m+2})\,dx}{\sqrt{a^2+x^2}}$

$= a^2\displaystyle\int \frac{x^m\,dx}{\sqrt{a^2+x^2}} + \int \frac{x^{m+2}\,dx}{\sqrt{a^2+x^2}}$ Gleichung 1

Setzt man in Formel 102 für m den Wert $m+2$ ein, so erhält man:

$\displaystyle\int \frac{x^{m+2}}{\sqrt{a^2+x^2}}\,dx = \frac{x^{m+1}}{m+2}\sqrt{a^2+x^2} - \frac{(m+1)a^2}{m+2}\int \frac{x^m\,dx}{\sqrt{a^2+x^2}}$

Diesen Wert für das zweite Integral der Gleichung 1 eingesetzt, ergibt

$\displaystyle\int x^m\sqrt{a^2+x^2}\,dx = a^2\int \frac{x^m\,dx}{\sqrt{a^2+x^2}} + \frac{x^{m+1}}{m+2}\sqrt{a^2+x^2} -$

$\qquad - \dfrac{(m+1)a^2}{m+2}\displaystyle\int \frac{x^m\,dx}{\sqrt{a^2+x^2}}$

$= \dfrac{x^{m+1}}{m+2}\sqrt{a^2+x^2} + \dfrac{a^2 m + 2a^2 - a^2 m - a^2}{m+2}\displaystyle\int \frac{x^m\,dx}{\sqrt{a^2+x^2}}$

$= \dfrac{x^{m+1}}{m+2}\sqrt{a^2+x^2} + \dfrac{a^2}{m+2}\displaystyle\int \frac{x^m\,dx}{\sqrt{a^2+x^2}}$ (67)

Das Integral der rechten Seite nach 102 reduzieren

63. $\int x^m \sqrt{a^2 - x^2}\, dx = \int \frac{x^m(a^2 - x^2)\, dx}{\sqrt{a^2 - x^2}} = \int \frac{(a^2 x^m - x^{m+2})\, dx}{\sqrt{a^2 - x^2}}$

(wie 62)

$= \frac{x^{m+1}}{m+2}\sqrt{a^2 - x^2} + \frac{a^2}{m+2}\int \frac{x^m\, dx}{\sqrt{a^2 - x^2}}$ (68)

Das Integral der rechten Seite nach 103 reduzieren.

64. $\int x^m \sqrt{x^2 - a^2}\, dx = \int \frac{x^m(x^2 - a^2)\, dx}{\sqrt{x^2 - a^2}} = \int \frac{(x^{m+2} - a^2 x^m)\, dx}{\sqrt{x^2 - a^2}}$

(wie 62)

$= \frac{x^{m+1}}{m+2}\sqrt{x^2 - a^2} - \frac{a^2}{m+2}\int \frac{x^m\, dx}{\sqrt{x^2 - a^2}}$ (69)

Das Integral der rechten Seite nach 104 reduzieren.

65. $\int \sin(ax)\sin(bx)\, dx = -\frac{1}{a}\cos(ax)\sin(bx) +$

$\qquad\qquad +\frac{b}{a}\int \cos(ax)\cos(bx)\, dx$

$\quad u = \sin(bx);$
$\quad du = b\cos(bx)\, dx$
$\quad dv = \sin(ax)\, dx \quad (110a)$
$\quad v = -\frac{1}{a}\cos(ax)$

$= -\frac{1}{a}\cos(ax)\sin(bx) + \frac{b}{a}\left[\frac{1}{a}\sin(ax)\cos(bx) +\right.$

$\qquad\qquad \left.+\frac{b}{a}\int \sin(ax)\sin(bx)\, dx\right]$

$\quad u = \cos(bx)$
$\quad du = -\sin(bx)\cdot b\, dx$
$\quad dv = \cos(ax)\, dx$
$\quad v = \frac{1}{a}\sin(ax)$

$= -\frac{1}{a}\cos(ax)\sin(bx) + \frac{b}{a^2}\sin(ax)\cos(bx) +$

$\qquad\qquad +\frac{b^2}{a^2}\int \sin(ax)\sin(bx)\, dx$

$\left(1 - \frac{b^2}{a^2}\right)\int \sin(ax)\sin(bx)\, dx = -\frac{1}{a}\cos(ax)\sin(bx) +$

$\qquad\qquad +\frac{b}{a^2}\sin(ax)\cos(bx)$

$\int \sin(ax)\sin(bx)\, dx = \frac{a^2}{a^2 - b^2}\left(-\frac{1}{a}\cos(ax)\sin(bx) +\right.$

$\qquad\qquad \left.+\frac{b}{a^2}\sin(ax)\cos(bx)\right)$

$= \frac{-a\cos(ax)\sin(bx) + b\sin(ax)\cos(bx)}{a^2 - b^2}$

66. $\int 3x^2 \arcsin x\, dx = x^3 \arcsin x - \int \frac{x^3\, dx}{\sqrt{1 - x^2}}$

$\quad u = \arcsin x$
$\quad dv = 3x^2\, dx$
$\quad du = \frac{dx}{\sqrt{1 - x^2}}$
$\quad v = x^3$

$= x^3 \arcsin x - \int \frac{x^2\, x\, dx}{\sqrt{1 - x^2}}$

$= x^3 \arcsin x - \left[-x^2\sqrt{1 - x^2} + 2\int x\sqrt{1 - x^2}\, dx\right]$

$\quad u = x^2;\ dv = \frac{x\, dx}{\sqrt{1 - x^2}}$

$= x^3 \arcsin x + x^2\sqrt{1 - x^2} + 2\int z^2\, dz$

(94)

$$= x^3 \arcsin x + x^2 \sqrt{1-x^2} + \frac{2}{3} z^3$$

$$= x^3 \arcsin x + x^2 \sqrt{1-x^2} + \frac{2}{3}(1-x^2)\sqrt{1-x^2}$$

$$= x^3 \arcsin x + \frac{\sqrt{1-x^2}}{3}(3x^2 + 2 - 2x^2)$$

$$= x^3 \arcsin x + \frac{\sqrt{1-x^2}(2+x^2)}{3} \qquad (126)$$

66a) $\displaystyle\int 3x^2 \arcsin x\, dx = x^3 \arcsin x - \int \frac{x^2\, x\, dx}{\sqrt{1-x^2}}$

$$= x^3 \arcsin x + \int \frac{(1-u)\, du}{u^{\frac{1}{2}} \cdot 2}$$

$$= x^3 \arcsin x + \frac{1}{2}\int \left(u^{-\frac{1}{2}} - u^{\frac{1}{2}}\right) du$$

$$= x^3 \arcsin x + u^{\frac{1}{2}} - \frac{1}{3} u^{\frac{3}{2}}$$

$$= x^3 \arcsin x + \frac{3 u^{\frac{1}{2}} - u^{\frac{3}{2}}}{3}$$

$$= x^3 \arcsin x + \frac{u^{\frac{1}{2}}}{3}(3-u)$$

$$= x^3 \arcsin x + \frac{\sqrt{1-x^2}}{3}(3-1+x^2)$$

$$= x^3 \arcsin x + \frac{\sqrt{1-x^2}(2+x^2)}{3}$$

$\begin{aligned} du &= 2x\, dx \\ v &= -\sqrt{1-x^2} \\ \hline \sqrt{1-x^2} &= z \\ 1-x^2 &= z^2 \\ x\, dx &= -z\, dz \end{aligned}$

$\begin{aligned} 1-x^2 &= u \\ x^2 &= 1-u \\ x\, dx &= -\frac{du}{2} \end{aligned}$

2.4 Integration durch Partialbruchzerlegung

Die gebrochenen rationalen Funktionen können echt und unecht gebrochene Funktionen sein, je nachdem der Grad des Zählers niedriger oder höher ist als der des Nenners. Ist bei einer echt gebrochenen rationalen Funktion der Zähler vom ersten und der Nenner vom zweiten Grade, so verwendet man das Verfahren der Integration durch Partialbruchzerlegung. Ist also der Nenner vom zweiten Grade, so kann man ihn als quadratische Gleichung betrachten von der Form $x^2 + 2ax + b = 0$, und wenn die Gleichung die Wurzeln $x_1 = \alpha$ und $x_2 = \beta$ hat, so ist nach dem Satz von Viëta $x^2 \pm 2ax + b = (x - \alpha)(x - \beta)$. Nimmt man für den Zähler die Form $ux + t$, so kann man den Bruch, wenn die Wurzeln der quadratischen Gleichung des Nenners reell sind, auf folgende Weise zerlegen:

$$\frac{ux+t}{x^2+2ax+b} = \frac{A}{x-\alpha} + \frac{B}{\beta-x}$$

Die beiden konstanten Größen A und B der beiden rechten Partialbrüche sind aber noch zu bestimmen. Hat z. B. ein Bruch die Form $\dfrac{1}{x^2-a^2} = \dfrac{1}{(x-a)(x+a)}$, so kann man schreiben:

$$\frac{1}{x^2-a^2} = \frac{A}{x-a} + \frac{B}{x+a}$$

Multipliziert man beide Seiten der Gleichung mit $x^2 - a^2$, so erhält man: $1 = A(x+a) + B(x-a)$. Diese Gleichung soll für alle Werte von x gelten, folglich auch für $x = +a$ und für $x = -a$. Für $x = +a$ findet man:

$$1 = A \cdot 2a \quad \text{oder} \quad A = \frac{1}{2a} \quad \text{und für } x = -a \text{ ergibt sich}$$

$$1 = B \cdot (-2a) \quad \text{oder} \quad B = -\frac{1}{2a}.$$ Setzt man diese Werte oben ein, so erhält man

$$\frac{1}{x^2-a^2} = \frac{1}{2a(x-a)} + -\frac{1}{2a(x+a)} \quad \text{oder}$$

$$\frac{1}{x^2-a^2} = \frac{1}{2a}\left(\frac{1}{x-a} - \frac{1}{x+a}\right)$$

1. $\displaystyle\int \frac{dx}{x^2-a^2} = \frac{1}{2a}\int\left(\frac{1}{x-a} - \frac{1}{x+a}\right)dx$

$$= \frac{1}{2a}\int \frac{dx}{x-a} - \frac{1}{2a}\int \frac{dx}{x+a}$$

$$= \frac{1}{2a}(\ln(x-a) - \ln(x+a)) = \frac{1}{2a}\ln\frac{x-a}{x+a} \quad (44)$$

2. $\displaystyle\int \frac{dx}{1-x^2}$; $\dfrac{1}{1-x^2} = \dfrac{1}{(1-x)(1+x)} = \dfrac{A}{1-x} + \dfrac{B}{1+x}$

$$1 = A(1+x) + B(1-x)$$

$$x = -1 \Rightarrow 1 = B \cdot 2 \Rightarrow B = \frac{1}{2}$$

$$x = +1 \Rightarrow 1 = A \cdot 2 \Rightarrow A = \frac{1}{2}$$

$$\frac{1}{1-x^2} = \frac{1}{2} \cdot \frac{1}{1-x} + \frac{1}{2} \cdot \frac{1}{1+x}$$

$$\int \frac{dx}{1-x^2} = \frac{1}{2} \int \frac{dx}{1-x} + \frac{1}{2} \int \frac{dx}{1+x} = -\frac{1}{2} \int \frac{-dx}{1-x} + \frac{1}{2} \int \frac{dx}{1+x}$$

$$= -\frac{1}{2} \ln(1-x) + \frac{1}{2} \ln(1+x) = \frac{1}{2} \ln\left(\frac{1+x}{1-x}\right) \quad (43)$$

3. $\int \frac{dx}{a^2 - x^2}$; $\quad \frac{1}{a^2-x^2} = \frac{1}{(a-x)(a+x)} = \frac{A}{a-x} + \frac{B}{a+x}$

$$1 = A(a+x) + B(a-x)$$

$$x = a \Rightarrow 1 = A \cdot 2a \Rightarrow A = \frac{1}{2a}$$

$$x = -a \Rightarrow 1 = B \cdot 2a \Rightarrow B = \frac{1}{2a}$$

$$\int \frac{dx}{a^2-x^2} = \frac{1}{2a} \int \frac{dx}{a-x} + \frac{1}{2a} \int \frac{dx}{a+x} = \frac{1}{2a} \cdot - \int \frac{-dx}{a-x} + \frac{1}{2a} \int \frac{dx}{a+x}$$

$$= \frac{1}{2a} \ln(a+x) - \frac{1}{2a} \ln(a-x) = \frac{1}{2a} \ln\left(\frac{a+x}{a-x}\right) \quad (42)$$

4. $\int \frac{dx}{a^2+x^2} = \int \frac{dx}{x^2+a^2} = \int \frac{dx}{x^2-(ai)^2}$

$$\frac{1}{x^2-(ai)^2} = \frac{1}{(x-ai)(x+ai)} = \frac{A}{x-ai} + \frac{B}{x+ai}$$

$$1 = A(x+ai) + B(x-ai)$$

$$x = ai \Rightarrow 1 = A \cdot 2ai \Rightarrow A = \frac{1}{2ai}$$

$$x = -ai \Rightarrow 1 = B \cdot (-2ai) \Rightarrow B = -\frac{1}{2ai}$$

$$\int \frac{dx}{a^2+x^2} = \int \frac{dx}{x^2-(ai)^2} = \frac{1}{2ai} \int \frac{dx}{x-ai} - \frac{1}{2ai} \int \frac{dx}{x+ai}$$

$$= \frac{1}{2ai} \ln(x-ai) - \frac{1}{2ai} \ln(x+ai) = \frac{1}{2ai} \ln\left(\frac{x-ai}{x+ai}\right) \quad (41)$$

Andere Lösung durch Substitution Beispiel 47

5. $\int \frac{dx}{(x-a)(x-b)}$; $\quad \frac{1}{(x-a)(x-b)} = \frac{A}{x-a} + \frac{B}{x-b}$

$$1 = A(x-b) + B(x-a)$$

$$x = a \Rightarrow 1 = A(a-b) \Rightarrow A = \frac{1}{a-b}$$

$$x = b \Rightarrow 1 = B(b-a) \Rightarrow B = \frac{1}{b-a} = -\frac{1}{a-b}$$

$$\int \frac{dx}{(x-a)(x-b)} = \frac{1}{a-b} \int \frac{dx}{x-a} - \frac{1}{a-b} \int \frac{dx}{x-b} = \frac{1}{a-b} \ln\left(\frac{x-a}{x-b}\right) \quad (36)$$

6. $\int \dfrac{dx}{a-bx^2} = \dfrac{1}{b}\int \dfrac{dx}{\dfrac{a}{b}-x^2} = \dfrac{1}{b}\int \dfrac{dx}{\left(\sqrt{\dfrac{a}{b}}\right)^2 - x^2}$

$\dfrac{1}{\left(\sqrt{\dfrac{a}{b}}\right)^2 - x^2} = \dfrac{1}{\left(\sqrt{\dfrac{a}{b}}-x\right)\left(\sqrt{\dfrac{a}{b}}+x\right)} = \dfrac{A}{\sqrt{\dfrac{a}{b}}-x} + \dfrac{B}{\sqrt{\dfrac{a}{b}}+x} =$

$\qquad\qquad 1 = A\left(\sqrt{\dfrac{a}{b}}+x\right) + B\left(\sqrt{\dfrac{a}{b}}-x\right)$

$x = \sqrt{\dfrac{a}{b}} \Rightarrow 1 = A\cdot 2\sqrt{\dfrac{a}{b}} \Rightarrow A = \dfrac{1}{2\sqrt{\dfrac{a}{b}}}$

$x = -\sqrt{\dfrac{a}{b}} \Rightarrow 1 = B\cdot 2\sqrt{\dfrac{a}{b}} \Rightarrow B = \dfrac{1}{2\sqrt{\dfrac{a}{b}}}$

$\dfrac{1}{\left(\sqrt{\dfrac{a}{b}}\right)^2 - x^2} = \dfrac{1}{2\sqrt{\dfrac{a}{b}}\left(\sqrt{\dfrac{a}{b}}-x\right)} + \dfrac{1}{2\sqrt{\dfrac{a}{b}}\left(\sqrt{\dfrac{a}{b}}+x\right)}$

$\dfrac{1}{b}\int \dfrac{dx}{\left(\sqrt{\dfrac{a}{b}}\right)^2 - x^2} = \dfrac{1}{b}\left[\dfrac{1}{2\sqrt{\dfrac{a}{b}}}\int \dfrac{dx}{\sqrt{\dfrac{a}{b}}-x} + \dfrac{1}{2\sqrt{\dfrac{a}{b}}}\int \dfrac{dx}{\sqrt{\dfrac{a}{b}}+x}\right]\quad \begin{vmatrix} \sqrt{\dfrac{a}{b}}-x = z_1 \\ -dx = dz_1 \\ \sqrt{\dfrac{a}{b}}+x = z_2 \\ dx = dz_2 \end{vmatrix}$

$= \dfrac{1}{b}\cdot \dfrac{1}{2\sqrt{\dfrac{a}{b}}}\left[-\int \dfrac{dz_1}{z_1} + \int \dfrac{dz_2}{z_2}\right]$

$= \dfrac{1}{2\sqrt{ab}}(\ln z_2 - \ln z_1) = \dfrac{1}{2\sqrt{ab}}\ln\left(\dfrac{z_2}{z_1}\right)$

$= \dfrac{1}{2\sqrt{ab}}\ln\left(\dfrac{\sqrt{\dfrac{a}{b}}+x}{\sqrt{\dfrac{a}{b}}-x}\right) = \dfrac{1}{2\sqrt{ab}}\ln\left(\dfrac{\sqrt{a}+x\sqrt{b}}{\sqrt{a}-x\sqrt{b}}\right) =$

$= \dfrac{1}{2\sqrt{ab}}\ln\left(\dfrac{\sqrt{ab}+bx}{\sqrt{ab}-bx}\right) \qquad (40)$

7. $\int \dfrac{(6x+4)\,dx}{x^2+x}\ ;\quad \dfrac{6x+4}{x^2+x} = \dfrac{6x+4}{x(x+1)} = \dfrac{A}{x} + \dfrac{B}{x+1}$

$\qquad\qquad 6x+4 = A(x+1) + Bx$

$\qquad\qquad x = 0 \Rightarrow 4 = A \Rightarrow A = 4$

$\qquad\qquad x = -1 \Rightarrow -2 = -B \Rightarrow B = 2$

$\int \dfrac{(6x+4)\,dx}{x^2+x} = 4\int \dfrac{dx}{x} + 2\int \dfrac{dx}{x+1} = 4\ln x + 2\ln(x+1)$

8. $\int \dfrac{(3x+2)\,dx}{x^2-x-2}\ ;\quad \dfrac{3x+2}{x^2-x-2} = \dfrac{3x+2}{(x-2)(x+1)} = \dfrac{A}{x-2} + \dfrac{B}{x+1}$

$\qquad\qquad 3x+2 = A(x+1) + B(x-2)$

$$x = 2 \Rightarrow 8 = A \cdot 3 \Rightarrow A = \frac{8}{3}$$

$$x = 1 \Rightarrow -1 = B \cdot (-3) \Rightarrow B = \frac{1}{3}$$

$$\int \frac{(3x+2)\,dx}{x^2-x-2} = \frac{8}{3}\int \frac{dx}{x-2} + \frac{1}{3}\int \frac{dx}{x+1} = \frac{8}{3}\ln(x-2) + \frac{1}{3}\ln(x+1)$$

9. $\int \frac{(2x+6)\,dx}{2x^2+3x+1}$; $\frac{2x+6}{(2x+1)(x+1)} = \frac{A}{2x+1} + \frac{B}{x+1}$

$$2x+6 = A(x+1) + B(2x+1)$$

$$x = -\frac{1}{2} \Rightarrow 5 = \frac{A}{2} \Rightarrow A = 10$$

$$x = -1 \Rightarrow 4 = -B \Rightarrow B = -4$$

$$\int \frac{(2x+6)\,dx}{2x^2+3x+1} = 10\int \frac{dx}{2x+1} - 4\int \frac{dx}{x+1} = 5\int \frac{dx}{x+\frac{1}{2}} - 4\frac{dx}{x+1} =$$

$$= 5\ln\left(x+\frac{1}{2}\right) - 4\ln(x+1)$$

$$= 5\int \frac{2\,dx}{2x+1} - 4\int \frac{dx}{x+1} = 5\ln(2x+1) - 4\ln(x+1)$$

10. $\int \frac{dx}{x^2+10x+16}$; $\frac{1}{x^2+10x+16} = \frac{1}{(x+2)(x+8)} = \frac{A}{x+2} + \frac{B}{x+8}$

$$1 = A(x+8) + B(x+2)$$

$$x = -8 \Rightarrow 1 = B \cdot (-6) \Rightarrow B = -\frac{1}{6}$$

$$x = -2 \Rightarrow 1 = A \cdot 6 \Rightarrow A = \frac{1}{6}$$

$$\int \frac{dx}{x^2+10x+16} = \frac{1}{6}\int \frac{dx}{x+2} - \frac{1}{6}\int \frac{dx}{x+8} = \frac{1}{6}\ln(x+2) - \frac{1}{6}\ln(x+8) =$$

$$= \frac{1}{6}\ln\left(\frac{x+2}{x+8}\right)$$

11. $\int \frac{dx}{x^2+10x+16} = \int \frac{dx}{x^2+10x+25-25+16} = \int \frac{dx}{(x+5)^2-3^2}$ $\begin{array}{l} x+5 = t \\ dx = dt \end{array}$

$$\int \frac{dt}{t^2-3^2} ; \quad \frac{1}{t^2-3^2} = \frac{1}{(t+3)(t-3)} = \frac{A}{t+3} + \frac{B}{t-3}$$

$$1 = A(t-3) + B(t+3)$$

$$t = -3 \Rightarrow 1 = -6A \Rightarrow A = -\frac{1}{6}$$

$$t = +3 \Rightarrow 1 = 6B \Rightarrow B = \frac{1}{6}$$

$$\int \frac{dt}{t^2-3^2} = -\frac{1}{6}\int \frac{dt}{t+3} + \frac{1}{6}\int \frac{dt}{t-3} = \frac{1}{6}\ln\left(\frac{t-3}{t+3}\right)$$

$$= \frac{1}{6}\ln\left(\frac{x+5-3}{x+5+3}\right) = \frac{1}{6}\ln\left(\frac{x+2}{x+8}\right)$$

12. $\int \frac{(5x+1)\,dx}{x^2+x-2} = \int \frac{(5x+1)\,dx}{(x+2)(x-1)} = 3\ln(x+2) + 2\ln(x-1)$

13. $\int \frac{(2x-6)\,dx}{x^2+6x+8} = \int \frac{(2x-6)\,dx}{(x+2)(x+4)} = 7\ln(x+4) - 5\ln(x+2)$

14. $\int \dfrac{(3x+10)\,dx}{x^2-4} = 4\ln(x-2) - \ln(x+2) = \ln\left(\dfrac{(x-2)^4}{x+2}\right)$

15. $\int \dfrac{dx}{x^2+10x+9} = \dfrac{1}{8}\ln\left(\dfrac{x+1}{x+9}\right)$

16. $\int \dfrac{dx}{x^2+7x+12} = \ln\left(\dfrac{x+3}{x+4}\right)$

17. $\int \dfrac{(2x+43)\,dx}{x^2+x-12} = 7\ln(x-3) - 5\ln(x+4)$

18. $\int \dfrac{(2x+5)\,dx}{2x^2+3x+1} = 8\int \dfrac{dx}{2x+1} - 3\int \dfrac{dx}{x+1} = \dfrac{8}{2}\int \dfrac{2\,dx}{2x+1} - 3\int \dfrac{dx}{x+1} =$
$= 4\ln(2x+1) - 3\ln(x+1)$

$\int \dfrac{(2x+5)\,dx}{2x^2+3x+1} = \dfrac{1}{2}\int \dfrac{(2x+5)\,dx}{\left(x+\dfrac{1}{2}\right)(x+1)} = 4\ln\left(x+\dfrac{1}{2}\right) - 3\ln(x+1)$

19. $\int \dfrac{dx}{x^2+6x+13} = \int \dfrac{dx}{x^2+6x+9+13-9} = \int \dfrac{dx}{(x+3)^2+2^2} = \int \dfrac{dt}{t^2+2^2}$

Setzt man $x+3 = t$, wird $dx = dt$ und der Nenner $(t-2i)(t+2i)$ komplex.

$\int \dfrac{dt}{t^2+2^2} = \int \dfrac{dt}{(t-2i)(t+2i)}$

$\dfrac{1}{(t-2i)(t-2i)} = \dfrac{A}{t-2i} + \dfrac{B}{t+2i}$

$1 = A(t+2i) + B(t-2i)$

$t = +2i \Rightarrow 1 = A \cdot 4i \Rightarrow A = \dfrac{1}{4i}$

$t = -2i \Rightarrow 1 = -B \cdot 4i \Rightarrow B = -\dfrac{1}{4i}$

$\int \dfrac{dt}{t^2+2^2} = \dfrac{1}{4i}\int \dfrac{dt}{t-2i} - \dfrac{1}{4i}\int \dfrac{dt}{t+2i}$

$= \dfrac{1}{4i}\ln(t-2i) - \dfrac{1}{4i}\ln(t+2i) = \dfrac{1}{4i}\ln\left(\dfrac{t-2i}{t+2i}\right)$

$= \dfrac{1}{4i}\ln\left(\dfrac{x+3-2i}{x+3+2i}\right)$

Die Probe zeigt die Richtigkeit des Resultates. Man kann die komplexe Form vermeiden, wenn man das Integral nach der Substitutionsmethode löst:

$t = 2v \quad v = \dfrac{t}{2} \quad dt = 2\,dv$

$\int \dfrac{dt}{2^2+t^2} = 2\int \dfrac{dv}{2^2+2^2v^2} = \dfrac{1}{2}\int \dfrac{dv}{1+v^2} = \dfrac{1}{2}\arctan(v) = \dfrac{1}{2}\arctan\dfrac{t}{2}$

$\int \dfrac{dx}{x^2+6x+13} = \dfrac{1}{2}\arctan\left(\dfrac{x+3}{2}\right)$

20. $\int \dfrac{(7x+8)\,dx}{x^2+x-2} = \int \dfrac{(7x+8)\,dx}{(x+2)(x-1)} = 2\ln(x+2) + 5\ln(x-1)$

21. $\int \dfrac{(x+13)\,dx}{x^2-4x-5} = 3\ln(x-5) - 2\ln(x+1)$

22. $\int \dfrac{(6x-13)\,dx}{x^2-\dfrac{7}{2}x+\dfrac{3}{2}} = \int \dfrac{(12x-26)\,dx}{2x^2-7x+3} = \int \dfrac{(12x-26)\,dx}{(x-3)(2x-1)} = 2\ln(x-3) + 4\ln(2x-1)$

23. $\displaystyle\int\frac{\left(\frac{5}{6}x-16\right)\mathrm{d}x}{x^2+3x-18} = \int\frac{\left(\frac{5}{6}x-16\right)\mathrm{d}x}{(x+6)(x-3)}$

$$\frac{\frac{5}{6}x-16}{(x+6)(x-3)} = \frac{A}{x+6}+\frac{B}{x-3}$$

$$\frac{5}{6}x-16 = A(x-3)+B(x+6)$$

$$x=-6:\ -21 = A\cdot(-9) \Rightarrow A = \frac{21}{9} = \frac{7}{3}$$

$$x=3:\ -\frac{27}{2} = B\cdot 9 \Rightarrow B = -\frac{3}{2}$$

$$\int\frac{\left(\frac{5}{6}x-16\right)\mathrm{d}x}{x^2+3x-18} = \frac{7}{3}\int\frac{\mathrm{d}x}{x+6}-\frac{3}{2}\int\frac{\mathrm{d}x}{x-3} = \frac{7}{3}\ln(x+6)-\frac{3}{2}\ln(x-3)$$

■ Ist der Zähler eines Bruches von einem höheren Grade als der Nenner, so teilt man
■ den Zähler durch den Nenner. Dadurch erhält man im Quotienten einzelne Summan-
■ den und einen Restbruch, der mittels der Partialbruchzerlegung integriert werden
■ kann.

24. $\displaystyle\int\frac{(3x^3+5x^2-29x-25)\,\mathrm{d}x}{x^2+x-12}$

$(3x^3+5x^2-29x-25):(x^2+x-12) = 3x+2+\dfrac{5x-1}{x^2+x-12}$

$\underline{3x^3+3x^2-36x}$
$\quad +2x^2+7x-25$
$\underline{\quad +2x^2+2x-24}$
$\qquad\qquad 5x-1$

$$\frac{5x-1}{x^2+x-12} = \frac{5x-1}{(x+4)(x-3)} = \frac{A}{x+4}+\frac{B}{x-3}$$

$$5x-1 = A(x-3)+B(x+4)$$

$$x=-4 \Rightarrow -21 = A\cdot(-7) \Rightarrow A = 3$$
$$x=3 \Rightarrow 14 = B\cdot 7 \Rightarrow B = 2$$

$$\int\frac{(3x^3+5x^2-29x-25)\,\mathrm{d}x}{x^2+x-12} = \int 3x\,\mathrm{d}x+2\int \mathrm{d}x+3\int\frac{\mathrm{d}x}{x+4}+2\int\frac{\mathrm{d}x}{x-3} =$$

$$= \frac{3}{2}x^2+2x+3\ln(x+4)+2\ln(x-3)$$

25. $\displaystyle\int\frac{(x+6)\,\mathrm{d}x}{x^2-3} = \int\frac{(x+6)\,\mathrm{d}x}{(x-\sqrt{3})(x+\sqrt{3})};\qquad \frac{x+6}{(x-\sqrt{3})(x+\sqrt{3})} = \frac{A}{x-\sqrt{3}}+\frac{B}{x+\sqrt{3}}$

$$x+6 = A(x+\sqrt{3})+B(x-\sqrt{3})$$

$$x=+\sqrt{3} \Rightarrow \sqrt{3}+6 = A\cdot 2\sqrt{3} \Rightarrow A = \frac{6+\sqrt{3}}{2\sqrt{3}}$$

$$x=-\sqrt{3} \Rightarrow -\sqrt{3}+6 = B\cdot(-2\sqrt{3}) \Rightarrow B = -\frac{6-\sqrt{3}}{2\sqrt{3}}$$

$$\int\frac{(x+6)\,\mathrm{d}x}{x^2-3} = \frac{6+\sqrt{3}}{2\sqrt{3}}\int\frac{\mathrm{d}x}{x-\sqrt{3}}-\frac{6-\sqrt{3}}{2\sqrt{3}}\int\frac{\mathrm{d}x}{x+\sqrt{3}}$$

$$= \left(\sqrt{3}+\frac{1}{2}\right)\ln(x-\sqrt{3})-\left(\sqrt{3}-\frac{1}{2}\right)\ln(x+\sqrt{3})$$

26. $\displaystyle\int \frac{(\sqrt[3]{x^2}-\sqrt{x}+1)\,dx}{\sqrt[3]{x}-1}$ $x=u^6$ $dx=6u^5\,du$ $x^{\frac{2}{3}}=u^4$ $x^{\frac{1}{2}}=u^3$ $x^{\frac{1}{3}}=u^2$ $x^{\frac{1}{6}}=u$

$$6\int \frac{(u^4-u^3+1)u^5\,du}{u^2-1} = 6\int \frac{(u^9-u^8-u^5)\,du}{u^2-1}$$

$$(u^9-u^8+u^5):(u^2-1) = u^7-u^6+u^5-u^4+2u^3-u^2+2u-1+\frac{2u-1}{u^2-1}$$

$$6\int\left(u^7-u^6+u^5-u^4+2u^3-u^2+2u-1+\frac{2u-1}{u^2-1}\right)du$$

$$\frac{2u-1}{u^2-1} = \frac{2u-1}{(u-1)(u+1)} = \frac{A}{u-1}+\frac{B}{u+1}$$

$$2u-1 = A(u+1)+B(u-1)$$

$$u=1 \Rightarrow 1 = A\cdot 2 \Rightarrow A = \frac{1}{2}$$

$$u=-1 \Rightarrow -3 = B\cdot(-2) \Rightarrow B = \frac{3}{2}$$

$$6\int u^7\,du - 6\int u^6\,du + 6\int u^5\,du - 6\int u^4\,du + 12\int u^3\,du - 6\int u^2\,du +$$

$$+ 12\int u\,du - 6\int du + 6\cdot\frac{1}{2}\int \frac{du}{u-1} + \frac{6\cdot 3}{2}\int \frac{du}{u+1} =$$

$$= \frac{6}{8}u^8 - \frac{6}{7}u^7 + \frac{6}{6}u^6 - \frac{6}{5}u^5 + \frac{12}{4}u^4 - \frac{6}{3}u^3 + \frac{12}{2}u^2 - 6u + 3\ln(u-1) + 9\ln(u+1) =$$

$$= \frac{3}{4}x^{\frac{4}{3}} - \frac{6}{7}x^{\frac{7}{6}} + x - \frac{6}{5}x^{\frac{5}{6}} + 3x^{\frac{2}{3}} - 2x^{\frac{1}{2}} + 6x^{\frac{1}{3}} - 6x^{\frac{1}{6}} + 3\ln\left(x^{\frac{1}{6}}-1\right) + 9\ln\left(x^{\frac{1}{6}}+1\right) =$$

$$= \frac{3}{4}\sqrt[3]{x^4} - \frac{6}{7}\sqrt[6]{x^7} + x - \frac{6}{5}\sqrt[6]{x^5} + 3\sqrt[3]{x^2} - 2\sqrt{x} + 6\sqrt[3]{x} - 6\sqrt[6]{x} + 3\ln\left(\sqrt[6]{x}-1\right) + 9\ln\left(\sqrt[6]{x}+1\right)$$

27. $\displaystyle\int \frac{dx}{x^2+2x-1} = \int \frac{dx}{(x+1)^2-2}$

$$\frac{1}{(x+1)^2-2} = \frac{1}{(x+1-\sqrt{2})(x+1+\sqrt{2})} = \frac{A}{x+1-\sqrt{2}}+\frac{B}{x+1+\sqrt{2}}$$

$$1 = A(x+1+\sqrt{2})+B(x+1-\sqrt{2})$$

$$x=-1+\sqrt{2} \Rightarrow 1 = A(-1+\sqrt{2}+1+\sqrt{2}) \Rightarrow A = \frac{1}{2\sqrt{2}}$$

$$x=-1-\sqrt{2} \Rightarrow 1 = B\cdot(-2\sqrt{2}) \Rightarrow B = -\frac{1}{2\sqrt{2}}$$

$$\int \frac{dx}{x^2+2x-1} = \frac{1}{2\sqrt{2}}\int \frac{dx}{x+1-\sqrt{2}} - \frac{1}{2\sqrt{2}}\int \frac{dx}{x+1+\sqrt{2}}$$

$$= \frac{1}{2\sqrt{2}}\ln(x+1-\sqrt{2}) - \frac{1}{2\sqrt{2}}\ln(x+1+\sqrt{2}) = \frac{1}{2\sqrt{2}}\ln\left(\frac{x+1-\sqrt{2}}{x+1+\sqrt{2}}\right)$$

3. BESTIMMTES INTEGRAL
(Anwendung in der Flächen-, Bogen- und Volumenberechnung)

3.1 Bestimmte Integrale

1. $\int_a^b dx = x \Big|_a^b = b - a$

2. $\int_{-6}^{-1} 4\, dx = 4 \cdot x \Big|_{-6}^{-1} = 4(-1+6) = 20$

3. $\int_2^5 4x\, dx = \frac{4}{2} x^2 \Big|_2^5 = 2(25-4) = 2 \cdot 21 = 42$

4. $\int_1^3 x^3\, dx = \frac{x^4}{4} \Big|_1^3 = \frac{1}{4}(81-1) = 20$

5. $\int_{-2}^{+2} x^4\, dx = \frac{x^5}{5} \Big|_{-2}^{+2} = \frac{1}{5}(2^5 - (-2)^5) = \frac{1}{5}(32+32) = \frac{64}{5}$

6. $\int_0^5 x^5\, dx = \frac{x^6}{6} \Big|_0^5 = \frac{1}{6} \cdot (5^6 - 0) = \frac{5^6}{6}$

7. $\int_0^x \frac{1}{4} x^3\, dx = \frac{1}{4} \frac{x^4}{4} \Big|_0^x = \frac{x^4}{16}$

8. $\int_1^3 (3x^2 + 1)\, dx = x^3 + x \Big|_1^3 = 27 + 3 - (1+1) = 28$

9. $\int_{-3}^2 x^2\, dx = \frac{x^3}{3} \Big|_{-3}^2 = \frac{1}{3}(8 - (-3)^3) = \frac{1}{3}(8+27) = \frac{35}{3}$

10. $\int_0^3 (2x + 3x^2)\, dx = x^2 + x^3 \Big|_0^3 = 9 + 27 = 36$

11. $\int_2^4 (x + x^3)\, dx = \frac{x^2}{2} + \frac{x^4}{4} \Big|_2^4 = 8 + 64 - (2+4) = 72 - 6 = 66$

12. $\int_{-3}^6 (x^2 - 4x + 10)\, dx = \frac{x^3}{3} - 2x^2 + 10x \Big|_{-3}^6 = 72 - 72 + 60 - (-9 - 18 - 30) = 60 + 57 = 117$

13. $\int_2^4 (1+x+x^2)\,dx = x + \frac{x^2}{2} + \frac{x^3}{3}\Big|_2^4 = 4 + 8 + 21\tfrac{1}{3} - \left(2 + 2 + 2\tfrac{2}{3}\right) = 33\tfrac{1}{3} - 6\tfrac{2}{3} = 26\tfrac{2}{3}$

14. $\int_1^2 \left(\frac{1}{x^2} + \frac{2}{x^3} + \frac{3}{x^4}\right) dx = -\frac{1}{x} - \frac{1}{x^2} - \frac{1}{x^3}\Big|_1^2 = -\frac{1}{2} - \frac{1}{4} - \frac{1}{8} - (-1 - 1 - 1) =$

$$= -\frac{7}{8} + 3 = 2\tfrac{1}{8}$$

15. $\int_{x=0}^{x=a} (ax+b)^2\,dx \qquad ax+b = u \qquad \text{für} \quad x = 0 \quad \text{wird} \quad u = b$

$\qquad\qquad\qquad\qquad\qquad a\,dx = du \qquad \text{für} \quad x = a \quad \text{wird} \quad u = a^2 + b$

$$dx = \frac{du}{a}$$

$$= \frac{1}{a}\int_b^{a^2+b} u^2\,du = \frac{1}{3a} u^3 \Big|_b^{a^2+b} = \frac{1}{3a}[(a^2+b)^3 - b^3]$$

oder: $= \frac{1}{a}\int_0^a u^2\,du = \frac{1}{3a}u^3\Big|_0^a = \frac{1}{3a}(ax+b)^3\Big|_0^a = \frac{1}{3a}[(a^2+b)^3 - b^3]$

16. $\int_0^{\frac{1}{m}} \frac{dx}{\sqrt{mx+n}} \qquad mx+n = u \qquad \text{für} \quad x = 0 \qquad \text{wird} \quad u = n$

$\qquad\qquad\qquad\qquad m\,dx = du$

$$dx = \frac{du}{m} \qquad \text{für} \quad x = \frac{1}{m} \quad \text{wird} \quad u = 1+n$$

$$= \frac{1}{m}\int_n^{1+n} \frac{du}{\sqrt{u}} = \frac{2}{m}\sqrt{u}\,\Big|_n^{1+n} = \frac{2}{m}[\sqrt{1+n} - \sqrt{n}]$$

oder $\int_0^{\frac{1}{m}} \frac{dx}{\sqrt{mx+n}} = \frac{1}{m}\int_0^{\frac{1}{m}} \frac{du}{\sqrt{u}} = \frac{1}{m}\int_0^{\frac{1}{m}} u^{-\frac{1}{2}}\,du = \frac{2}{m} u^{\frac{1}{2}}\Big|_0^{\frac{1}{m}}$

$$= \frac{2}{m}\sqrt{mx+n}\,\Big|_0^{\frac{1}{m}} = \frac{2}{m}[\sqrt{1+n} - \sqrt{n}]$$

17. $\int_1^2 \frac{dx}{x} = \ln x\,\Big|_1^2 = \ln 2 - \ln 1 = \ln\left(\frac{2}{1}\right) = \ln 2 = 0{,}6931$

18. $\int_2^6 \frac{dx}{x} = \ln x\,\Big|_2^6 = \ln 6 - \ln 2 = \ln\left(\frac{6}{2}\right) = \ln 3 = 1{,}0986$

19. $\int_a^b \frac{dx}{x^2} = -\frac{1}{x}\,\Big|_a^b = -\left(\frac{1}{b} - \frac{1}{a}\right) = \frac{1}{a} - \frac{1}{b}$

20. $\int_1^3 \frac{dx}{x^2} = -\frac{1}{x}\,\Big|_1^3 = -\left(\frac{1}{3} - 1\right) = \frac{2}{3}$

21. $\int_1^4 \sqrt{x}\,dx = \frac{2}{3}x^{\frac{3}{2}}\Big|_1^4 = \frac{2}{3}\left(4^{\frac{3}{2}}-1^{\frac{3}{2}}\right) = \frac{2}{3}(8-1) = \frac{14}{3}$

22. $\int_0^a \sqrt{x}\,dx = \frac{2}{3}x^{\frac{3}{2}}\Big|_0^a = \frac{2}{3}\sqrt{a^3} = \frac{2}{3}a\sqrt{a}$

23. $\int_4^9 \sqrt{x}\,dx = \frac{2}{3}x^{\frac{3}{2}}\Big|_4^9 = \frac{2}{3}(27-8) = \frac{38}{3} = 12\frac{2}{3}$

24. $\int_0^1 \sqrt{6x+2}\,dx = \frac{1}{9}\sqrt{(6x+2)^3}\Big|_0^1 = \frac{1}{9}\left(\sqrt{8^3}-\sqrt{2^3}\right) = \frac{1}{9}\left(\sqrt{512}-\sqrt{8}\right)$

$\qquad = \frac{1}{9}(22{,}6274 - 2{,}8284) = \frac{1}{9}\cdot 19{,}7990 = 2{,}1999$

25. $\int_2^7 \sqrt{x+2}\,dx = \frac{2}{3}\sqrt{(x+2)^3}\Big|_2^7 = \frac{2}{3}\left(9^{\frac{3}{2}}-4^{\frac{3}{2}}\right) = \frac{2}{3}(27-8) = \frac{38}{3}$

26. $\int_0^4 \frac{dx}{\sqrt{x}} = 2\cdot x^{\frac{1}{2}}\Big|_0^4 = 4$

27. $\int_4^9 \frac{dx}{\sqrt{x}} = 2\cdot x^{\frac{1}{2}}\Big|_4^9 = 2(3-2) = 2$

28. $\int_1^8 \frac{dx}{\sqrt[3]{x}} = \frac{3}{2}x^{\frac{2}{3}}\Big|_1^8 = \frac{3}{2}(4-1) = \frac{9}{2} = 4{,}5$

29. $\int_0^{\sqrt{1,5}} \frac{dx}{2x^2+9} = \frac{1}{9}\int_0^{\sqrt{1,5}} \frac{dx}{1+\frac{2x^2}{9}} = \frac{1}{9}\cdot\frac{3}{\sqrt{2}}\int_0^{\sqrt{1,5}} \frac{du}{1+u^2}$ $\quad\Bigg|\quad \frac{2x^2}{9} = u^2$

$\qquad = \frac{1}{3\sqrt{2}}\arctan u \Big|_0^{\sqrt{1,5}}$ $\qquad\qquad\qquad\qquad\qquad\qquad \frac{x}{3}\sqrt{2} = u$

$\qquad\qquad\qquad\qquad\qquad\qquad\qquad\qquad\qquad\qquad\qquad \frac{\sqrt{2}}{3}dx = du$

$\qquad = \frac{\sqrt{2}}{6}\arctan\left(\frac{x}{3}\sqrt{2}\right)\Big|_0^{\sqrt{1,5}} = \frac{\sqrt{2}}{6}\arctan\left(\frac{\sqrt{3}}{3}\right)$ $\qquad dx = du\cdot\frac{3}{\sqrt{2}}$

$\qquad = \frac{\sqrt{2}}{6}\arctan 30° = \frac{\sqrt{2}}{6}\cdot\frac{\pi}{6}$

$\qquad = 0{,}2357\cdot 0{,}5236 = 0{,}1234$

30. $\int_3^5 \frac{x\,dx}{x^2-4} = \frac{1}{2}\int_3^5 \frac{dt}{t} = \frac{1}{2}\ln(x^2-4)\Big|_3^5 = \frac{1}{2}\ln\left(\frac{21}{5}\right)$ $\quad\Bigg|\quad x^2-4 = t$

$\qquad\qquad\qquad\qquad\qquad\qquad\qquad\qquad\qquad\qquad\qquad\qquad x\,dx = \frac{dt}{2}$

31. $\int_{2}^{7} \dfrac{x\,dx}{x^2+2x-3} = \dfrac{1}{4}\int_{2}^{7}\dfrac{dx}{x-1}+\dfrac{3}{4}\int_{2}^{7}\dfrac{dx}{x+3} = \dfrac{1}{4}\ln(x-1)\Big|_{2}^{7}+\dfrac{3}{4}\ln(x+3)\Big|_{2}^{7}$

$= \dfrac{1}{4}(\ln 6 - \ln 1)+\dfrac{3}{4}(\ln 10 - \ln 5) = \dfrac{1}{4}\ln 6 + \dfrac{3}{4}\ln 2$

32. $\int_{0}^{1}\left(\sqrt{x+1}+\dfrac{1}{\sqrt{x+1}}\right)^{2}dx = \int_{0}^{1}\left(x+3+\dfrac{1}{x-1}\right)dx = \dfrac{x^2}{2}+3x+\ln(x+1)\Big|_{0}^{1}$

$= \dfrac{1}{2}+3+\ln 2 = 3{,}5+0{,}6931 = 4{,}1931$

33. $\int_{0}^{1} e^{x}\,dx = e^{x}\Big|_{0}^{1} = e-1 = 1{,}718281828459\ldots$

34. $\int_{0}^{1} e^{2x}\,dx\ \ (10) = \dfrac{1}{2}e^{2x}\Big|_{0}^{1} = \dfrac{1}{2}(e^{2}-1)$

35. $\int_{0}^{2} e^{ax}\,dx\ \ (10) = \dfrac{1}{a}e^{ax}\Big|_{0}^{2} = \dfrac{1}{a}(e^{2a}-1) = \dfrac{e^{2a}-1}{a}$

36. $\int_{0}^{\infty} e^{-x}\,dx\ \ (11) = -\dfrac{1}{e^{x}}\Big|_{0}^{\infty} = -\left(\dfrac{1}{e^{\infty}}-\dfrac{1}{1}\right) = -(0-1) = 1$

37. $\int_{0}^{\infty} e^{-ax}\,dx = -\dfrac{1}{a}\cdot\dfrac{1}{e^{ax}}\Big|_{0}^{\infty} = -\dfrac{1}{a}(0-1) = \dfrac{1}{a}$

38. $\int_{0}^{1} x e^{x}\,dx\ \ (14) = e^{x}(x-1)\Big|_{0}^{1} = e\cdot 0 - 1\cdot(-1) = 1$

39. $\int_{0}^{x} x e^{ax}\,dx\ \ (18) = \dfrac{x}{a}e^{ax}-\dfrac{1}{a^2}e^{ax}\Big|_{0}^{x} = \dfrac{x}{a}e^{ax}-\dfrac{e^{ax}}{a^2}-\left(0-\dfrac{1}{a^2}\right) = \dfrac{e^{ax}}{a^2}(ax-1)+\dfrac{1}{a^2}$

40. $\int_{-1}^{+1} a^{x}\,dx\ \ (13) = \dfrac{a^{x}}{\ln a}\Big|_{-1}^{+1} = \dfrac{1}{\ln a}\left(a-\dfrac{1}{a}\right) = \dfrac{a^{2}-1}{a\ln a}$

41. $\int_{0}^{1}\dfrac{dx}{\alpha x+\beta} = \dfrac{1}{\alpha}\int_{0}^{1}\dfrac{\alpha\,dx}{\alpha x+\beta} = \dfrac{1}{\alpha}\ln(\alpha x+\beta)\Big|_{0}^{1} = \dfrac{1}{\alpha}\ln\left(\dfrac{\alpha+\beta}{\beta}\right)$

42. $\int_{1}^{e}\ln x\,dx\ \ (21) = x(\ln x-1)\Big|_{1}^{e} = e\cdot 0 - 1\cdot(-1) = 1$

43. $\int_0^1 \dfrac{dx}{\sqrt{1-x^2}} = \arcsin x \Big|_0^1 = \arcsin 1 - \arcsin 0 = \dfrac{\pi}{2} - 0 = \dfrac{\pi}{2}$

44. $\int_{\frac{1}{2}}^1 \dfrac{dx}{\sqrt{1-x^2}} = \arcsin x \Big|_{\frac{1}{2}}^1 = \arcsin 1 - \arcsin \dfrac{1}{2} = \dfrac{\pi}{2} - \dfrac{\pi}{6} = \dfrac{\pi}{3}$

45. $\int_0^1 \dfrac{dx}{1+x^2} = \arctan x \Big|_0^1 = \arctan 1 - \arctan 0 = \dfrac{\pi}{4} - 0 = \dfrac{\pi}{4}$

46. $\int_0^\infty \dfrac{dx}{1+x^2} = \arctan x \Big|_0^\infty = \arctan \infty - \arctan 0 = \dfrac{\pi}{2} - 0 = \dfrac{\pi}{2}$

47. $\int_0^a \dfrac{dx}{\sqrt{a^2-x^2}} = \arcsin\left(\dfrac{x}{a}\right)\Big|_0^a = \arcsin 1 - \arcsin 0 = \dfrac{\pi}{2} - 0 = \dfrac{\pi}{2}$

48. $\int_0^a \dfrac{dx}{a^2+x^2} = \dfrac{1}{a}\arctan\left(\dfrac{x}{a}\right)\Big|_0^a = \dfrac{1}{a}(\arctan 1 - \arctan 0) = \dfrac{1}{a}\left(\dfrac{\pi}{4} - 0\right) = \dfrac{\pi}{4a}$

49. $\int_0^a x\sqrt{a^2-x^2}\,dx = -\dfrac{1}{3}\sqrt{(a^2-x^2)^3}\,\Big|_0^a = -\dfrac{1}{3}(0-\sqrt{a^6}) = \dfrac{a^3}{3}$

50. $\int_0^1 \dfrac{x\,dx}{\sqrt{1-x^2}} = -\sqrt{1-x^2}\,\Big|_0^1 = -(0-1) = 1$

51. $\int_0^a \dfrac{x\,dx}{\sqrt{a^2-x^2}} = -\sqrt{a^2-x^2}\,\Big|_0^a = (-0-a) = a$

52. $\int_0^a \sqrt{a^2-x^2}\,dx = \dfrac{x}{2}\sqrt{a^2-x^2} + \dfrac{a^2}{2}\arcsin\left(\dfrac{x}{a}\right)\Big|_0^a$

$= 0 + \dfrac{a^2}{2}\arcsin 1 - (0+0) = \dfrac{a^2}{2} \cdot \dfrac{\pi}{2} = \dfrac{a^2\pi}{4}$

53. $\int_0^i \dfrac{x\,dx}{1+x^2} = \dfrac{1}{2}\ln(1+x^2)\Big|_0^i = \dfrac{1}{2}(\ln 0 - \ln 1)$

oder $\int_0^i \dfrac{x\,dx}{1+x^2}$ $1+x^2 = z$ für $x=0$ wird $z=1$

$2x\,dx = dz$ $x=i$ wird $z=0$

$$x\,dx = \dfrac{dz}{2}$$

$= \dfrac{1}{2}\int_1^0 \dfrac{dz}{z} = \dfrac{1}{2}\ln z \Big|_1^0 = \dfrac{1}{2}(\ln 0 - \ln 1)$

54. $\int_0^{\frac{\pi}{4}} \sin x \, dx = -\cos x \Big|_0^{\frac{\pi}{4}} = -(\cos 45° - \cos 0°) = -\left(\frac{1}{2}\sqrt{2} - 1\right) = 1 - \frac{1}{2}\sqrt{2}$

$$= 1 - 0{,}7071 = 0{,}2929$$

55. $\int_0^{\pi} \sin x \, dx = -\cos x \Big|_0^{\pi} = -(\cos 180° - \cos 0°) = -(-1 - 1) = 2$

56. $\int_0^{\pi} 2a \sin\left(\frac{x}{2}\right) dx = 2a \int_0^{\pi} \sin\left(\frac{x}{2}\right) dx \ (12\,a) = -4a \cos\left(\frac{x}{2}\right) \Big|_0^{\pi} = -4a(\cos 90° - \cos 0°)$

$$= -4a(0 - 1) = 4a$$

57. $\int_0^{\pi} \sin(mx) \, dx = -\frac{1}{m} \cos(mx) \Big|_0^{\pi} = -\frac{1}{m} \cos m\pi - \cos 0) = -\frac{1}{m}(\cos m\pi - 1)$

$$= \frac{1 - \cos m\pi}{m}$$

58. $\int_0^{\pi} \cos(mx) \, dx = \frac{1}{m} \sin(mx) \Big|_0^{\pi} = \frac{1}{m}(\sin(m\pi) - 0) = \frac{\sin(m\pi)}{m}$

59. $\int_0^{\frac{\pi}{2}} \cos(2x) \, dx = \frac{1}{2} \sin(2x) \Big|_0^{\frac{\pi}{2}} = \frac{1}{2}(\sin \pi - \sin 0) = \frac{1}{2} \cdot 0 = 0$

60. $\int_0^{\frac{\pi}{2}} \sin^2 x \, dx = \frac{x}{2} - \frac{1}{2} \sin x \cos x \Big|_0^{\frac{\pi}{2}}$

$$= \frac{\pi}{4} - \frac{1}{2} \sin 90° \cos 90° - \left(0 - \frac{1}{2} \sin 0° \cos 0°\right) = \frac{\pi}{4}$$

61. $\int_0^{\frac{\pi}{2}} \sin^2(2x) \, dx \quad \Big| 2x = t \quad dx = \frac{dt}{2} \Big|$

$$= \frac{1}{2} \int_0^{\frac{\pi}{2}} \sin^2 t \, dt = \frac{1}{2} \left[\frac{t}{2} - \frac{1}{4} \sin(2t)\right]_0^{\frac{\pi}{2}}$$

$$= \frac{1}{2} \left| x - \frac{1}{4} \sin(4x) \right|_0^{\frac{\pi}{2}} = \frac{1}{2}\left(\frac{\pi}{2} - \frac{1}{4} \sin 360°\right) = \frac{\pi}{4}$$

62. $\int_{\frac{\pi}{4}}^{\frac{\pi}{2}} \sin^3 x \, dx = \int_{\frac{\pi}{4}}^{\frac{\pi}{2}} \sin^2 x \sin x \, dx = -\int_{\frac{\pi}{4}}^{\frac{\pi}{2}} (1 - \cos^2 x) \, d(\cos x) = -\cos x + \frac{\cos^3 x}{3} \Big|_{\frac{\pi}{4}}^{\frac{\pi}{2}}$

$$= -\cos 90° + \frac{1}{3}(\cos 90°)^3 - \left(-\cos 45° + \frac{1}{3}(\cos 45°)^3\right)$$

$$= -0 + 0 + \frac{1}{2}\sqrt{2} - \frac{1}{3}\left(\frac{1}{2}\sqrt{2}\right)^3 = \frac{1}{2}\sqrt{2} - \frac{1}{3} \cdot \frac{1}{4}\sqrt{2}$$

$$= \sqrt{2}\left(\frac{1}{2} - \frac{1}{12}\right) = \frac{5}{12}\sqrt{2}$$

63. $\int_0^{\frac{\pi}{2}} \cos^2 x \, dx = \frac{x}{2} + \frac{1}{2} \sin x \cos x \Big|_0^{\frac{\pi}{2}}$

$= \frac{\pi}{4} + \frac{1}{2} \sin 90° \cos 90° - \left(0 + \frac{1}{2} \sin 0° \cos 0°\right) = \frac{\pi}{4}$

64. $\int_{-\frac{\pi}{2}}^{+\frac{\pi}{2}} \cos^3 x \, dx = \int_{-\frac{\pi}{2}}^{+\frac{\pi}{2}} (1 - \sin^2 x) \, d(\sin x) = \sin x - \frac{\sin^3 x}{3} \Big|_{-\frac{\pi}{2}}^{+\frac{\pi}{2}}$

$= \sin 90° - \frac{1}{3}(\sin 90°)^3 - \left(-1 - \frac{1}{3} \cdot (-1)^3\right)$

$= 1 - \frac{1}{3} - \left(-1 + \frac{1}{3}\right) = 1 - \frac{1}{3} + 1 - \frac{1}{3} = 2 - \frac{2}{3} = \frac{4}{3}$

65. $\int_0^{\frac{\pi}{4}} \tan x \, dx = -\ln(\cos x) \Big|_0^{\frac{\pi}{4}} = -(\ln \cos 45° - \ln \cos 0°) = -\left(\ln \frac{1}{2}\sqrt{2} - \ln 1\right)$

$= \ln 1 - \ln \frac{1}{2}\sqrt{2} = \ln \frac{1}{\frac{1}{2}\sqrt{2}} = \ln \sqrt{2} = \ln 2^{\frac{1}{2}} = \frac{1}{2} \ln 2$

$= \frac{1}{2} \cdot 0{,}6931 = 0{,}34655$

66. $\int_{0°}^{45°} \frac{\tan \alpha \sin(2\alpha)}{2\sin^2 \alpha + \cos(2\alpha) + 1} \, d\alpha = \int_{0°}^{45°} \frac{\sin \alpha \cdot 2 \sin \alpha \cos \alpha \, d\alpha}{\cos \alpha (2\sin^2 \alpha + 1 - 2\sin^2 \alpha + 1)}$

$= \int_{0°}^{45°} \sin^2 \alpha \, d\alpha = \frac{\alpha}{2} - \frac{\sin \alpha \cos \alpha}{2} \Big|_{0°}^{45°} = \frac{\pi}{8} - \frac{\frac{1}{2}\sqrt{2} \cdot \frac{1}{2}\sqrt{2}}{2}$

$= \frac{\pi}{8} - \frac{1}{4} = 0{,}3927 - 0{,}25 = 0{,}1427$

67. $\int_0^{2\pi} \sin x \cdot \sin(x - \varphi) \, dx = \int_0^{2\pi} \sin x \, (\sin x \cos \varphi - \cos x \sin \varphi) \, dx$

$= \int_0^{2\pi} \sin^2 x \cos \varphi \, dx - \int_0^{2\pi} \sin x \cos x \sin \varphi \, dx$

$= \cos \varphi \int_0^{2\pi} \sin^2 x \, dx - \frac{\sin \varphi}{2} \int_0^{2\pi} \sin(2x) \, dx$

$= \cos \varphi \left(\frac{x}{2} - \frac{\sin(2x)}{4}\right) \Big|_0^{2\pi} + \frac{\sin \varphi}{4} \cos(2x) \Big|_0^{2\pi}$

$= \cos \varphi (\pi - 0 - (0 - 0)) + \frac{\sin \varphi}{4}(1 - 1) = \cos \varphi \, \pi$

68. $\int\limits_{0}^{-\pi} x^3 \sin(2x)\,dx = -\dfrac{x^3}{2}\cos(2x) + \dfrac{3}{2}\int x^2 \cos(2x)\,dx$ $\quad\Big|\; u = x^3;\; dv = \sin(2x)\,dx$
$\quad du = 3x^2\,dx;$
$\quad v = -\dfrac{1}{2}\cos 2x$

$\int x^2 \cos(2x)\,dx = \dfrac{x^2}{2}\sin(2x) - \int x\sin(2x)\,dx$ $\quad\Big|\; u = x^2;\; dv = \cos(2x)\,dx$
$\quad du = 2x\,dx;$
$\quad v = \dfrac{1}{2}\sin(2x)$

$\int x \sin(2x)\,dx = -\dfrac{x}{2}\cos(2x) + \dfrac{1}{2}\int \cos(2x)\,dx$ $\quad\Big|\; u = x;\; dv = \sin(2x)\,dx$
$\quad du = dx;$
$\quad v = -\dfrac{1}{2}\cos(2x)$

$\int \cos(2x)\,dx = \dfrac{1}{2}\sin(2x)$

$\int\limits_{0}^{-\pi} x^3 \sin(2x)\,dx = -\dfrac{x^3}{2}\cos(2x) + \dfrac{3}{2}\left[\dfrac{x^2}{2}\sin(2x) - \left(-\dfrac{x}{2}\cos(2x) + \dfrac{1}{2}\cdot\dfrac{1}{2}\sin(2x)\right)\right]$

$= -\dfrac{x^3}{2}\cos(2x) + \dfrac{3}{4}x^2 \sin(2x) + \dfrac{3}{4}x\cos(2x) - \dfrac{3}{8}\sin(2x)\,\Big|_{0}^{-\pi}$

$= +\dfrac{\pi^3}{2} + 0 - \dfrac{3\pi}{4} - 0 - (-0 + 0 + 0 - 0)$

$= \dfrac{31}{2} - \dfrac{9{,}4248}{4} = 15{,}5 - 2{,}356 = 13{,}144$

69. $\int\limits_{-\pi}^{0} x^3 \cos(2x)\,dx = \dfrac{x^3}{2}\sin(2x) - \dfrac{3}{2}\int x^2 \sin(2x)\,dx$ $\quad\Big|\; u = x^3;\; dv = \cos(2x)\,dx$
$\quad du = 3x^2\,dx;$
$\quad v = \dfrac{1}{2}\sin(2x)$

$\int x^3 \sin(2x)\,dx = -\dfrac{x^2}{2}\cos(2x) + \int x \cos(2x)\,dx$ $\quad\Big|\; u = x^2;\; dv = \sin(2x)\,dx$
$\quad du = 2x\,dx;$
$\quad v = -\dfrac{1}{2}\cos(2x)$

$\int x \cos(2x)\,dx = \dfrac{x}{2}\sin(2x) - \dfrac{1}{2}\int \sin(2x)\,dx$ $\quad\Big|\; u = x;\; dv = \cos(2x)\,dx$
$\quad du = dx;$
$\quad v = \dfrac{1}{2}\sin(2x)$

$\int \sin(2x)\,dx = -\dfrac{1}{2}\cos(2x)$

$\int\limits_{-\pi}^{0} x^3 \cos(2x)\,dx = \dfrac{x^3}{2}\sin(2x) - \dfrac{3}{2}\left[-\dfrac{x^2}{2}\cos(2x) + \dfrac{x}{2}\sin(2x) + \dfrac{1}{4}\cos(2x)\right]$

$= \dfrac{x^3}{2}\sin(2x) + \dfrac{3}{4}x^2 \cos(2x) - \dfrac{3}{4}x\sin(2x) - \dfrac{3}{8}\cos(2x)\,\Big|_{-\pi}^{0}$

$= 0 + 0 - 0 - \dfrac{3}{8} - \left(0 + \dfrac{3}{4}\pi^2 - 0 - \dfrac{3}{8}\right)$

$= -\dfrac{3}{4}\pi^2 = -\dfrac{3}{4}\cdot 9{,}8696 = -\dfrac{29{,}6088}{4} = -7{,}4022$

3.2 Berechnung der Flächen ebener Figuren

Quadratur der Kurven

Der Flächeninhalt einer ebenen Figur, die begrenzt wird
- a) von der Kurve $y = f(x)$
- b) von der x-Achse
- c) von den beiden Geraden $x = a$ und $x = b$ ist

$$A = \int_a^b y\, dx\ FE \qquad \text{(Flächeneinheiten)}$$

1. $y = x^2 \Big|_2^3 \qquad A = \int_2^3 x^2\, dx = \dfrac{x^3}{3}\Big|_2^3 = \dfrac{1}{3}(27-8) = \dfrac{19}{3}\,FE$

2. $y = x^3 \Big|_1^3 \qquad A = \int_1^3 x^3\, dx = \dfrac{x^4}{4}\Big|_1^3 = \dfrac{1}{4}(81-1) = 20\,FE$

3. $y = 6x^2 \Big|_2^4 \qquad A = 6\int_2^4 x^2\, dx = 6\cdot\dfrac{x^3}{3}\Big|_2^4 = 2(64-8) = 112\,FE$

4. $y = x - 2$ in den Grenzen von
   2 bis 4;   0 bis 2; -2 bis $+2$

$A_1 = \int_2^4 (x-2)\, dx = \dfrac{x^2}{2} - 2x\Big|_2^4 = 8 - 8 - (2 - 4) =$

$\qquad = 2\,FE$

$A_2 = \int_0^2 (x-2)\, dx = \dfrac{x^2}{2} - 2x\Big|_0^2 = 2 - 4 - 0 =$

$\qquad = -2\,FE$

$A_3 = \int_{-2}^{+2} (x-2)\, dx = \dfrac{x^2}{2} - 2x\Big|_{-2}^{+2}$

$= 2 - 4 - (2 + 4) = -8\,FE$

Die Flächen unter der x-Achse sind negativ.

5. $A = \int_{-2}^{+2} (x+2)\, dx = \dfrac{x^2}{2} + 2x\Big|_{-2}^{+2} = 2 + 4 - (2 - 4)$

$\qquad\qquad\qquad\qquad\qquad = 6 + 2 = 8$

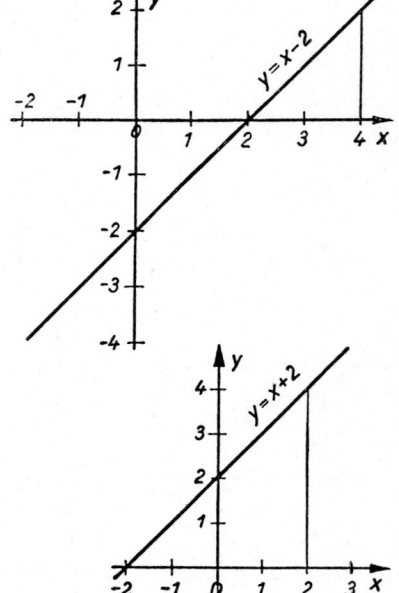

6. Gegeben ist die Kurve $y = \dfrac{1}{4}x^3 - \dfrac{13}{4}x + 3$

Gesucht sind die Flächen zwischen Kurve und x-Achse.
Die Kurve schneidet die x-Achse in -4; 1; 3.

$$A_1 = \int_{-4}^{1} \left(\frac{1}{4}x^3 - \frac{13}{4}x + 3\right) dx$$

$$= \frac{x^4}{16} - \frac{13\,x^2}{8} + 3x \Big|_{-4}^{1}$$

$$= \frac{1}{16} - \frac{13}{8} + 3 - (16 - 26 - 12)$$

$$= -\frac{25}{16} + 3 + 22 = 23\tfrac{7}{16} \ FE$$

$$A_2 = \int_{1}^{3} \left(\frac{1}{4}x^3 - \frac{13}{4}x + 3\right) dx$$

$$= \frac{x^4}{16} - \frac{13}{8}x^2 + 3x \Big|_{1}^{3}$$

$$= \frac{81}{16} - \frac{117}{8} + 9 - \left(\frac{1}{16} - \frac{13}{8} + 3\right) = 5 - 13 + 6 = -2 \ FE$$

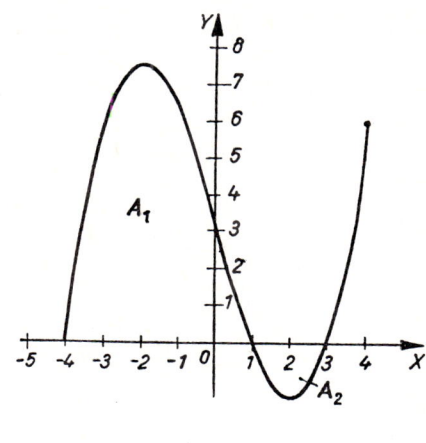

7. Wie groß ist die Fläche zwischen der Kurve $6y = x^2$, der x-Achse und den Geraden $x = 4$ und $x = 7$?

$$A = \frac{1}{6}\int_{4}^{7} x^2\,dx = \frac{1}{18}\,|x^3|_{4}^{7} = \frac{1}{18}(343 - 64) = \frac{279}{18} = \frac{31}{2} = 15{,}5 \ FE$$

8. Die Gleichung einer Parabel OP lautet $y^2 = 2px$. Wie groß ist die Parabelfläche OPR, wenn der Punkt P die Koordinaten x und y hat?

$$A = \int_{0}^{x} y\,dx = \sqrt{2p}\int_{0}^{x}\sqrt{x}\,dx = \frac{2}{3}\sqrt{2p}\cdot x^{\tfrac{3}{2}}\Big|_{0}^{x}$$

$$= \frac{2}{3}\sqrt{2p}\,x^{\tfrac{1}{2}}\,x = \frac{2}{3}\,xy$$

Der Inhalt der Parabelfläche ist also $\frac{2}{3}$ der Rechteckfläche $NORP$ (Das fand schon Archimedes!).

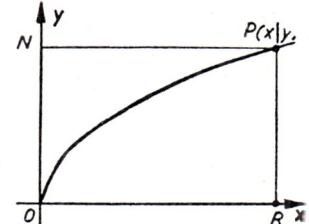

9. Die Gleichung einer Parabel lautet $y^2 = 9x$ oder $y = 3\sqrt{x}$. Es ist die Fläche zu berechnen, wenn $x_1 = 4$ und $x_2 = 25$ ist.

$$A = \int_{4}^{25} y\,dx = 3\int_{4}^{25} x^{\tfrac{1}{2}}\,dx = 2\sqrt{x^3}\Big|_{5}^{25} = 2\cdot x\sqrt{x}\Big|_{4}^{25} = 2(125 - 8) = 234 \ FE$$

10. Desgleichen für die Parabel $y = 2\sqrt{x}$ und die Grenzen $x_1 = 2$ und $x_2 = 8$.

$$A = 2\int_{2}^{8} x^{\tfrac{1}{2}}\,dx = \frac{4}{3}\sqrt{x^3}\Big|_{2}^{3} = \frac{4}{3}\left(\sqrt{2^9} - \sqrt{2^3}\right) = \frac{4}{3}\left(16\sqrt{2} - 2\sqrt{2}\right) = \frac{4}{3}\cdot 14\sqrt{2}$$

$$= \frac{56}{3}\,1{,}4142 = 26{,}4 \ FE$$

11. Die gleichseitige Hyperbel hat die Gleichung $y \cdot x = 1$ oder $y = \dfrac{1}{x}$. Es ist die Fläche zwischen $x = x_1$ und $x = x_2$ x-Achse. u. Hyperbel zu berechnen.

$$A = \int_{x_1}^{x_2} y\,dx = \int_{x_1}^{x_2} \frac{dx}{x} = \ln x \Big|_{x_1}^{x_2} = \ln x_2 - \ln x_1 = \ln\left(\frac{x_2}{x_1}\right)$$

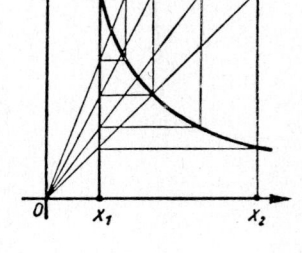

Ist $x_1 = 1$ und $x_2 = x$, so wird $A = \ln x$ und somit gibt der Flächeninhalt der ebenen Figur, wenn $O\,x_1 = 1$ ist, die geometrische Deutung für die Funktion $\ln x$.

12. Die Fläche einer gleichseitigen Hyperbel $x \cdot y = 1$ in den Grenzen zwischen $x_1 = 1$ und $x_2 = 3$ zu bestimmen.

$$A = \int_1^3 y\,dx = \int_1^3 \frac{dx}{x} = \ln x \Big|_1^3 = \ln 3 - \ln 1 = 1{,}0986\ FE$$

13. Welchen Flächeninhalt hat die Figur, begrenzt durch die Kurve $y = x^2 - x - 6$, der x-Achse und den beiden Ordinaten $x_1 = 1$ und $x_2 = 5$?

Bestimmung der Schnittpunkte der Kurve mit der x-Achse
$x^2 - x - 6 = 0$; $(x-3)(x+2) = 0$
also $x_1 = -2$; $x_2 = 3$

$$A = \int_1^5 (x^2 - x - 6)\,dx = \frac{x^3}{3} - \frac{x^2}{2} - 6x \Big|_1^5$$

$$= \frac{125}{3} - \frac{25}{2} - 30 - \left(\frac{1}{3} - \frac{1}{2} - 6\right) = 5\tfrac{1}{3}\ FE$$

$A = A_1 + A_2$

$$A_1 = \int_1^3 (x^2 - x - 6)\,dx = \frac{x^3}{3} - \frac{x^2}{2} - 6x \Big|_1^3$$

$$= 9 - \frac{9}{2} - 18 - \left(\frac{1}{3} - \frac{1}{2} - 6\right) = -7\tfrac{1}{3}\ FE$$

$$A_2 = \int_3^5 (x^2 - x - 6)\,dx = \frac{x^3}{3} - \frac{x^2}{2} - 6x \Big|_3^5$$

$$= \frac{125}{3} - \frac{25}{2} - 30 - \left(9 - \frac{9}{2} - 18\right) = 12\tfrac{2}{3}\ FE$$

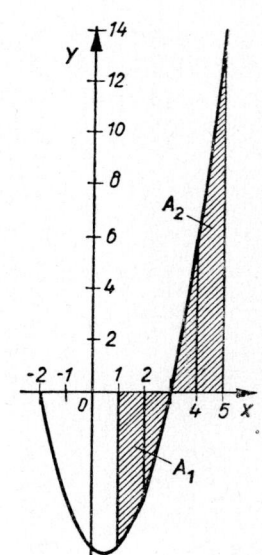

Wert der Fläche:
$A = A_1 + A_2 = -7\tfrac{1}{3} + 12\tfrac{2}{3} = 5\tfrac{1}{3}\ FE$

Betrag der Fläche:
$|A| = |A_1| + |A_2|$
$|A| = 7\tfrac{1}{3} + 12\tfrac{2}{3} = 20\ FE$

14. Desgleichen für $y = x^2 - 8x + 12$ und $x_1 = 0$ und $x_2 = 8$
    Bestimmung der Schnittpunkte der Kurve mit der x-Achse.

    $x^2 - 8x + 12 = 0$; $(x-2)(x-6) = 0$, also
    $x_1 = 2 \quad x_2 = 6$

    $$A = \int_0^8 (x^2 - 8x + 12)\,dx = \frac{x^3}{3} - 4x^2 + 12x \Big|_0^8$$

    $$= \frac{512}{3} - 256 + 96 = 170\tfrac{2}{3} - 160 = 10\tfrac{2}{3}\ FE$$

    $$A_1 = \frac{x^3}{3} - 4x^2 + 12x \Big|_0^2 = 10\tfrac{2}{3}\ FE$$

    $$A_2 = \frac{x^3}{3} - 4x^2 + 12x \Big|_2^6 = -10\tfrac{2}{3} \qquad A = A_1 + A_2 + A_3$$
    $$= 10\tfrac{2}{3} - 10\tfrac{2}{3} + 10\tfrac{2}{3} = 10\tfrac{2}{3}\ FE$$

    $$A_3 = \frac{x^3}{3} - 4x^2 + 12x \Big|_6^8 = 10\tfrac{2}{3} \qquad |A| = |A_1| + |A_2| + |A_3|$$
    $$= 10\tfrac{2}{3} + 10\tfrac{2}{3} + 10\tfrac{2}{3} = 32\ FE$$

15. Wie groß ist das Flächenstück der Parabel $y = 6x^2 - 17x + 5$ unterhalb der x-Achse? Bestimmung der Schnittpunkte der Kurve mit der x-Achse

    $6x^2 - 17x + 5 = 0$; $(3x-1)(2x-5) = 0$, also
    $$x_1 = \frac{1}{3}\ ; \qquad x_2 = \frac{5}{2}$$

    $$A = \int_{\frac{1}{3}}^{\frac{5}{2}} (6x^2 - 17x + 5)\,dx = 2x^3 - \frac{17}{2}x^2 + 5x \Big|_{\frac{1}{3}}^{\frac{5}{2}}$$

    $$= \left(2 \cdot \frac{125}{8} - \frac{17}{2} \cdot \frac{25}{4} + \frac{25}{2}\right) - \left(2 \cdot \frac{1}{27} - \frac{17}{2} \cdot \frac{1}{9} + \frac{5}{3}\right)$$

    $$= -10\,\frac{37}{216}\ FE$$

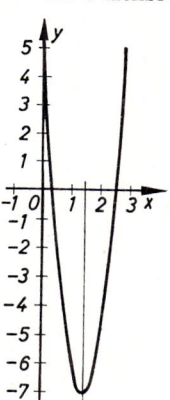

16. Bestimme den Flächeninhalt der beiden Flächen, die durch die Kurve $y = 3x + 0{,}5x^2 - 0{,}5x^3$ und die x-Achse begrenzt werden.
    Bestimmung der Schnittpunkte

    $3x + 0{,}5x^2 - 0{,}5x^3 = 0$ oder
    $6x + x^2 - x^3 = 0$
    $x(6 + x - x^2) = 0$; $x(2 - x)(3 - x) = 0$ [Anmerkung: entsprechend Text]
    $x_1 = -2$; $x_2 = 0$; $x_3 = 3$

    $$A_I = \int_{-2}^{0} (3x + 0{,}5x^2 - 0{,}5x^3)\,dx = \frac{3x^2}{2} + \frac{x^3}{6} - \frac{x^4}{8} \Big|_{-2}^{0} = -\frac{8}{3}\ FE$$

    $$A_{II} = \frac{3x^2}{2} + \frac{x^3}{6} - \frac{x^4}{8} \Big|_0^3 = 13 - 10\tfrac{1}{8} = 7\tfrac{7}{8} = \frac{63}{8}\ FE$$

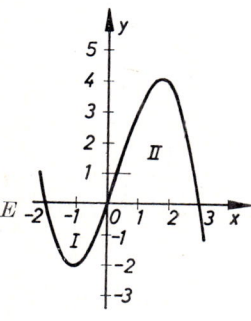

17. Es ist die Fläche der Kurve mit der Gleichung $y = x^2 - x - 2$ zu bestimmen zwischen den Grenzen $x = -1$ und $x = 4$

Bestimmung der Schnittpunkte

$x^2 - x - 2 = 0;$ $(x+1)(x-2) = 0,$ d. h. $x_1 = -1;$ $x_2 = 2$

$A = \int_{-1}^{4} (x^2 - x - 2)\,dx = \left. \frac{x^3}{3} - \frac{x^2}{2} - 2x \right|_{-1}^{4} = 4\frac{1}{6}\,FE$

$A_I = \int_{-1}^{2} (x^2 - x - 2)\,dx = \left. \frac{x^3}{3} - \frac{x^2}{2} - 2x \right|_{-1}^{2} = -4\frac{1}{2}\,FE$

$A_{II} = \left. \frac{x^3}{3} - \frac{x^2}{2} - 2x \right|_{2}^{4} = 8\frac{2}{3}$

$A = A_I + A_{II} = 8\frac{2}{3} - 4\frac{1}{2} = 4\frac{1}{6}\,FE$ $|A| = |A_1| + |A_2| = 13\frac{1}{6}\,FE$

18. Gegeben ist die Parabel mit der Gleichung $y = 2\sqrt{x}$

Zu bestimmen ist:

a) die Fläche zwischen

   1. $x = 9$ und $x = 16$
   2. $x = 0$ und $x = 16$
   3. $x = 0$ und $x = 9$

   1. $A = 49\frac{1}{3}\,FE$
   2. $A = 85\frac{1}{3}\,FE$
   3. $A = 36\,FE$

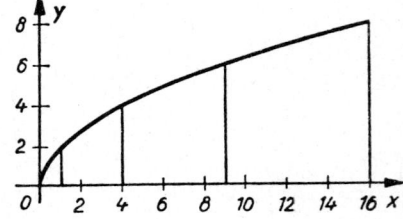

b) Die Fläche zwischen

   1. $x = 4$ und $x = 16$ $A = 74\frac{2}{3}\,FE$
   2. $x = 0$ und $x = 16$ $A = 85\frac{1}{3}\,FE$
   3. $x = 0$ und $x = 4$ $A = 10\frac{2}{3}\,FE$

c) Die Fläche zwischen

   1. $x = 1$ und $x = 16$ $A = 84\,FE$
   2. $x = 0$ und $x = 16$ $A = 85\frac{1}{3}\,FE$
   3. $x = 0$ und $x = 1$ $A = 1\frac{1}{3}\,FE$

19. Auf der Parabel $y^2 = 9x$ sind die Punkte $x_1 = 16$ und $y_1 > 0$ sowie $x_2 = 4$ und $y_2 < 0$ durch eine Sehne verbunden. Wie groß ist die durch diese Sehne von der Parabel abgeschnittene Fläche?

Die Sehne schneidet die x-Achse in $x = 8$.

1. Lösung:

Man zerlegt das Parabelsegment in 2 Flächen durch die Gerade

$x = 4.$ $A = A_1 + A_2$

Fläche A_1 Parabelkappe von $x = 0$ bis $x = 4$
Fläche A_2: Zwischen $x = 4$, Sehne $\overline{P_1P_2}$, Parabelbogen.

$$A_1 = 2 \cdot 3 \int_0^4 x^{\frac{1}{2}} \cdot dx = 4 \cdot x^{\frac{3}{2}} \Big|_0^4 = 32 \, FE$$

$$A_2 = \int_4^{16} \left(3 \cdot x^{\frac{1}{2}} - \frac{3}{2} x + 12\right) dx = 2 x^{\frac{3}{2}} - \frac{3}{4} x^2 + 12 x \Big|_4^{16}$$

$$= (128 - 192 + 192) - (16 - 12 + 48) = 76 \, FE$$

$$A = 32 + 76 = 108 \, FE$$

2. *Lösung*: Zerlegung in 4 Flächen:

A_1 wie oben

A_2 oberhalb der x-Achse liegende Parabelfläche von $x = 4$ bis $x = 16$

A_3 Dreieck: BP_2S

A_4 Dreieck: SDP_1

$$A_1 = 32 \, FE$$

$$A_2 = 3 \int_4^{16} x^{\frac{1}{2}} \cdot dx = 3 \cdot \frac{2}{3} x^{\frac{3}{2}} \Big|_4^{16} = 2(64 - 8) = 112 \, FE$$

$$A_3 = \frac{4 \cdot 6}{2} = 12 \, FE$$

$$A_4 = \frac{8 \cdot 12}{2} = 48 \, FE \qquad A = A_1 + A_2 + A_3 - A_4 = 32 + 112 + 12 - 48 = 108 \, FE$$

3. *Lösung*

Das Parabelsegment läßt sich ohne Integralrechnung nach dem in Aufg. 8 entwickelten Satz berechnen.

Parabelsegment $A = \frac{2}{3} s \cdot h \, FE$, wobei s die Sehne $\overline{P_1P_2}$ und h die Höhe, d. h. der Abstand der zu dieser Sehne parallelen Parabeltangente ist.

$$s = \sqrt{(16-4)^2 + (12+6)^2} = \sqrt{468}$$

Parallele Tangente zur Sehne $\overline{P_1P_2}$:

$$\overline{P_1P_2} : \frac{y+6}{x-4} = \frac{18}{12} = \frac{3}{2} \Rightarrow y = \frac{3}{2} x - 12$$

Tangente Bed. Parabel: $x = 2 \cdot c \cdot m \qquad p = \frac{9}{2}; \qquad m = \frac{3}{2} \qquad c = \frac{3}{2}$

Tangente: $y = \frac{3}{2} x + \frac{3}{2} \Rightarrow -3x + 2y - 3 = 0$

Abstand Punkt $(8 \mid 0)$ von Tangente nach HESSEFORM:

$$-3x + 2y - 3 = 0 \, | : \sqrt{13}$$

$$-\frac{3}{\sqrt{13}} x + \frac{2}{\sqrt{13}} y - \frac{3}{\sqrt{13}} = 0 \qquad h = -\frac{3}{\sqrt{13}} \cdot 8 + 0 - \frac{3}{\sqrt{13}} = -\frac{27}{\sqrt{13}}$$

$$A = \frac{2}{3} \cdot \sqrt{468} \cdot \frac{27}{\sqrt{13}} = 108 \, FE$$

20. Wie groß ist das Parabelsegment zwischen der Parabel $y_2 = \frac{1}{2} x^2$ und der Geraden $y_1 = x+4$?

1. Lösung:

Die gesuchte Fläche, das Parabelsegment zwischen Gerade $y_1 = x+4$ und Parabel $y_2 = \frac{1}{2} x^2$ ist die Differenz zwischen der Trapezfläche, die von der Geraden $y_1 = x+4$, der x-Achse und den Prallelen zur y-Achse durch die Schnittpunkte Gerade/Parabel begrenzt wird, und der Fläche, die ebenfalls von x-Achse und Parallelen zur y-Achse durch die Schnittpunkte Gerade/Parabel, nach oben aber von der Parabel $y_2 = \frac{1}{2} x^2$ selbst begrenzt wird. $A = A_1 - A_2$.

$$A_1 = \int_{-2}^{4} (x+4)\,dx = \left.\frac{x^2}{4} + 4x\right|_{-2}^{4} = 30\ FE$$

Als Trapez:
$$A_1 = \frac{2+8}{2} \cdot 6 = 30$$

$$A_2 = \frac{1}{2} \int_{-2}^{4} x^2\,dx = \left.\frac{1}{6} x^3\right|_{-2}^{3}$$
$$= \frac{1}{6}(64 - -8) = 12\ FE$$

Segment: $A = A_1 - A_2 = 30 - 12 = 18\ FE$

x	y_1	y_2	y_3
-2	2	2	0
-1	3	$\frac{1}{2}$	$2\frac{1}{2}$
0	4	0	4
1	5	$\frac{1}{2}$	$4\frac{1}{2}$
2	6	2	4
3	7	$4\frac{1}{2}$	$2\frac{1}{2}$
4	8	8	0

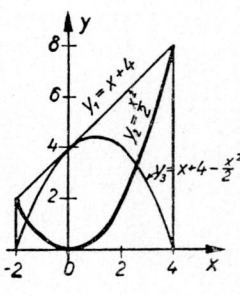

2. Lösung:

Anstatt A_1 durch Integration von y_1, A_2 durch Integration von y_2 innerhalb derselben Grenzen zu berechnen, dann zu subtrahieren, kann man die Differenz $y_1 - y_2$ integrieren. Dann erhält man sofort die gesuchte Fläche:

$$A = \int_a^b [y_1 - y_2]\,dx$$

$$A = \int_{-2}^{4} \left[(x+4) - \left(\frac{1}{2} x^2\right)\right] \cdot dx = \int_{-2}^{4} \left(-\frac{1}{2} x^2 + x + 4\right) \cdot dx$$

Die so hinter dem Integralzeichen entstandene Funktion nennt man Differenzenfunktion oder Differenzenkurve.

$$y_3 = x + 4 - \frac{x^2}{2}$$

$$A = \int_{-2}^{4} \left(x + 4 - \frac{x^2}{2}\right) dx = \left.\frac{x^2}{2} + 4x - \frac{x^3}{6}\right|_{-2}^{4} = 18$$

21. Wie groß ist der Parabelabschnitt der Parabel $y = x^2 + 2$ von $x_1 = -1$ und $x_2 = +2$?
Für $x_1 = -1$ wird $y_1 = 3$ und für $x_2 = +2$ wird $y_2 = 6$
Parabelabschnitt = Trapezfläche − Fläche unter der Parabel.
Trapezfläche $= \dfrac{3+6}{2} \cdot 3 = \dfrac{27}{2} = 13{,}5 \; FE$

Fläche unter der Parabel:
$$A = \int_{-1}^{2} y \, dx = \int_{-1}^{2} (x^2 + 2) \, dx = \dfrac{x^3}{3} + 2x \Big|_{-1}^{2}$$
$$= \dfrac{8}{3} + 4 - \left(-\dfrac{1}{3} - 2\right) = 9 \; FE$$

Parabelabschnitt: $13{,}5 - 9 = 4{,}5 \; FE$

Einfacher:
$\quad B(-1/3) \quad C\,2/6) \quad \overline{BC}: \dfrac{x-3}{x+1} = \dfrac{6-3}{2+1} \Rightarrow y = x+4$

$$A = \int_{-1}^{2} (y_2 - y_1) \, dx = \int_{-1}^{2} (x + 4 - x^2 - 2) \, dx = \int_{-1}^{2} (-x^2 + x + 2) \, dx = -\dfrac{x^3}{3} + \dfrac{x^2}{2} + 2x \Big|_{-1}^{2} =$$
$$= -\dfrac{8}{3} - 2 + 4 - \dfrac{1}{3} - \dfrac{1}{2} + 2 = 4\dfrac{1}{2} \; FE$$

22. Desgleichen für $y = x^2 + 3$ und $x_1 = -2$ und $x_2 = 3$ $\quad P_1(-2/7) \quad P_2(3/12)$
Für $x_1 = -2$ wird $y_1 = 7$ und für $x_2 = 3$ wird $y_2 = 12$
$$\overline{P_1 P_2}: \dfrac{y-7}{x+2} = \dfrac{12-7}{3+2} = 1 \Rightarrow y = x + 9$$
$$A = \int_{-2}^{3} (x + 9 - x^2 - 3) \, dx = \int_{-2}^{3} (-x^2 + x + 6) \, dx = -\dfrac{x^3}{3} + \dfrac{x^2}{2} + 6x \Big|_{-2}^{3} = 20\dfrac{5}{6} \; FE$$

23. Es ist die Fläche zwischen der Parabel mit der Gleichung $y = \dfrac{1}{2} x^2 + x + 2$ und der Geraden $y = 2x + 6$ zu bestimmen.
Bestimmung der Schnittpunkte der Geraden mit der Parabel:

$\dfrac{x^2}{2} + x + 2 = 2x + 6; \qquad x^2 - 2x - 8 = 0$

$(x+2)(x-4) = 0 \qquad x_1 = 4 \qquad x_2 = -2$

zugehörige y-Werte $\quad y_1 = 14 \qquad y_2 = 2$

$\qquad\qquad\qquad P_1(4/14) \quad P_2(-2/2)$

$$A = \int_a^b (y_2 - y_1) \, dx = \int_b^a \left[(2x+6) - \left(\dfrac{1}{2}x^2 + x + 2\right)\right] dx =$$
$$= \int_{-2}^{4} \left(2x + 6 - \dfrac{1}{2}x^2 - x - 2\right) dx =$$
$$A = \int_{-2}^{4} \left(4 + x - \dfrac{x^2}{2}\right) dx = 4x + \dfrac{x^2}{2} - \dfrac{x^3}{6} \Big|_{-2}^{4} = 18 \; FE$$

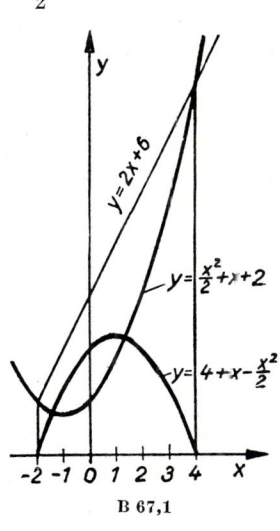

B 67,1

24. Bestimme die Flächen zwischen der Parabel mit der Gleichung $y = \dfrac{x^2}{2} + x + 4$ und der Geraden $y = 2x + 8$. Die Flächen links und rechts der y-Achse sind außerdem getrennt anzugeben.

Schnittpunkte der Geraden mit der Parabel sind: $P_1(-2/4)$ $P_2(4/16)$

$$\overline{P_1P_2}: \frac{y-16}{x-4} = \frac{4-16}{-2-4} = \frac{-12}{-6} = 2 \Rightarrow$$
$$y = 2x + 8$$

$A_{\text{Trapez}} = 60\ FE$

A unter der Parabel $= 42\ FE$

Parabelabschnitt $= 18\ FE$

Links der y-Achse: $A_{\text{Trapez}} = 12\ FE$

$\qquad\qquad\qquad\quad A$ unter der Parabel $= 7\tfrac{1}{3}\ FE$

$\qquad\qquad\qquad\quad$ Parabelabschnitt $= 4\tfrac{2}{3}\ FE$

Rechts der y-Achse: $A_{\text{Trapez}} = 48\ FE$

$\qquad\qquad\qquad\quad A$ unter der Parabel $= 34\tfrac{2}{3}\ FE$

$\qquad\qquad\qquad\quad$ Parabelabschnitt $= 13\tfrac{1}{3}\ FE$

Die Gleichung der Differenzkurve lautet:

$$y = 2x + 8 - \left(\frac{x^2}{2} + x + 4\right) = 4 + x - \frac{x^2}{2}$$

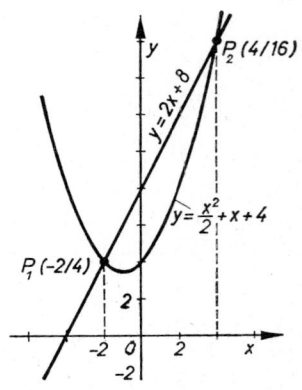

25. Es sind die einzelnen Flächen zu berechnen, die entstehen, wenn die Parabel $y_1 = \dfrac{x^2}{2} - 3x + \dfrac{5}{2}$ von der Geraden $y_2 = \dfrac{x}{2} + \dfrac{5}{2}$ und der x-Achse geschnitten werden.

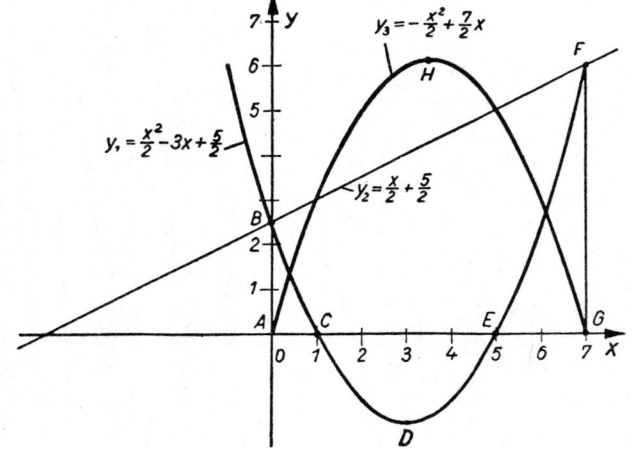

x	y_1	y_2	y_3
0	$2\tfrac{1}{2}$	$2\tfrac{1}{2}$	0
1	0	3	3
2	$-1\tfrac{1}{2}$	$3\tfrac{1}{2}$	5
3	-2	4	6
3,5			$6\tfrac{1}{8}$
4	$-1\tfrac{1}{2}$	$4\tfrac{1}{2}$	6
5	0	5	5
6	$2\tfrac{1}{2}$	$5\tfrac{1}{2}$	3
7	6	6	0

Bestimmung der Schnittpunkte der Kurve $y_1 = \dfrac{x^2}{2} - 3x + \dfrac{5}{2}$ mit der Geraden

$y_2 = \dfrac{x}{2} + \dfrac{5}{2} \qquad \dfrac{x^2}{2} - 3x + \dfrac{5}{2} = \dfrac{x}{2} + \dfrac{5}{2}$

$\qquad\qquad\qquad x^2 - 7x = x(x-7) = 0 \qquad x_1 = 0; \qquad x_2 = 7$

Bestimmung der Schnittpunkte der Kurve $y_1 = \dfrac{x^2}{2} - 3x + \dfrac{5}{2}$ mit der x-Achse

$\dfrac{x^2}{2} - 3x + \dfrac{5}{2} = 0;\qquad x^2 - 6x + 5 = (x-1)(x-5) = 0 \qquad x_3 = 1;\qquad x_4 = 5$

Fläche $ABFG = A_1 = \displaystyle\int_0^7 \left(\dfrac{x}{2} + \dfrac{5}{2}\right) dx = 29\tfrac{3}{4}\ FE$

oder $\quad A_1 = \dfrac{2\tfrac{1}{2} + 6}{2} \cdot 7 = 29\tfrac{3}{4}\ FE$

Fläche $\quad ABC = A_2 = \displaystyle\int_0^1 \left(\dfrac{x^2}{2} - 3x + \dfrac{5}{2}\right) dx = \dfrac{x^3}{6} - \dfrac{3}{2}x^2 + \dfrac{5}{2}x\,\Big|_0^1 = \dfrac{7}{6}\ FE$

Fläche $\quad EFG = A_3 = \dfrac{x^3}{6} - \dfrac{3}{2}x^2 + \dfrac{5}{2}x\,\Big|_5^7 = 5\tfrac{1}{3}\ FE$

Fläche $\quad CDE = A_4 = \dfrac{x^3}{6} - \dfrac{3}{2}x^2 + \dfrac{5}{2}x\,\Big|_1^5 = -5\tfrac{1}{3}\ FE$

Fläche $\quad BCEF = A_1 - A_2 - A_3 = 29\tfrac{3}{4} - \dfrac{7}{6} - 5\tfrac{1}{3} = 23\tfrac{1}{4}\ FE$

Fläche zwischen Parabel und x-Achse:

$A_6 \displaystyle\int_0^7 \left(\dfrac{x^2}{2} - 3x + \dfrac{5}{2}\right) dx = \dfrac{x^3}{6} - \dfrac{3}{2}x^2 + \dfrac{5}{2}x\,\Big|_0^7 = \dfrac{7}{6}\ FE$

$A_6 = A_2 + A_3 + A_4 = \dfrac{7}{6} + 5\tfrac{1}{3} - 5\tfrac{1}{3} = \dfrac{7}{6}\ FE$

Arbeitet man mit der Differenzkurve, so ist die Gleichung der Differenzkurve

$y_3 = \dfrac{x}{2} + \dfrac{5}{2} - \left(\dfrac{x^2}{2} - 3x + \dfrac{5}{2}\right) = -\dfrac{x^2}{2} + \dfrac{7}{2}x$

$A_5 = $ Fläche $AHG = \displaystyle\int_0^7 \left(-\dfrac{x^2}{2} + \dfrac{7}{2}x\right) dx = -\dfrac{x^3}{6} + \dfrac{7}{4}x^2\,\Big|_0^7 = 28\tfrac{7}{12}\ FE$

$A_5 = |A_1| + |A_2| + |A_3| + |A_4| = $ Fläche $BCEF + |F_4| = 23\tfrac{1}{4} + 5\tfrac{1}{3} = 28\tfrac{7}{12}\ FE$

Das Max. der Differenzkurve $y = -\dfrac{x^2}{2} + \dfrac{7}{2}x$, also $y' = -x + \dfrac{7}{2}$ liegt bei $x = \dfrac{7}{2}$

$A_{Par} = \dfrac{2}{3}\cdot s\cdot h = \dfrac{2}{3}\cdot 7 \cdot \dfrac{49}{8} = 28\dfrac{7}{12}\ FE$

Das zugehörige y ist $6\tfrac{1}{8}$

26. Das Flächenstück zwischen der Parabel $y = 2x^2+3$ und der Geraden $y = x+3$ ist zu berechnen.

Die Schnittpunkte liegen: $-2x^2+3 = x+3$;

$$x(2x-1) = 0 \quad x_1 = 0 \quad x_2 = \frac{1}{2}$$

dann wird $y_1 = 3 \quad y_2 = 3{,}5$

$$A_1 = \int_0^{\frac{1}{2}} (x+3)\,dx = \left.\frac{x^2}{2}+3x\right|_0^{\frac{1}{2}} = \frac{1}{8}+\frac{3}{2} \; FE$$

$$= \frac{13}{8} = 1{,}625 \; FE$$

$$A_2 = \int_0^{\frac{1}{2}} (2x^2+3)\,dx = \left.\frac{2}{3}x^3+3x\right|_0^{\frac{1}{2}} = \frac{1}{12}+\frac{18}{12} \; FE$$

$$= \frac{19}{12} = 1{,}583 \; FE$$

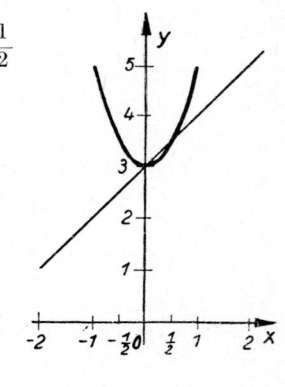

Flächenstück: $1{,}625 - 1{,}583 = 0{,}042 \; FE$

27. Wie groß ist das Flächenstück zwischen den beiden Kurven $y_1 = -3+8x-2x^2$ und $y_2 = 6-4x+x^2$?

Schnittpunkt der beiden Kurven:

$-3+8x-2x^2 = 6-4x+x^2$

$x^2 - 4x + 3 = 0$

$(x-1)(x-3) = 0$

$x_1 = 1 \quad x_2 = 3$

Die eingeschlossene Fläche ist gleich dem

x	y_1	y_2	y_3
0	-3	6	-9
1	3	3	0
2	5	2	3
3	3	3	0
4	-3	6	-9

$$\int_1^3 y_1\,dx - \int_1^3 y_2\,dx$$

$$\int_1^3 y_1\,dx = \text{Fläche } ABCDE$$

$$= \int_1^3 (-3+8x-2x^2)\,dx$$

$$= 8\tfrac{2}{3} \; FE$$

$$\int_1^3 y_2\,dx = \text{Fläche } A'BFDE$$

$$\int_1^3 (6-4x+x^2)\,dx = 4\tfrac{2}{3} \; FE$$

also ist die Fläche $BCDFB = 8\tfrac{2}{3} - 4\tfrac{2}{3} = 4 \; FE$

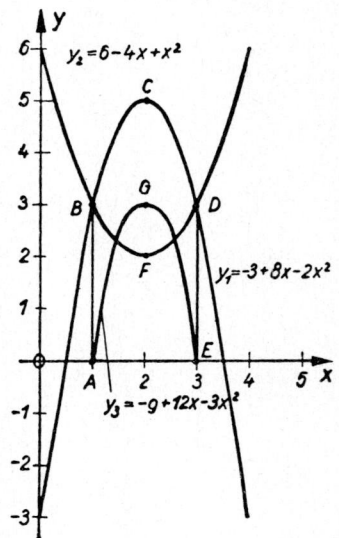

Es ist $\int u\,dx - \int v\,dx = \int (u-v)\,dx$, d. h. soll die Fläche zwischen 2 Kurven bestimmt werden, so bildet man die Differenzkurve, d. i. hier die Bildkurve der Funktion

$$y_3 = (-3 + 8x - 2x^2) - (6 - 4x + x^2) = -9 + 12x - 3x^2$$

Die Kurve schneidet naturgemäß die x-Achse an den Stellen $x_1 = 1$ und $x_2 = 3$, d. h. and den Stellen, an den die beiden Kurven sich schneiden. Die gesuchte Fläche ist das bestimmte Integral

$$\int_1^3 (-9 + 12x - 3x^2)\,dx = -9x + 6x^2 - x^3 \Big|_1^3 = 4\,FE$$

Hätte man die Differenzkurve gebildet aus $y_2 - y_1$, also

$$6 - 4x + x^2 - (-3 + 8x - 2x^2) = 9 - 12x + 3x^2, \text{ so würde sein}$$

$$\int_1^3 (9 - 12x + 3x^2)\,dx = 9x - 6x^2 + x^3 \Big|_1^3 = -4\,FE$$

28. Es ist das durch die Kurvengleichungen $y_1 = 4\sqrt{x}$ und $y_2 = \dfrac{x^2}{2}$ eingeschlossene Flächenstück zu berechnen.

Bestimmung der Schnittpunkte der beiden Kurven $y = 4\sqrt{x}$ und $y = \dfrac{x^2}{2}$.

$\dfrac{x^2}{2} = 4\sqrt{x}$ $x^4 - 64x = 0$

$x^2 = 8\sqrt{x}$ $x(x^3 - 64) = 0$

$x^4 = 64x$ also $x_1 = 0$

$x_2 = 4$

x_3 und x_4 imaginär.

dann wird $y_1 = 0$; $y_2 = 8$

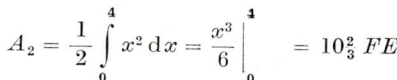

$$A_1 = 4 \int_0^4 x^{\frac{1}{2}}\,dx = \frac{8}{3}\sqrt{x^3}\Big|_0^4 = 21\tfrac{1}{3}\,FE$$

$A_1 =$ Fläche zwischen y_1 und x-Achse
$A_2 =$ Fläche zwischen y_2 und x-Achse

$$A_2 = \frac{1}{2}\int_0^4 x^2\,dx = \frac{x^3}{6}\Big|_0^4 = 10\tfrac{2}{3}\,FE$$

Das Flächenstück $A = A_1 - A_2 = 21\tfrac{1}{3} - 10\tfrac{2}{3} = 10\tfrac{2}{3}\,FE$

Die Gleichung der Differenzkurve lautet

$$y_3 = 4\sqrt{x} - \frac{x^2}{2} \quad \text{und} \quad A_3 = \int_0^4 \left(4x^{\frac{1}{2}} - \frac{x^2}{2}\right)dx = \frac{8}{3}x^{\frac{3}{2}} - \frac{x^3}{6}\Big|_0^4 = 10\tfrac{2}{3}\,FE$$

29. Desgl. für $y_4 = \sqrt{2x}$ und $y_2 = \dfrac{x^2}{2}$

Die Schnittpunkte der beiden Kurven sind

$x_1 = 0$ $x_2 = 2$ x_3 und x_4 imaginär

$y_1 = 0$ $y_2 = 2$

$$A_4 = \sqrt{2}\int_0^2 x^{\frac{1}{2}}\,dx = \sqrt{2}\cdot\frac{2}{3}x^{\frac{3}{2}}\Big|_0^2 = \frac{8}{3}\,FE$$

A_4 = Fläche zwischen y_4 und x-Achse
A_2 = Fläche zwischen y_2 und x-Achse
A_5 = Fläche zwischen y_4 und y_2

$$A_2 = \frac{1}{2}\int_0^2 x^2\,dx = \frac{x^3}{6}\Big|_0^2 = \frac{4}{3}\,FE$$

Flächenstück: $A_5 = A_4 - A_2 = \frac{8}{3} - \frac{4}{3} = \frac{4}{3}\,FE$

30. Desgl. für $y_1 = 2\sqrt{x}$ und $y_2 = \frac{1}{4}x^2$

Die Schnittpunkte der beiden Kurven sind

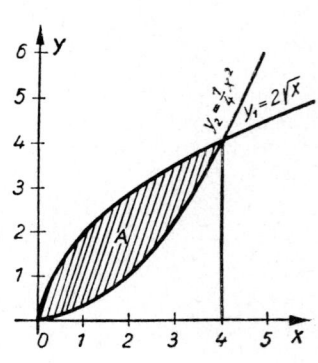

$\frac{1}{4}x^2 = 2\sqrt{x}\qquad x(x^3-64) = 0$

$x^4 = 64\,x\qquad x_1 = 0\quad y_1 = 0$

$x^4 - 64\,x = 0\qquad x_2 = 4\quad y_2 = 4$

x_3 und x_4 imaginär.

$$A_1 = 2\int_0^4 x^{\frac{1}{2}}\,dx = \frac{4}{3}x^{\frac{3}{2}}\Big|_0^4 = 10\tfrac{2}{3}\,FE$$

$$A_2 = \frac{1}{4}\int_0^4 x^2\,dx = \frac{1}{12}x^3\Big|_0^4 = 5\tfrac{1}{3}\,FE$$

Flächenstück $A = A_1 - A_2 = 10\tfrac{2}{3} - 5\tfrac{1}{3} = 5\tfrac{1}{3}\,FE$

Mittels Differenzkurve: $A = \int_0^4\left(2x^{\frac{1}{2}} - \frac{1}{4}x^2\right)dx = \frac{4}{3}x^{\frac{3}{2}} - \frac{1}{12}x^3\Big|_0^4 = 5\tfrac{1}{3}\,FE$

31. Wie groß ist der Flächeninhalt der Figur, die von den beiden Parabeln $y^2 = 2px$ und $x^2 = 2qy$ eingeschlossen wird?

$y^2 = 2px\qquad(1)$

$x^2 = 2qy \Rightarrow y = \dfrac{x^2}{2q}\quad(2) \Rightarrow y^2 = \dfrac{x^4}{4q^2}\;$ in (1):

$\dfrac{x^4}{4q^2} = 2px \Rightarrow x^3 = 8pq^2\qquad x = 2\sqrt[3]{pq^2}$

und $y = 2\sqrt[3]{qp^2}$

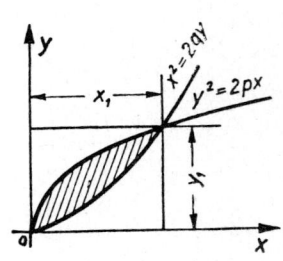

$A_1 = \int_0^{x_1} y\,dx = \sqrt{2p}\int_0^{x_1} x^{\frac{1}{2}}\,dx$

$A_2 = \int_0^{x_1} y\,dx = \dfrac{1}{2q}\int_0^{x_1} x^2\,dx\qquad A = A_1 - A_2$

$$A = \sqrt{2p}\int_0^{x_1} x^{\frac{1}{2}}\,dx - \frac{1}{2q}\int_0^{x_1} x^2\,dx = \sqrt{2p}\cdot\frac{2}{3}x^{\frac{3}{2}}\Big|_0^{x_1} - \frac{1}{2q}\frac{x^3}{3}\Big|_0^{x_1} = \frac{2}{3}\sqrt{2p}\sqrt{8pq^2} - \frac{1}{6q}8pq^2$$

$$A = \frac{8}{3}pq - \frac{4}{3}pq = \frac{4}{3}pq\ FE$$

32. Wie groß ist die Fläche, die eingeschlossen wird von der Kurve $y = \sin x$ und der x-Achse von 0 bis 2π.

$$A = \int_0^{2\pi} y\,dx = \int_0^{2\pi} \sin x\,dx = -\cos x\Big|_0^{2\pi} = -(\cos 360° - \cos 0°) = -(1-1) = 0\ FE$$

Es ergeben sich 2 Flächen über und unter der x-Achse, die beide gleich sind, sich also aufheben.
Daher Regel beachten:

- Untersuche das Überschreiten der x-Achse, berechne die Fläche über und unter der x-Achse einzeln. Soll die Summe der Flächen berechnet werden, is so ist

$$\int_0^{2\pi} \sin x\,dx = 2\int_0^{\pi} \sin x\,dx = -2\cos x\Big|_0^{\pi} = 2(\cos 180° - \cos 0°)$$

$$= -2(-1-1) = 4\ FE$$

33. Berechne das gekennzeichnete Flächenstück zwischen der Sinus- und Cosinuskurve in den Grenzen von $\frac{\pi}{4}$ bis $\frac{5\pi}{4}$

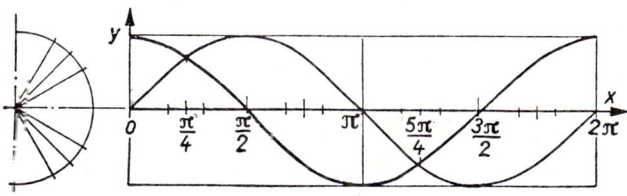

Der Teil der Fläche oberhalb der x-Achse ist gleich der Fläche A_1 unter der Sinuskurve von $\frac{\pi}{4}$ bis π minus der Fläche A_2 der Cosinuskurve von $\frac{\pi}{4}$ bis $\frac{\pi}{2}$

$$A = 2(A_1 - A_2)$$

$$A_1 = \int_{\frac{\pi}{4}}^{\pi} \sin x\,dx = -\cos x\Big|_{\frac{\pi}{4}}^{\pi} = -(\cos 180° - \cos 45°) = -\left(-1 - \frac{1}{2}\sqrt{2}\right)$$

$$= -(-1 - 0{,}7171) = 1{,}7171\ FE$$

$$A_2 = \int_{\frac{\pi}{4}}^{\frac{\pi}{2}} \cos x\,dx = \sin x\Big|_{\frac{\pi}{4}}^{\frac{\pi}{2}} = \sin 90° - \sin 45° = 1 - 0{,}7071 = 0{,}2929\ FE$$

Der obere Teil der gesuchten Fläche ist $1{,}7171 - 0{,}2929 = 1{,}4142\ FE$. Die ganze gesuchte Fläche: $A = 2{,}8284\ FE$

34. Desgleichen die Fläche unter der Sinus- und Cosinuskurve von 0 bis $\frac{\pi}{2}$ (s. vorige Figur). Die halbe Fläche A_1 liegt entweder unter der Sinuslinie von 0 bis $\frac{\pi}{4}$ oder unter der Cosinuskurve von $\frac{\pi}{4}$ bis $\frac{\pi}{2} = A_2$.

$$A = A_1 + A_2 \quad A_1 = A_2 \quad A = 2A_1$$

$$A_1 = \int_0^{\frac{\pi}{4}} \sin x \, dx = -\cos x \Big|_0^{\frac{\pi}{4}} = -\left(\cos\frac{\pi}{4} - \cos 0\right) = -(0{,}7071 - 1) = 0{,}2929 \; FE$$

also die verlangte Fläche $A = 2 \cdot 0{,}2929 = 0{,}5858 \; FE$

oder $A_2 = \int_{\frac{\pi}{4}}^{\frac{\pi}{2}} \cos x \, dx = \sin x \Big|_{\frac{\pi}{4}}^{\frac{\pi}{2}} = \sin 90° - \sin 45° = 1 - 0{,}7071 = 0{,}2929 \; FE$

35. Desgleichen die Fläche zwischen der Cosinus- und Sinuslinie von 0 bis $\frac{\pi}{4}$

$$A = A_1 - A_2$$

$$A_1 = \int_0^{\frac{\pi}{4}} \cos x \, dx = \sin x \Big|_0^{\frac{\pi}{4}} = \sin 45° - \sin 0° = 0{,}7071 \; FE$$

$$A_2 = \int_0^{\frac{\pi}{4}} \sin x \, dx = -\cos x \Big|_0^{\frac{\pi}{4}} = -(\cos 45° - \cos 0°) = -(0{,}7071 - 1) = 0{,}2929 \; FE$$

Die gesuchte Fläche $A = 0{,}7071 - 0{,}2929 = 0{,}4142 \; FE$

36. Wie groß ist die Fläche des Kreises vom Radius R?

$dA = 2x\pi \, dx$

$$A = 2\pi \int_0^R x \, dx = 2\pi \cdot \frac{x^2}{2} \Big|_0^R$$

$$A = 2\pi \frac{R^2}{2} = R^2 \pi$$

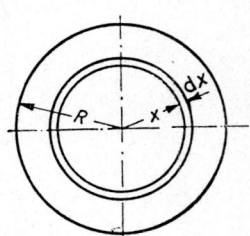

$$dA = R \, d\varphi \cdot \frac{R}{2} = \frac{1}{2} R^2 \, d\varphi$$

$$A = \frac{1}{2} \int_0^{2\pi} R^2 \, d\varphi = \frac{1}{2} R^2 \varphi \Big|_0^{2\pi}$$

$$A = \frac{1}{2} R^2 \, 2\pi = R^2 \pi$$

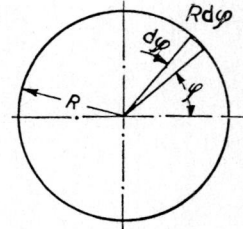

37. Es ist die Fläche der Ellipse mit den Halbachsen a und b zu berechnen. Die Gleichung der Ellipse lautet: $b^2 x^2 + a^2 y^2 = a^2 b^2$ oder

$y = \dfrac{b}{a}\sqrt{a^2-x^2}$. Für den Flächenstreifen der Ellipse erhält man, wenn die Grenzen allgemein x_1 und x_2 sind

$$A = \int_{x_1}^{x_2} y\,dx$$

$$= \dfrac{b}{a}\int_{x_1}^{x_2} \sqrt{a^2-x^2}\,dx$$

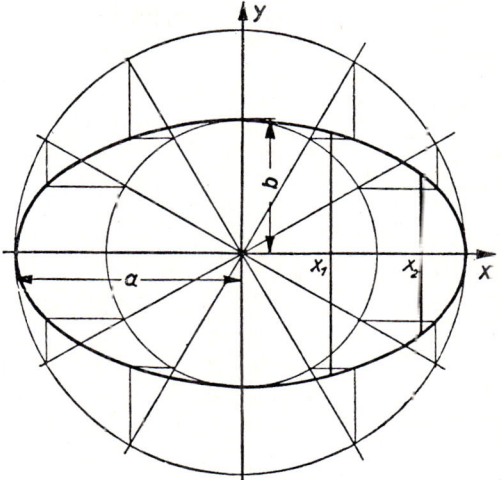

nach der Formel 56 erhält man:

$$A = \dfrac{b}{a}\left[\dfrac{x}{2}\sqrt{a^2-x^2} + \dfrac{a^2}{2}\arcsin\left(\dfrac{x}{a}\right)\right]_{x_1}^{x_2}$$

$$A = \left|\dfrac{x}{2}\dfrac{b}{a}\sqrt{a^2-x^2} + \dfrac{b}{a}\dfrac{a^2}{2}\arcsin\left(\dfrac{x}{a}\right)\right|_{x_1}^{x_2}$$

$$\dfrac{b}{a}\sqrt{a^2-x^2} = y$$

$$A = \dfrac{x}{2}y + \dfrac{ab}{2}\arcsin\left(\dfrac{x}{a}\right)\Big|_{x_1}^{x_2} = \dfrac{x_2 y_2}{2} + \dfrac{ab}{2}\arcsin\left(\dfrac{x_2}{a}\right) - \dfrac{x_1 y_1}{2} - \dfrac{ab}{2}\arcsin\left(\dfrac{x_1}{a}\right)$$

Für die Viertel-Ellipse ist $x_1 = 0$, $x_2 = a$; $y_1 = b$; $y_2 = 0$, also

$$A = \dfrac{a\cdot 0}{2} + \dfrac{a\cdot b}{2}\arcsin\left(\dfrac{a}{a}\right) - \dfrac{0\cdot b}{2} - \dfrac{a\cdot b}{2}\arcsin\left(\dfrac{0}{a}\right)$$

$$A = \dfrac{a\cdot b}{2}\arcsin 1 = \dfrac{a\cdot b}{2}\cdot\dfrac{\pi}{2} = \dfrac{a\cdot b\cdot \pi}{4}$$

Also ist der Flächeninhalt der ganzen Ellipse $A = a\cdot b\cdot\pi$.

38. Durch Integration ist die Fläche zu bestimmen, welche eingeschlossen wird von der Ellipse $\dfrac{x^2}{25} + \dfrac{y^2}{9} = 1$ und den beiden Senkrechten zur x-Achse an den Stellen $x_1 = 2$ und $x_2 = 4$ (s. Abb.)

$$\dfrac{x^2}{25} + \dfrac{y^2}{9} = 1; \qquad y^2 = \dfrac{9}{25}(25 - x^2) \quad \text{oder} \quad y = \dfrac{3}{5}\sqrt{25-x^2}$$

Lösung 1:

Die obere Hälfte des Streifens ist

$$A = \int_2^4 y\,dx = \dfrac{3}{5}\int_2^4 \sqrt{25-x^2}\,dx.\text{ Das Integral ist nach Formel 56}$$

$$A = \frac{3}{5}\left[\frac{x}{2}\sqrt{25-x^2}+\frac{25}{2}\arcsin\left(\frac{x}{5}\right)\right]_2^4$$

$$= \frac{3}{5}\left[\frac{4}{2}\sqrt{25-16}-\sqrt{25-4}+\frac{25}{2}\arcsin\left(\frac{4}{5}\right)-\frac{25}{2}\arcsin\frac{2}{5}\right]$$

$$= \frac{3}{5}\left[6-\sqrt{21}+\frac{25}{2}\arcsin 0{,}8-\frac{25}{2}\arcsin 0{,}4\right]$$

$$= \frac{3}{5}\left[6-4{,}5826+\frac{25}{2}(\arcsin 0{,}8-\arcsin 0{,}4)\right]$$

$$= \frac{3}{5}\left[1{,}4174+\frac{25}{2}(\text{arc } 53°7'50''-\text{arc } 23°34'42'')\right]$$

$$= \frac{3}{5}\left[1{,}4174+\frac{25}{2}(0{,}9273-0{,}4115)\right]$$

$$= \frac{3}{5}\left[1{,}4174+\frac{25}{2}\cdot 0{,}5158\right] = \frac{3}{5}\cdot 7{,}8649 = 4{,}7189\ FE$$

Der Flächenstreifen also $2A = 9{,}4378\ FE$

Lösung 2: Ohne Benutzung der Formel 56

$$A = \frac{3}{5}\int_2^4 \sqrt{25-x^2}\,dx = \frac{3}{5}\int_2^4 \frac{(25-x^2)\,dx}{\sqrt{25-x^2}} = \frac{3}{5}\cdot 25\int_2^4 \frac{dx}{\sqrt{25-x^2}} - \frac{3}{5}\int_2^4 \frac{x^2\,dx}{\sqrt{25-x^2}}$$

$$= 15\int_2^4 \frac{dx}{\sqrt{25-x^2}} - \frac{3}{5}\int_2^4 \frac{x^2\,dx}{\sqrt{25-x^2}} \qquad \begin{array}{l}\text{Das 1. Integral durch Formel (77 a)}\\ \text{das 2. Integral durch Formel (48) gelöst}\end{array}$$

$$= 15\arcsin\left(\frac{x}{5}\right)\Big|_2^4 - \frac{3}{5}\left(-\frac{x}{2}\sqrt{25-x^2}+\frac{25}{2}\arcsin\left(\frac{x}{5}\right)\right)\Big|_2^4$$

$$= 15\arcsin\left(\frac{x}{5}\right)\Big|_2^4 + \frac{3}{10}x\sqrt{25-x^2} - \frac{15}{2}\arcsin\left(\frac{x}{5}\right)\Big|_2^4$$

$$= \frac{15}{2}\arcsin\left(\frac{x}{5}\right)\Big|_2^4 + \frac{3}{10}x\sqrt{25-x^2}\Big|_2^4$$

$$= \frac{15}{2}\left(\arcsin\left(\frac{4}{5}\right)-\arcsin\left(\frac{2}{5}\right)\right)+\frac{3}{10}(4\cdot 3 - 2\sqrt{21})$$

$$= \frac{15}{2}(\arcsin 0{,}8-\arcsin 0{,}4)+\frac{3}{10}(12-9{,}1652)$$

$$= \frac{15}{2}(0{,}9273-0{,}4115)+\frac{3}{10}\cdot 2{,}8348 = 3{,}8685+0{,}85044 = 4{,}71894\ FE$$

Der Flächenstreifen also $A = 9{,}43788\ FE$

Lösung 3: Lösung ohne Benutzung der Formeln.

$$A = \frac{3}{5}\int_2^4 \sqrt{25-x^2}\,dx = \frac{3}{5}\int_2^4 \frac{(25-x^2)\,dx}{\sqrt{25-x^2}} = \frac{3}{5}\int_2^4 \frac{25\,dx}{\sqrt{25-x^2}} - \frac{3}{5}\int_2^4 \frac{x^2\,dx}{\sqrt{25-x^2}}$$

Das erste Integral: $A_1 = \dfrac{3}{5} \displaystyle\int_2^4 \dfrac{25\,\mathrm{d}x}{\sqrt{25-x^2}} = 15 \displaystyle\int_2^4 \dfrac{\mathrm{d}x}{\sqrt{25-x^2}}$

Setzt man: $x = 5u$, $\mathrm{d}x = 5\,\mathrm{d}u$, wird die obere Grenze $x_2 = 4$ und $u_2 = \dfrac{4}{5}$

die untere Grenze $x_1 = 2$ und $u_1 = \dfrac{2}{5}$

$$A_1 = 15\cdot 5 \int_{2/5}^{4/5} \dfrac{\mathrm{d}u}{\sqrt{25-25u^2}} = \dfrac{15\cdot 5}{5} \int_{2/5}^{4/5} \dfrac{\mathrm{d}u}{\sqrt{1-u^2}} = 15\,\mathrm{arc\,sin}\,u \Big|_{2/5}^{4/5} \qquad (105)$$

$= 15\,(\mathrm{arc\,sin}\,0{,}8 - \mathrm{arc\,sin}\,0{,}4)$
$A_1 = 15\,(0{,}9273 - 0{,}4115) = 15\cdot 0{,}5158 = 7{,}737\ FE$

Das zweite Integral:

$$A_2 = \dfrac{3}{5} \int_2^4 \dfrac{x^2\,\mathrm{d}x}{\sqrt{25-x^2}}\ ;\ \text{setzt man}\ u = x\ \text{und}\ \mathrm{d}v = \dfrac{x\,\mathrm{d}x}{\sqrt{25-x^2}}, \qquad (93)$$

wird $\mathrm{d}u = \mathrm{d}x$ und $v = -\sqrt{25-x^2}$

und das Integral wird dann

$\displaystyle\int \dfrac{x^2\,\mathrm{d}x}{\sqrt{25-x^2}} = -x\sqrt{25-x^2} + \int \sqrt{25-x^2}\,\mathrm{d}x = -x\sqrt{25-x^2} + \int \dfrac{(25-x^2)\,\mathrm{d}x}{\sqrt{25-x^2}}$

$\qquad\qquad\qquad = -x\sqrt{25-x^2} + 25 \displaystyle\int \dfrac{\mathrm{d}x}{\sqrt{25-x^2}} - \int \dfrac{x^2\,\mathrm{d}x}{\sqrt{25-x^2}}$ oder

$2\displaystyle\int \dfrac{x^2\,\mathrm{d}x}{\sqrt{25-x^2}} = -x\sqrt{25-x^2} + 25 \int \dfrac{\mathrm{d}x}{\sqrt{25-x^2}} \quad \begin{array}{l} x = at = 5t \\ \mathrm{d}x = 5\,\mathrm{d}t \end{array}$

$\qquad\qquad\qquad = -x\sqrt{25-x^2} + 25\cdot 5 \displaystyle\int \dfrac{\mathrm{d}t}{\sqrt{25-25t^2}}$

$\qquad\qquad\qquad = -x\sqrt{25-x^2} + 25 \displaystyle\int \dfrac{\mathrm{d}t}{\sqrt{1-t^2}} = -x\sqrt{25-x^2} + 25\,\mathrm{arc\,sin}\left(\dfrac{x}{5}\right)$

$\displaystyle\int \dfrac{x^2\,\mathrm{d}x}{\sqrt{25-x^2}} = -\dfrac{x}{2}\sqrt{25-x^2} + \dfrac{25}{2}\,\mathrm{arc\,sin}\left(\dfrac{x}{5}\right)$ und somit

$A_2 = \dfrac{3}{5} \displaystyle\int_2^4 \dfrac{x^2\,\mathrm{d}x}{\sqrt{25-x^2}} = \dfrac{3}{5}\left[-\left(\dfrac{x}{2}\sqrt{25-x^2}\right)\Big|_2^4 + \dfrac{25}{2}\,\mathrm{arc\,sin}\left(\dfrac{x}{5}\right)\Big|_2^4\right]$

$\qquad = \dfrac{3}{5}\left[-(2\sqrt{9}-\sqrt{21}) + \dfrac{25}{2}(\mathrm{arc\,sin}\,0{,}8 - \mathrm{arc\,sin}\,0{,}4)\right]$

$\qquad = \dfrac{3}{5}\left[-(6-4{,}5826) + \dfrac{25}{2}(0{,}9273-0{,}4115)\right]$

$\qquad = \dfrac{3}{5}\left[-1{,}4174 + \dfrac{25}{2}\cdot 0{,}5158\right] = \dfrac{3}{5}[-1{,}4174 + 6{,}4475]$

$A_2 = \dfrac{3}{5}\cdot 5{,}0301 = 3{,}01806\ FE$

$A = A_1 - A_2 = 7{,}737 - 3{,}01806 = 4{,}71894\ FE.$ Der Flächenstreifen also $9{,}43788\ FE$

3.3 Berechnen der Länge eines Kurvenbogens

Rektifikation ebener Kurven

$$s = \int_{x_1}^{x_2} dx \sqrt{1+\left(\frac{dy}{dx}\right)^2} \quad \text{oder} \quad s = \int_{y_1}^{y_2} dy \sqrt{1+\left(\frac{dx}{dy}\right)^2}$$

Sind x und y Funktionen einer dritten Variablen t, wählt man t zur Integrationsvariablen. Es ist dann

$$s = \int_{t_1}^{t_2} dt \sqrt{\left(\frac{dx}{dt}\right)^2 + \left(\frac{dy}{dt}\right)^2}$$

1. Es ist die Länge eines Kreisbogens zu bestimmen.

a)

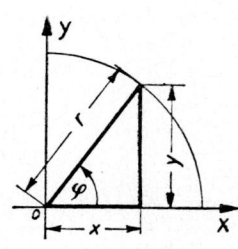

$$s = \int_0^r \sqrt{1+\left(\frac{dy}{dx}\right)^2} \, dx \qquad \text{Kreis: } y^2 = r^2 - x^2$$

$$\frac{dy}{dx} = y' = -\frac{x}{y} = -\frac{x}{\sqrt{r^2-x^2}}$$

$$s = \int_0^r \sqrt{1+\frac{x^2}{r^2-x^2}} \, dx \qquad \left(\frac{dy}{dx}\right)^2 = (y')^2 = \frac{x^2}{r^2-x^2}$$

$$s = \int_0^r \sqrt{\frac{r^2}{r^2-x^2}} \, dx = r \int_0^r \frac{dx}{\sqrt{r^2-x^2}} \quad (77a) = r \cdot \arcsin\left(\frac{x}{r}\right)\Big|_0^r$$

$$s = r(\arcsin 1 - \arcsin 0) = r \cdot \frac{\pi}{2} \left[\text{Bogen: } 4 \cdot r \frac{\pi}{2} = 2r\pi\right]$$

s ist die Länge des Kreisbogens im 1. Feld.

Dann ist die gesamte Kreislinie, der Umfang

$$U = 4 \cdot r \cdot \frac{\pi}{2} = 2r\pi$$

b) Betrachtet man den Mittelpunktswinkel φ als unabhängig veränderlich, bestehen folgende Beziehungen: (s. Abb.)

$$x = r \cdot \cos\varphi \qquad y = r \cdot \sin\varphi$$

$$x^2 = r^2 \cdot \cos^2\varphi \qquad y = \sqrt{r^2-x^2}$$

$$y = \sqrt{r^2 - r^2 \cdot \cos^2\varphi} = r\sqrt{1-\cos^2\varphi} = r \cdot \sin\varphi$$

$$dx = -r \cdot \sin\varphi \, d\varphi$$

$$x = r \cdot \cos\varphi \Rightarrow \cos\varphi = \frac{x}{r} \Rightarrow \varphi = \arccos\frac{x}{r}.$$

$$x = 0: \qquad \varphi = \arccos 0 = \frac{\pi}{2}$$

$$x = r: \qquad \varphi = \arccos 1 = 0$$

Die neuen Integrationsgrenzen sind: $\frac{\pi}{2}$ und 0.

$$s = r\int_0^r \frac{dx}{\sqrt{r^2-x^2}} = r\int_{\frac{\pi}{2}}^0 \frac{-r\cdot\sin\varphi}{r\cdot\sin\varphi}\,d\varphi$$

$$= -r\int_{\frac{\pi}{2}}^0 d\varphi = -r\,\varphi\Big|_{\frac{\pi}{2}}^0$$

$$s = -r\left(0 - \frac{\pi}{2}\right) = \frac{r}{2}\pi.$$

Die gesamte Kreislinie, der Kreisumfang ist $U = 4\cdot\dfrac{r}{2}\cdot\pi = 2r\pi$

2. Es ist die Länge des Bogens OR der Parabel $y^2 = 2px$ zu bestimmen von $y_1 = 0$ bis $y_2 = y$

Aus $y^2 = 2px$ folgt

$$y\,dy = p\,dx$$

$$\frac{dy}{dx} = \frac{p}{y} \quad\text{oder}\quad \frac{dx}{dy} = \frac{y}{p}$$

Man wird hier zweckmäßig y zur Integrations-Veränderlichen machen, da sich x und $\dfrac{dx}{dy}$ rational durch y ausdrücken lassen. Es wird

$$s = \int_0^y \sqrt{1+\left(\frac{dx}{dy}\right)^2}\,dy = \int_0^y \sqrt{1+\frac{y^2}{p^2}}\,dy$$

$$= \frac{1}{p}\int_0^y \sqrt{p^2+y^2}\,dy.$$

$$s = \frac{1}{p}\left[\frac{y}{2}\sqrt{p^2+y^2} + \frac{p^2}{2}\ln(y+\sqrt{p^2+y^2})\right]_0^y$$

$$s = \frac{y}{2p}\sqrt{p^2+y^2} + \frac{p}{2}\ln(y+\sqrt{p^2+y^2}) - \frac{p}{2}\ln p$$

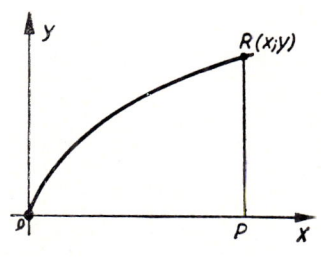

3. Es ist die Bogenlänge der Kurve $y^2 = \dfrac{1}{4}x^3$ in den Grenzen von $x = 0$ bis $x = 1$ zu bestimmen.

Aus $y^2 = \dfrac{1}{4}x^3$ oder $y = \dfrac{1}{2}\cdot x^{\frac{3}{2}}$ folgt $\dfrac{dy}{dx} = \dfrac{3}{4}x^{\frac{1}{2}}$ und $\left(\dfrac{dy}{dx}\right)^2 = \dfrac{9}{16}x$, also

$$s = \int_0^1 \sqrt{1+\left(\frac{dy}{dx}\right)^2}\,dx = \int_0^1 \sqrt{1+\frac{9}{16}x}\,dx \quad\text{setzt man } 1+\frac{9}{16}x = z \quad \frac{9}{16}dx = dz$$

$$dx = dz\cdot\frac{16}{9} \quad\text{so wird}$$

$$s = \frac{16}{9}\int_0^1 z^{\frac{1}{2}}\,dz = \frac{16}{9}\cdot\frac{2}{3}z^{\frac{3}{2}}\Big|_0^1 = \frac{32}{27}\sqrt{\left(1+\frac{9}{16}x\right)^3}\Big|_0^1$$

$$s = \frac{32}{27}\left[\sqrt{\left(\frac{25}{16}\right)^3} - \sqrt{1^3}\right] = \frac{32}{27}\left(\frac{125}{64} - 1\right) = \frac{32}{27}\cdot\frac{61}{64} = \frac{61}{54} = 1{,}129$$

3.4 Berechnen der Rotationsfläche

Komplanation der Rotationsflächen

(Die durch Rotation entstehenden Mantelflächen sind mit S_x und S_y bezeichnet, weil die statischen Momente M_x und M_y benannt werden.)

Rotiert eine Kurve mit der Gleichung $y = f(x)$ um die x-Achse, so ist die durch Rotantion entstehende Fläche, die Mantelfläche des Rotationskörpers

$$S_x = 2\pi \int_{x_1}^{x_2} y\,ds \quad (1)$$

Rotiert diese Kurve um die y-Achse, so ist

$$S_y = 2\pi \int_{y_1}^{y_2} x\,ds \quad (2)$$

Es ist $(ds)^2 = (dx)^2 + (dy)^2$

$$ds = \sqrt{(dx)^2 + (dy)^2}$$

$$ds = dx\sqrt{1 + \left(\frac{dy}{dx}\right)^2} = dy\sqrt{1 + \left(\frac{dx}{dy}\right)^2}$$

Dann wird
$$S_x = 2\pi \int_{x_1}^{x_2} y\sqrt{1 + \left(\frac{dy}{dx}\right)^2}\,dx \quad (3) \quad \text{oder}$$

$$S_y = 2\pi \int_{y_1}^{y_2} x\sqrt{1 + \left(\frac{dx}{dy}\right)^2}\,dy \quad (4)$$

1. Wie groß ist die Fläche des Kegelmantels?

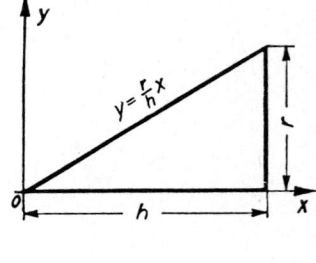

$$S_x = 2\pi \int_0^h y\sqrt{1 + \left(\frac{dy}{dx}\right)^2}\,dx; \quad \text{es ist} \quad y = \frac{r}{h}\cdot x$$

$$y' = \frac{r}{h}$$

$$S_x = 2\pi \cdot \frac{r}{h} \int_0^h x\sqrt{1 + \frac{r^2}{h^2}}\,dx \qquad (y')^2 = \frac{r^2}{h^2}$$

$$= 2\pi \cdot \frac{r}{h\cdot h}\sqrt{r^2 + h^2} \cdot \left.\frac{x^2}{2}\right|_0^h = \frac{2\pi\cdot r}{h^2} \cdot \frac{h^2}{2}\sqrt{r^2 + h^2} = \pi\cdot r\cdot s$$

wenn $\sqrt{r^2 + h^2} = s$ die Länge des Kegelmantels ist.
Wickelt man den Kegelmantel mit der Mantellinie s ab, so erhält man einen Kreisausschnitt. Die Fläche ist

$$\frac{\text{Bogen}\cdot\text{Radius}}{2} = \frac{2r\pi\cdot s}{2} = \pi\cdot r\cdot s$$

2. Wie groß ist die Mantelfläche des Kegelstumpfes, der entsteht, wenn die Gerade $2x - 3y = 1$ um die x-Achse rotiert und als Grenze $x_1 = 2$ und $x_2 = 4$ gesetzt wird?

$$y = \frac{2}{3}x - \frac{1}{3}\,;\quad \frac{dy}{dx} = \frac{2}{3}$$

$$\left(\frac{dy}{dx}\right)^2 = \frac{4}{9}$$

$$S_x = 2\pi \int_2^4 y\sqrt{1+\left(\frac{dy}{dx}\right)^2}\,dx$$

$$= 2\pi \cdot \int_2^4 \frac{2x-1}{3}\sqrt{1+\frac{4}{9}}\,dx$$

$$= \frac{2\pi}{3}\cdot\sqrt{\frac{13}{9}}\int_2^4 (2x-1)\,dx$$

$$= \frac{2\pi}{3}\cdot\frac{3{,}6}{3}(x^2 - x)\Big|_2^4 = 0{,}8\,\pi\,(16-4-4+2) = 8\pi$$

Kontrolle: $s_1 = \sqrt{1+\frac{9}{4}} = \sqrt{\frac{13}{4}} = \frac{3{,}6}{2} = 1{,}8$

$s_2 = \sqrt{\frac{49}{9}+\frac{49}{4}} = \frac{7}{6}\sqrt{13} = \frac{7}{6}\cdot 3{,}6 = 4{,}2\,;\quad s = 4{,}2 - 1{,}8 = 2{,}4$

Mantel $= \pi\cdot s\,(R+r) = \pi\cdot 2{,}4\cdot\frac{10}{3} = 8\pi$

3. Berechne die Oberfläche der Kugelhaube, die durch Rotation des Kreisbogens b um die y-Achse entsteht.

$$O = 2\pi \int_{-\frac{s}{2}}^{+\frac{s}{2}} x\sqrt{1+(x')^2}\,dy$$

$x = \sqrt{r^2 - y^2}$

$\dfrac{dx}{dy} = \dfrac{-y}{\sqrt{r^2-y^2}} = -\dfrac{y}{x}$

$x' = -\dfrac{y}{\sqrt{r^2-y^2}}$

$1+(x')^2 = \dfrac{r^2}{r^2-y^2}$

$$= 2\pi\cdot 2\int_0^{\frac{s}{2}} \sqrt{r^2-y^2}\cdot\frac{r}{\sqrt{r^2-y^2}}\,dy$$

$$= 4\pi r\cdot y\Big|_0^{\frac{s}{2}}$$

$$= 4\pi\cdot r\cdot\frac{s}{2} = 2\pi r\cdot s$$

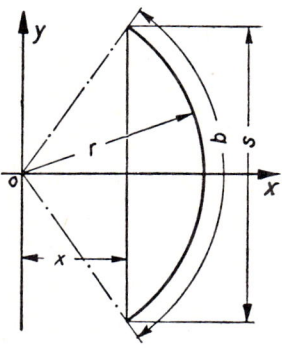

Bestimme mit Hilfe der Guldinschen Regel (s. S. 113) den Schwerpunkt des Kreisbogens b. $2\pi y_s\,b = 2\pi r\,s$ oder $y_s = \dfrac{r\cdot s}{b}$

4. Man soll den Mantel einer Kugelzone berechnen. Durch Rotation des Bogens PR des Kreises $x^2+y^2 = r^2$ um die y-Achse entsteht die Kugelzone. Nach Gleichung 2 ist

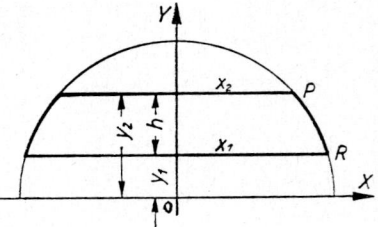

$$S_y = 2\pi \int_{y_1}^{y_2} x \, ds$$

Aus $x = \sqrt{r^2-y^2}$ folgt:

$$dx = -\frac{y \, dy}{\sqrt{r^2-y^2}} \quad \text{und} \quad (ds)^2 = (dx)^2 + (dy)^2$$

$$(ds)^2 = \frac{y^2(dy)^2}{r^2-y^2} + (dy)^2 = \frac{y^2(dy)^2}{r^2-y^2} + \frac{r^2-y^2}{r^2-y^2}(dy)^2 = \frac{r^2(dy)^2}{r^2-y^2} \quad \text{und}$$

$$ds = \frac{r \cdot dy}{\sqrt{r^2-y^2}} = \frac{r \, dy}{x} \quad \text{also} \quad x \, ds = r \, dy \quad \text{und somit}$$

$$S_y = 2\pi \int_{y_1}^{y_2} r \, dy = 2 r \pi (y_2 - y_1). \text{ Setzt man } y_2 - y_1 = h, \text{ so ist } S_y = 2 r \pi h$$

Für die Kugel wird $y_2 = +r$ und $y_1 = -r$ also $h = 2r$, so wird $O = 4 r^2 \pi$

Man hätte direkt nach Gleichung 4 rechnen können.

$$S_y = 2\pi \int_{y_1}^{y_2} x \sqrt{1 + \left(\frac{dx}{dy}\right)^2} \, dy \qquad\qquad x^2 = r^2 - y^2$$

$$\frac{dx}{dy} = -\frac{y}{x}$$

$$S_y = 2\pi \int_{y_1}^{y_2} x \sqrt{1 + \frac{y^2}{x^2}} \, dy = 2\pi \int_{y_1}^{y_2} \frac{x}{x} \sqrt{x^2+y^2} \, dy \qquad \sqrt{x^2+y^2} = r$$

$$S_y = 2\pi r \int_{y_1}^{y_2} dy = 2 r \pi (y_2 - y_1)$$

5. Es ist die Oberfläche der Halbkugel zu berechnen. (Ohne Grundfläche)

$$O = 2\pi \int_{x_1}^{x_2} y \sqrt{1 + \left(\frac{dy}{dx}\right)^2} \, dx \qquad\qquad y^2 = r^2 - x^2; \quad y = \sqrt{r^2-x^2}$$

$$\frac{dy}{dx} = -\frac{x}{y} = -\frac{2x}{2\sqrt{r^2-x^2}}$$

$$O = 2\pi \int_{0}^{r} \sqrt{r^2-x^2} \cdot \frac{r}{\sqrt{r^2-x^2}} \, dx \qquad\qquad \left(\frac{dy}{dx}\right)^2 = \frac{x^2}{r^2-x^2}$$

$$O = 2\pi r x \Big|_0^r = 2\pi r^2 \qquad\qquad 1 + \left(\frac{dy}{dx}\right)^2 = \frac{r^2}{r^2-x^2}$$

Für die ganze Kugel ist $O = 4 r^2 \pi$

6. Es ist die Oberfläche eines Paraboloids um die x-Achse zu bestimmen. (Ohne Grundfläche)

$$y^2 = 2px; \quad y = r; \quad x = h; \quad \text{also} \quad r^2 = 2ph$$

$$\frac{y^2}{r^2} = \frac{2px}{2ph} = \frac{x}{h}$$

$$y^2 = r^2 \cdot \frac{x}{h} \qquad y = r\sqrt{\frac{x}{h}} = \frac{r}{h}\sqrt{x\,h}$$

$$2y\,dy = \frac{r^2}{h}\,dx; \qquad \frac{dy}{dx} = \frac{r^2}{2\,y\,h}$$

$$\frac{dy}{dx} = \frac{r^2\,h}{2\,h\,r\sqrt{x\,h}} = \frac{r}{2\sqrt{x\,h}} \quad \text{und} \quad \left(\frac{dy}{dx}\right)^2 = \frac{r^2}{4\,x\,h}$$

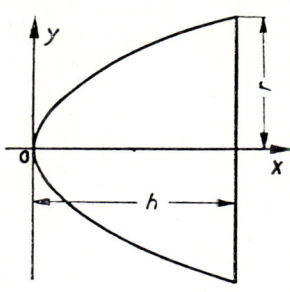

dann wird

$$O = 2\pi \int_0^h r\frac{\sqrt{x}}{\sqrt{h}}\sqrt{1 + \frac{r^2}{4\,h\,x}}\,dx = \frac{2\pi r}{\sqrt{h}}\int_0^h \sqrt{x + \frac{r^2}{4\,h}}\,dx$$

Nach Formel (53) $\sqrt{x+a}\,dx = \frac{2}{3}\sqrt{(x+a)^3}$ also ist

$$O = \frac{2\pi r}{\sqrt{h}} \cdot \frac{2}{3}\left[\sqrt{\left(x + \frac{r^2}{4\,h}\right)^3}\right]_0^h = \frac{4\pi r}{3\sqrt{h}}\left[\sqrt{\left(h + \frac{r^2}{4\,h}\right)^3} - \sqrt{\left(\frac{r^2}{4\,h}\right)^3}\right]$$

$$O = \frac{4\pi r}{3\sqrt{h}} \cdot \frac{1}{\sqrt{(4\,h)^3}}[\sqrt{(4\,h^2+r^2)^3} - r^3] = \frac{4\pi r}{3\,h^2 \cdot 8}[\sqrt{(4\,h^2+r^2)^3} - r^3]$$

$$O = \frac{\pi \cdot r}{6\,h^2}[\sqrt{(4\,h^2+r^2)^3} - r^3]$$

7. Wie groß ist die Mantelfläche, die durch Rotation der Parabel $y^2 = 4x$ um die x-Achse in den Grenzen $x_1 = 0$ und $x_2 = 4$ entsteht?
Nach Gleichung (3) ist

$$S_x = 2\pi \int_0^4 y\sqrt{1 + \left(\frac{dy}{dx}\right)^2}\,dx$$

$$y^2 = 4x; \qquad y = 2\sqrt{x}$$

$$2y\,dy = 4\,dx$$

$$S_x = 2\pi \int_0^4 2\sqrt{x}\sqrt{1 + \frac{1}{x}}\,dx$$

$$\frac{dy}{dx} = \frac{4}{2y} = \frac{4}{2\cdot 2\sqrt{x}} = \frac{1}{\sqrt{x}}$$

$$S_x = 4\pi \int_0^4 \sqrt{x}\,\frac{\sqrt{x+1}}{\sqrt{x}}\,dx$$

$$\left(\frac{dy}{dx}\right)^2 = \frac{1}{x}$$

$$S_x = 4\pi \int_0^4 \sqrt{x+1}\,dx \qquad \text{setzt man} \quad \begin{aligned} x+1 &= u \\ dx &= du, \end{aligned} \quad \text{so wird}$$

$$S_x = 4\pi \int_0^4 u^{\frac{1}{2}}\,du = 4\pi \cdot \frac{2}{3}u^{\frac{3}{2}}\Big|_0^4$$

$$S_x = \frac{8}{3}\pi \cdot \sqrt{(x+1)^3}\Big|_0^4 = \frac{8}{3}\pi[\sqrt{125} - \sqrt{1}] = \frac{8\pi}{3}\cdot(11{,}1803 - 1)$$

$$S_x = \frac{8}{3}\pi \cdot 10{,}18 = 27{,}146\,\pi$$

3.5 Volumenberechnung bei Rotationskörpern

Kubatur der Rotationskörper

Rotiert eine Fläche, die von der Kurve $y = f(x)$ begrenzt ist, um die x-Achse, so entsteht ein Rotationskörper. Da die Fläche zwischen Kurve und x-Achse von x_1 bis x_2 auch eine Funktion von x ist, muß das Volumen des entstehenden Rotationskörpers ebenfalls eine Funktion von x sein, außerdem zu den Funktionen der Kurve und der Fläche in direkter Beziehung stehen.

Das Flächenelement $dA = y \cdot dx$ drehe sich um die x-Achse. Dann entsteht das Volumenelement $dV = \pi y^2 \cdot dx$. Das Gesamtvolumen des Rotationskörpers ist gleich der Summe all dieser Volumenelemente von x_1 bis x_2:

$$V = \pi \int_{x_1}^{x_2} y^2 \, dx$$

Rotiert die Fläche um die y-Achse, so wird

$$V = \pi \int_{y_1}^{y_2} x^2 \, dy$$

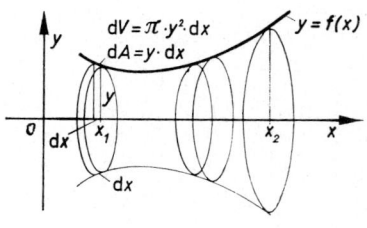

1. Ein rechtwinkliges Dreieck rotiert um die x-Achse. Das Volumen des Kegels ist zu berechnen.

$$V = \pi \int_0^h y^2 \, dx = \pi \frac{r^2}{h^2} \int_0^h x^2 \, dx \quad V = \pi \cdot \frac{r^2}{h^2} \cdot \frac{x^3}{3} \Big|_0^h = \frac{r^2 \pi h}{3}$$

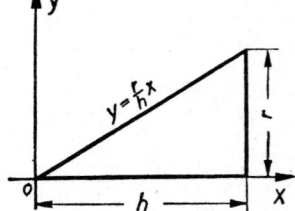

2. Ein abgestumpfter Kreiskegel hat die Höhe h und ist begrenzt durch die beiden Kreise mit den Radien R und r. Das Volumen ist zu berechnen.

Der Kegelstumpf wird erzeugt durch Rotation der Fläche, die begrenzt wird von der Geraden:

$$y = mx + n = \frac{R-r}{h} \cdot x + r$$

$$V = \pi \int_0^h y^2 \, dx$$

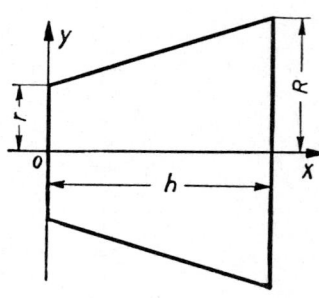

$$= \pi \int_0^h \left[\frac{(R-r)^2 x^2}{h^2} + 2 \frac{(R-r) r x}{h} + r^2 \right] dx$$

$$V = \pi \left[\frac{(R-r)^2}{h^2} \frac{x^3}{3} + 2 \frac{(R-r) r}{h} \cdot \frac{x^2}{2} + r^2 x \right]_0^h$$

$$V = \pi \left[\frac{(R-r)^2}{h^2} \frac{h^3}{3} + \frac{(R-r) r}{h} \cdot h^2 + r^2 h \right] \qquad V = \frac{\pi \cdot h}{3} \left[(R-r)^2 + 3(R-r) r + 3 r^2 \right]$$

$$V = \frac{\pi h}{3}(R^2 - 2Rr + r^2 + 3Rr - 3r^2 + 3r^2) \qquad V = \frac{\pi h}{3}(R^2 + Rr + r^2)$$

3. Es ist das Volumen des Kreiskegels zu bestimmen, der durch die Rotation der Geraden $y = \frac{1}{2}x - 2$ um die x-Achse, im Bereich zwischen

dem Schnitt mit der x-Achse und der Ordinate für $x = 10$ entsteht

Der Schnitt der Geraden mit der x-Achse:
$y = 0$

$0 = \frac{1}{2}x - 2; \qquad x = 4$

[Für $x = 10$ wird $y = 3$]

$$V = \pi \int_4^{10} y^2 \, dx$$

$$V = \pi \int_4^{10} \left(\frac{x}{2} - 2\right)^2 dx = \pi \int_4^{10} \left(\frac{x^2}{4} - 2x + 4\right) dx \qquad V = \pi \left| \frac{x^3}{12} - x^2 + 4x \right|_4^{10}$$

$$V = \pi \left[\left(\frac{250}{3} - 100 + 40\right) - \left(\frac{16}{3} - 16 + 16\right)\right] = 18\pi \; E^3$$

4. Eine Fläche, die begrenzt wird durch eine Kurve mit der Gleichung $9y^2 = x(x-6)^2$ rotiert um die x-Achse. Wie groß ist der Rotationskörper zwischen den Grenzen $x_1 = 0$ und $x_2 = 6$?

$$9y^2 = x(x-6)^2 = x^3 - 12x^2 + 36x$$

Die Relation $9y^2 = x(x-6)^2$ ist in die beiden Funktionen $y = +\frac{x-6}{3}\sqrt{x} \quad y = -\frac{x-6}{3}\sqrt{x}$ zerlegbar. Zusammen bilden die Graphen dieser Funktionen eine „Schleife".

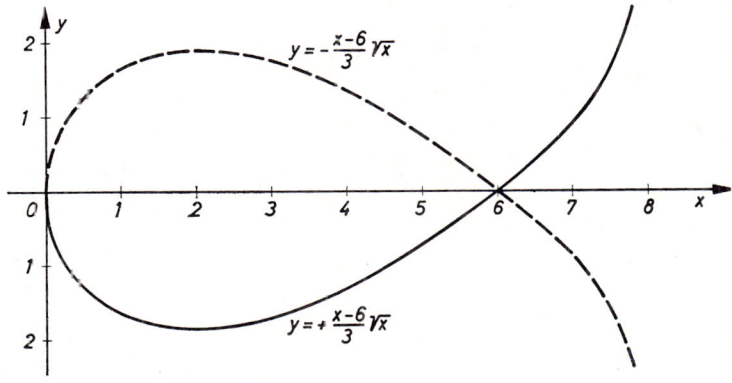

Dreht sich ein Ast dieses Graph's um die x-Achse, entsteht der gesuchte Rotationskörper.
Sein Volumen ist:

$$V = \pi \int_0^6 y^2\, dx = \pi \int_0^6 \frac{x(x-6)}{9}\, dx$$

$$V = \frac{\pi}{9} \int_0^6 (x^3 - 12x^2 + 36x)\, dx$$

$$V = \frac{\pi}{9} \left| \frac{x^4}{4} - 4x^3 + 18x^2 \right|_0^6$$

$$V = \frac{\pi}{9}(324 - 864 + 648) = \frac{\pi}{9} \cdot 108 = 12\pi\, E^3$$

5. Die Kurve $y = \frac{1}{4}x^2 + 3$ rotiert um die x-Achse. Dabei entsteht durch die Rotation des Flächenstücks, das von der x-Achse, den beiden Parallelen zur y-Achse $x_1 = -1$ und $x_2 = 2$ und die Parabel begrenzt wird, ein Rotationskörper. Berechne sein Volumen.
$x_1 = -1$ und $x_2 = +2$ sind die Integrationsgrenzen des entstehenden Körpers.
$y = \frac{1}{4}x^2 + 3$ ist die erzeugende Kurve.

$$V = \pi \int_{-1}^{2} y^2 \cdot dx$$

$$V = \pi \int_{-1}^{2} \left(\frac{1}{4}x^2 + 3\right)^2 dx$$

$$= \pi \int_{-1}^{2} \left(\frac{x^4}{16} + \frac{3}{2}x^2 + 9\right) dx = \pi \left| \frac{x^5}{80} + \frac{x^3}{2} + 9x \right|_{-1}^{2}$$

$$= \pi \left[\left(\frac{32}{80} + \frac{8}{2} + 18\right) - \left(-\frac{1}{80} - \frac{1}{2} - 9\right)\right] = 31{,}9125\,\pi = 100{,}205\, E^3$$

Ähnlich wie in Aufgabe 5, da eine Relation gegeben ist, wird sowohl bei der Kreisgleichung, als auch bei Ellipsen-, Hyperbelgleichungen und anderen Relationen verfahren.
Genau betrachtet stellt die Kreisgleichung eine Relation dar: $x^2 + y^2 = r^2$.
Diese Relation ist in zwei Funktionen auflösbar:

$$y = +\sqrt{r^2 - x^2} \quad \text{und} \quad y = -\sqrt{r^2 - x^2}$$

Zu jeder Funktion gehört ein Ast des Gesamtgraphs:

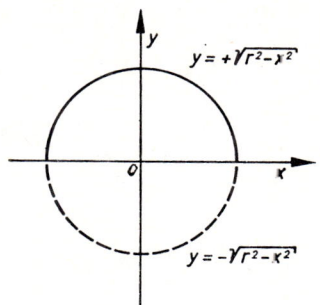

Das kommt bei der Flächenberechnung zum Ausdruck. Dort rechnet man doch

$A_1 = + \int_{-r}^{+r} \sqrt{r^2 - x^2} \cdot dx$ und erhält die Fläche des über der x-Achse liegenden Halbkreises, bzw.

$A_2 = - \int_{-r}^{+r} \sqrt{r^2 - x^2} \cdot dx$ und erhält die Fläche des unter der x-Achse liegenden Halbkreises.

Bei der Berechnung der Rotationskörper rechnet man hingegen:

$$V = \pi \int_{x_1}^{x_2} y^2 \cdot dx$$

Da hier immer y^2 oder x^2 zu integrieren sind, ergibt sich bei diesen Relationen stets ein einfacher Term. Dadurch geht nur zu leicht vergessen, daß bei der Berechnung des „zeppelinartigen" Körpers in Aufgabe 5, der Kugel, des Ellipsoids usw. in Wirklichkeit nur einer der Funktionsgraphen um die x-Achse rotiert.

Bei der Kugel in nachfolgender Aufgabe also entweder

$$y = + \sqrt{r^2 - x^2} \quad \text{oder} \quad y = - \sqrt{r^2 - x^2}$$

6. Wie groß ist das Volumen der Kugel, die durch Rotation des Kreises $x^2 + y^2 = r^2$ um die x-Achse entsteht?

$V = \pi \int_{-r}^{+r} y^2 \, dx \qquad x^2 + y^2 = r^2 \Rightarrow y^2 = r^2 - x^2$

$V = \pi \int_{-r}^{+r} (r^2 - x^2) \, dx = \pi \left(r^2 x - \frac{x^3}{3} \right) \Big|_{-r}^{+r}$

$= \pi \left(r^3 - \frac{r^3}{3} - \left(-r^3 + \frac{r^3}{3} \right) \right)$

$= \pi \left(2r^3 - \frac{2}{3} r^3 \right) = \frac{4}{3} r^3 \pi$

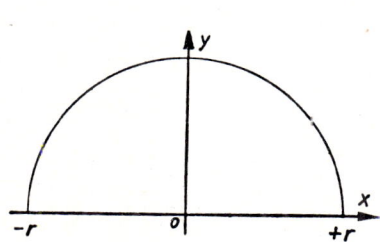

Einfacher rechnet man, wenn man von 0 bis r integriert, d. h. das Volumen der Halbkugel berechnet und dieses verdoppelt-

$$V = \pi\, 2 \int_0^r (r^2 - x^2)\, dx$$

$$= 2\pi \left(r^2 x - \frac{x^3}{3} \right) \Big|_0^r = 2\pi \left(r^3 - \frac{r^3}{3} \right) = \frac{4}{3} r^3 \pi$$

7. Es ist das Volumen einer Kugelzone zwischen den Grenzen $x = -\dfrac{r}{3}$ und $x = +\dfrac{r}{2}$ zu bestimmen.

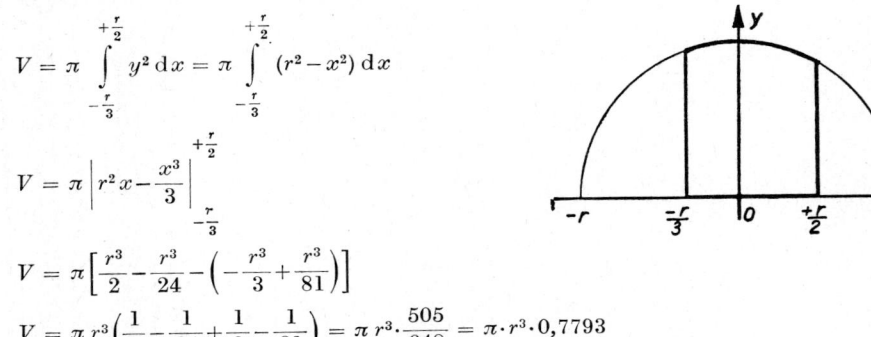

$$V = \pi \int_{-\frac{r}{3}}^{+\frac{r}{2}} y^2\, dx = \pi \int_{-\frac{r}{3}}^{+\frac{r}{2}} (r^2 - x^2)\, dx$$

$$V = \pi \left| r^2 x - \frac{x^3}{3} \right|_{-\frac{r}{3}}^{+\frac{r}{2}}$$

$$V = \pi \left[\frac{r^3}{2} - \frac{r^3}{24} - \left(-\frac{r^3}{3} + \frac{r^3}{81} \right) \right]$$

$$V = \pi r^3 \left(\frac{1}{2} - \frac{1}{24} + \frac{1}{3} - \frac{1}{81} \right) = \pi r^3 \cdot \frac{505}{648} = \pi \cdot r^3 \cdot 0{,}7793$$

8. Berechne den Rauminhalt eines Kugelabschnittes von der Höhe h.
Die Integrationsgrenzen sind:

$x = r - h$ und $x = r$

$$V = \pi \int_{r-h}^{r} (r^2 - x^2)\, dx = \pi \left| r^2 x - \frac{x^3}{3} \right|_{r-h}^{r}$$

$$= \pi \left[r^3 - \frac{r^3}{3} - \right.$$

$$\left. - \left(r^3 - r^2 h - \frac{r^3 - 3r^2 h + 3r h^2 - h^3}{3} \right) \right]$$

$$V = \pi \left[r^3 - \frac{r^3}{3} - \right.$$

$$\left. - r^3 + r^2 h + \frac{r^3}{3} - r^2 h + r h^2 - \frac{h^3}{3} \right]$$

$$V = \pi h^2 \left(r - \frac{h}{3} \right) = \frac{\pi h^2}{3} (3r - h)$$

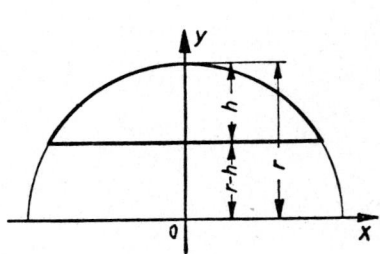

9. Es ist das Volumen der Kugelzone zu berechnen, welche unten und oben von 2 Kreisen mit den Radien x_1 und x_2 begrenzt ist und die Höhe h hat.

$$V = \pi \int_{y_1}^{y_2} x^2 \, dy =$$

$$= \pi \int_{y_1}^{y_2} (r^2 - y^2) \, dy$$

$$V = \pi \left| r^2 y - \frac{y^3}{3} \right|_{y_1}^{y_2}$$

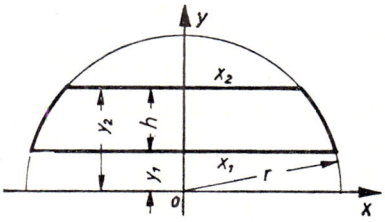

$$V = \frac{\pi}{3} \left| 3 r^2 y - y^3 \right|_{y_1}^{y_2}$$

$$V = \frac{\pi}{3} [3 r^2 (y_2 - y_1) - (y_2^3 - y_1^3)] =$$

$$= \frac{\pi}{3} (y_2 - y_1) [3 r^2 - y_2^2 - y_1 y_2 - y_1^2]$$

$$V = \frac{\pi}{6} (y_2 - y_1) (6 r^2 - 2 y_2^2 - 2 y_2 y_1 - 2 y_1^2)$$

$$= \frac{\pi}{6} (y_2 - y_1) (3 r^2 - 3 y_2^2 + 3 r^2 - 3 y_1^2 + y_2^2 - 2 y_2 y_1 + y_1^2)$$

$$= \frac{\pi}{6} (y_2 - y_1) [3 (r^2 - y_2^2) + 3 (r^2 - y_1^2) + (y_2 - y_1)^2]$$

Es ist $y_2 - y_1 = h$; $r^2 - y_2^2 = x_2^2$; $r^2 - y_1^2 = x_1^2$,

$$V = \frac{h \pi}{6} (3 x_1^2 + 3 x_2^2 + h^2)$$

Für die Halbkugel wird $h = r$; $x_1 = r$; $x_2 = 0$,

$$V = \frac{r \cdot \pi}{6} (3 r^2 + 0 + r^2) = \frac{2}{3} r^3 \pi$$

10. Eine Parabel $y^2 = 2 p x$ rotiere um die x-Achse. Das Volumen des Rotations-Paraboloids mit den Grenzen: $x = 0$ und $x = c$ ist zu berechnen.

$$y^2 = 2 p x$$

$$V = \pi \int_0^x y^2 \, dx = 2 p \pi \int_0^x x \, dx$$

$$V = 2 p \pi \cdot \frac{x^2}{2} = \frac{y^2}{x} \pi \frac{x^2}{2} = \frac{y^2 \cdot \pi \cdot x}{2}$$

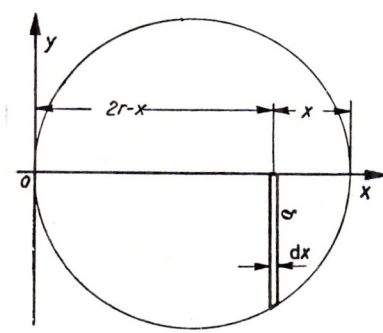

Das Volumen des Rotations-Paraboloids ist also halb so groß wie der durch Rotation des Rechtecks $ORPS$ um die x-Achse entstehende Zylinder. Das Volumen des Umdrehungskörpers, der durch Rotation der Fläche OPS um die x-Achse entsteht, ergibt sich als Differenz eines Zylinders und eines Paraboloids.

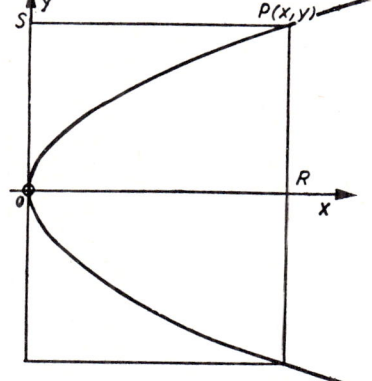

$V_1 = y^2 \cdot \pi \cdot x - y^2 \pi \cdot \dfrac{x}{2} = y^2 \pi \cdot \dfrac{x}{2}$ ist also ebenso groß wie das Paraboloid.

Macht man $y = x$, so wird für das Paraboloid

$V = \dfrac{x^2 \pi}{2}$

Beschreibt man über einen Kreis mit dem Halbmesser x einen Zylinder mit der Höhe x, eine Halbkugel, ein Rotations-Paraboloid und einen Kegel mit der Höhe x, so sind die Volumina dieser Körper

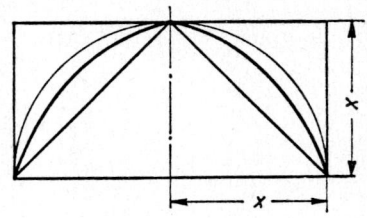

Zylinder   Halbkugel   Rot. Paraboloid   Kegel

$V = x^3 \pi \qquad \dfrac{2}{3} x^3 \pi \qquad \dfrac{1}{2} x^3 \pi \qquad \dfrac{1}{3} x^3 \pi$

$\quad 6 \quad : \quad 4 \quad : \quad 3 \quad : \quad 2.$

11. Es ist das Volumen des Paraboloids zu berechnen, wenn sich das halbe Segment der Parabel $y = c x^2$ von der Breite b und der Höhe h um die y-Achse dreht.

$y = c x^2 \Rightarrow x^2 = \dfrac{y}{c}$

$V = \pi \int_0^h x^2 \, dy = \dfrac{\pi}{c} \int_0^h y \, dy = \dfrac{\pi}{c} \left| \dfrac{y^2}{2} \right|_0^h$

$V = \dfrac{\pi}{c} \dfrac{h^2}{2} = \dfrac{\pi}{2} \cdot \dfrac{h^2}{c}$

Es ist $y = c x^2$

hier ist $y = h$ und $x = b$

also $\quad h = c b^2$ und $c = \dfrac{h}{b^2}$

$V = \dfrac{\pi}{2} \cdot h^2 \cdot \dfrac{b^2}{h} = \dfrac{\pi}{2} b^2 \cdot h$

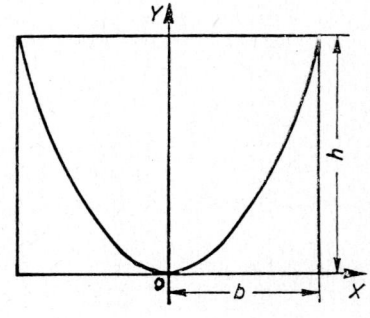

12. Es ist der Rauminhalt des Drehkörpers zu berechnen, der entsteht, wenn sich die Ergänzungsfläche des Parabelabschnittes der vorigen Aufgabe um die x-Achse dreht.

$y = c x^2 \Rightarrow y^2 = c^2 x^4$

$V = \pi \int_0^b y^2 \, dx = \pi c^2 \int_0^b x^4 \, dx$

$V = \pi c^2 \dfrac{x^5}{5} \Big|_0^b = \pi c^2 \dfrac{b^5}{5} = \pi \dfrac{c^2}{5} b^4 b$

$h = c b^2$ oder $b^4 = \dfrac{h^2}{c^2}$

$V = \dfrac{\pi}{5} c^2 \cdot \dfrac{h^2}{c^2} b = \dfrac{1}{5} \pi h^2 b$

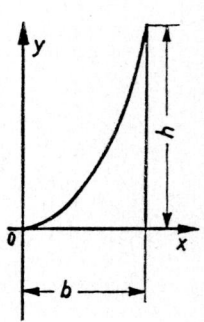

13. Die Ergänzungsfläche der Parabel $y^2 = 2 p x$ drehe sich um die y-Achse. Wie groß ist das Volumen des Körpers, wenn die Parabel bis zum Punkt $P(x_1 \, y_1)$ gewertet wird?

$y^2 = 2px \Rightarrow \quad x = \dfrac{y^2}{2p}$

$V = \pi \displaystyle\int_0^{y_1} x^2\, dy \qquad x^2 = \dfrac{y^4}{4p^2}$

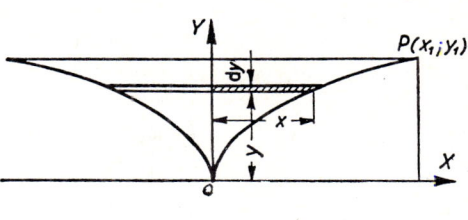

$V = \displaystyle\int_0^{y_1} \dfrac{y^4}{4p^2}\, dy = \dfrac{\pi}{4p^2} \cdot \dfrac{y^5}{5} \Big|_0^{y_1}$

$V = \dfrac{\pi}{4p^2} \cdot \dfrac{y_1^4 y_1}{5} = \dfrac{\pi}{4p^2} \cdot \dfrac{y_1}{5} \cdot 4p^2 x_1^2$

$V = \dfrac{\pi}{5} x_1^2 y_1$

oder

$V = \pi \displaystyle\int_0^{x_1} x^2\, dy \quad$ aus $\quad y^2 = 2px \quad$ folgt $\quad y = \sqrt{2p}\sqrt{x} \quad$ und $\quad dy = \dfrac{\sqrt{2p}}{2\sqrt{x}}\, dx$

$V = \dfrac{\pi}{2}\sqrt{2p} \displaystyle\int_0^{x_1} \dfrac{x^2}{\sqrt{x}}\, dx = \dfrac{\pi\sqrt{2p}}{2} \displaystyle\int_0^{x_1} x^{\frac{3}{2}}\, dx = \dfrac{\pi}{2}\sqrt{2p} \cdot x^{\frac{5}{2}} \cdot \dfrac{2}{5} \Big|_0^{x_1}$

$V = \dfrac{\pi}{5}\sqrt{2p}\, x_1^{\frac{5}{2}} = \dfrac{\pi}{5}\sqrt{2p}\sqrt{x_1}\, x_1^2 = \dfrac{\pi}{5} x_1^2 y_1$

Soll der Rotationskörper berechnet werden, der entsteht, wenn die durch die Parabel $y^2 = 2px$ bestimmte Parabelfläche um die y-Achse rotiert, so ist er bestimmt als Differenz eines Zylinders und des in dieser Aufgabe berechneten Körpers.

$V_1 = x_1^2 \pi y_1 - \dfrac{\pi}{5} x_1^2 y_1 = \dfrac{4}{5}\pi x_1^2 y_1$

14. Wie groß ist das Volumen einer Schicht des Paraboloids zwischen $\dfrac{p}{2}$ und p?

$V = \pi \displaystyle\int_{\frac{p}{2}}^{p} y^2\, dx = \pi\, 2p \displaystyle\int_{\frac{p}{2}}^{p} x\, dx$

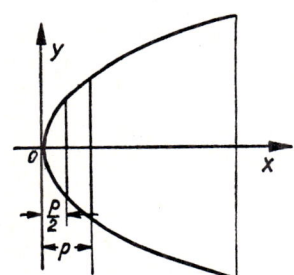

$V = \pi \cdot 2p \left| \dfrac{x^2}{2} \right|_{\frac{p}{2}}^{p} = \pi \cdot p \left(p^2 - \dfrac{p^2}{4}\right)$

$V = \dfrac{3}{4}\pi p^3$

15. Die Parabel $y^2 = 9x$ rotiere um die x-Achse.
   a) Das Volumen des Paraboloids ist bis $x = 16$ Einheiten $= 16$ cm zu berechnen. In den Körper wird von der flachen Seite ein Loch von 18 cm ⌀ gebohrt. Vor dem Bohren soll die Spitze des Paraboloids so weit abgeschnitten werden, daß die Fläche des abgeschnittenen Paraboloids den ⌀ des Loches hat.
   b) Wie groß ist das abzuschneidende Paraboloid?
   c) Wie groß ist der Paraboloidenstumpf?
   d) Wie groß ist der ausgebohrte Paraboloidenstumpf?
   e) Wie schwer ist er, wenn das Material Gußeisen ist mit der Dichte $\varrho = 7{,}2$ g·cm^{-3}?

a) V = Volumen des Paraboloids.

$$V = \pi \int_0^{16} y^2 \, dx = 9\pi \int_0^{16} x \, dx$$

$$= 9\pi \cdot \frac{x^2}{2} \Big|_0^{16} = \frac{9\pi}{2} \cdot 256$$

$$= 1152\,\pi \text{ cm}^3 = 3619{,}08 \text{ cm}^3$$

b) V_1 = Volumen des abzuschneidenden Paraboloids.

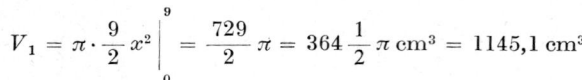

Grenzen: $x = 0 \wedge x = 9$
$d = 18$ cm
$2y = 18 \Rightarrow y = 9$
$y^2 = 9x \Rightarrow 81 = 9x \Rightarrow x = 9$

$$V_1 = \pi \cdot \frac{9}{2} x^2 \Big|_0^9 = \frac{729}{2}\pi = 364\frac{1}{2}\pi \text{ cm}^3 = 1145{,}1 \text{ cm}^3$$

c) V_2 = Volumen des Paraboloidenstumpfes.

$$V_2 = \frac{9\pi}{2} x^2 \Big|_9^{16} = \frac{9\pi}{2}(256-81) = \frac{1575\pi}{2} \text{ cm}^3 = 787\frac{1}{2}\pi \text{ cm}^3 = 2473{,}96 \text{ cm}^3$$

oder $\quad V_2 = V - V_1 = 1152\pi - 364\pi\tfrac{1}{2} = 787\tfrac{1}{2}\pi \text{ cm}^3$

d) $\quad V_3$ = Volumen des Zylinders im Paraboloidstumpf
$V_3 = 9^2 \pi \cdot 7 = 567\pi \text{ cm}^3 = 1781{,}3 \text{ cm}^3$, also ist das Volumen
V_4 des ausgebohrten Paraboloidstumpfes
$V_4 = 787\tfrac{1}{2}\pi - 567\pi = 220\tfrac{1}{2}\pi \text{ cm}^3 \quad$ oder
$2473{,}96 - 1781{,}3 = 692{,}66 \text{ cm}^3$

e) Die Masse des ausgebohrten Paraboloidstumpfes ist
$m = 7{,}2 \cdot 220{,}5\,\pi\,g = 1587{,}60\,\pi\,g = 1{,}5876\,\pi \text{ kg} = 4{,}987 \text{ kg}$.

16. Die gleiche Aufgabe. Das Loch soll 12 cm $\varnothing$ haben.

a) $V = 1152\,\pi \text{ cm}^3 = 3619{,}08 \text{ cm}^3 \quad$ b) $V_1 = 72\,\pi \text{ cm}^3 = 226{,}19 \text{ cm}^3$
c) $V_2 = 1080\,\pi \text{ cm}^3 = 3392{,}93 \text{ cm}^3 \quad$ d) $V_3 = 432\,\pi \text{ cm}^3 = 1357{,}2 \text{ cm}^3$
$\qquad\qquad\qquad\qquad\qquad\qquad\qquad V_4 = 648\,\pi \text{ cm}^3 = 2035{,}8 \text{ cm}^3$

e) $\quad G = 7{,}2 \cdot 648\,\pi\,g = 4665{,}6\,\pi\,g = 4{,}6656\,\pi \text{ kg} = 14{,}66 \text{ kg}$.

17. Die Parabel mit der Gleichung $y^2 = 2x+2$ rotiere um die x-Achse. Wie schwer ist der Drehkörper zwischen den Grenzen $x_1 = 1$ und $x_2 = 4$, wenn 1 cm³ 2,5 g wiegt?

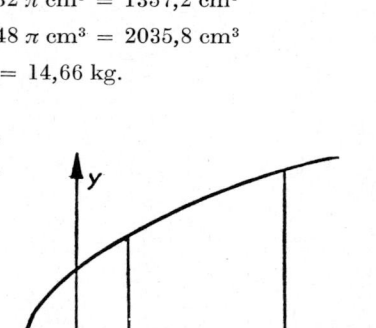

$$V = \pi \int_1^4 (2x+2)\,dx = \pi\,\Big|x^2 + 2x\Big|_1^4$$

$$= \pi(24-3) = 21\,\pi \approx 66 \text{ E}^3$$

$G = 66 \cdot 2{,}5 = 165 \text{ g}$

18. Ein Laugengefäß hat die Gestalt eines Rotations-Paraboloids. Die Höhe des Gefäßes sei 164 cm und der obere äußere Randdurchmesser betrage 134 cm. Das Getäß soll in einen konischen Bottich so eingesetzt werden, daß es auf dem Boden aufsteht und die Seitenwandungen des Bottichs den oberen Rand des Gefäßes berühren. Wie groß ist der Raum zwischen Bottich und Gefäß?

Die Seitenwände des Bottichs tangieren den oberen Rand des Laugengefäßes, also ist nach den Gesetzen der analytischen Geometrie

$$r_2 = \frac{r_1}{2} = \frac{67}{2} = 33{,}5 \text{ cm.}$$

$$V_{\text{Kegelstumpf}} = \frac{\pi h}{3}(r_1^2 + r_1 r_2 + r_2^2)$$

$$= \frac{\pi \cdot 16{,}4}{3}(6{,}7^2 + 6{,}7 \cdot 3{,}35 + 3{,}35^2)$$

$$= 1349{,}1 \text{ l}$$

$$V_{\text{Gefäß}} = \frac{r_1^2 \pi \cdot h}{2} = \frac{6{,}7^2 \pi \cdot 16{,}4}{2}$$

$$= \pi \cdot 44{,}89 \cdot 8{,}2 = 1156{,}4 \text{ l}$$

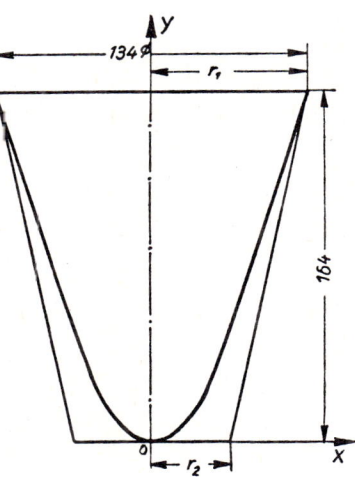

Der Raum zwischen Bottich und Gefäß ist also

$$V = 1349{,}1 - 1156{,}4 = 192{,}7 \text{ l}$$

19. Rotiert eine Ellipse um die x-Achse, so entsteht ein Ellipsoid. Welches Volumen hat die Schicht, welche bei der Rotation der Fläche $R_1 P_1 P_2 R_2$ entsteht? Die Grenzen seien x_1 und x_2.

Die Ellipse hat die Gleichung

$$x^2 b^2 + y^2 a^2 = a^2 b^2 \quad \text{oder}$$

$$y^2 = \frac{b^2}{a^2}(a^2 - x^2)$$

$$V = \pi \int_{x_1}^{x_2} y^2 \, dx = \frac{b^2 \pi}{a^2} \int_{x_1}^{x_2} (a^2 - x^2) \, dx$$

$$V = \frac{b^2 \pi}{a^2} \left| a^2 x - \frac{x^3}{3} \right|_{x_1}^{x_2}$$

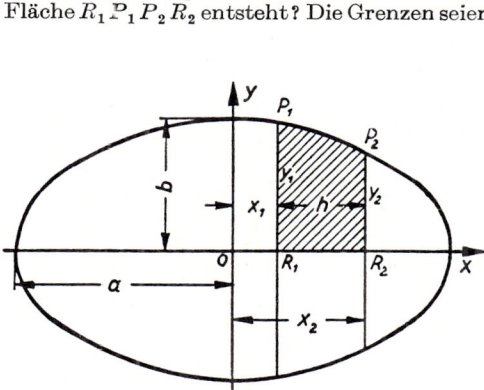

$$= \frac{b^2 \pi}{3 a^2} \left| 3 a^2 x - x^3 \right|_{x_1}^{x_2}$$

$$= \frac{b^2 \pi}{3 a^2}[3 a^2 (x_2 - x_1) - (x_2^3 - x_1^3)] = \frac{b^2 \pi (x_2 - x_1)}{3 a^2}(3 a^2 - x_2^2 - x_2 x_1 - x_1^2)$$

$$= \frac{\pi (x_2 - x_1)}{6} \frac{b^2}{a^2}(3 a^2 - 3 x_1^2 + 3 a^2 - 3 x_2^2 + x_2^2 - 2 x_2 x_1 + x_1^2)$$

$$= \frac{\pi (x_2 - x_1)}{6} \left(3 \frac{b^2}{a^2}(a^2 - x_1^2) + 3 \frac{b^2}{a^2}(a^2 - x_2^2) + \frac{b^2}{a^2}(x_2 - x_1)^2\right)$$

Nun ist $\dfrac{b^2}{a^2}(a^2-x_1^2)=y_1^2;\quad \dfrac{b^2}{a^2}(a^2-x_2^2)=y_2^2;\quad x_2-x_1=h,$ also

$$V=\dfrac{\pi\cdot h}{6}\left(3y_1^2+3y_2^2+\dfrac{b^2}{a^2}h^2\right)$$

Für das ganze Ellipsoid wird $y_1=0;\ y_2=0;\ h=2a$

$$V=\pi\cdot\dfrac{2a}{6}\cdot\dfrac{b^2\,4a^2}{a^2}=\dfrac{4}{3}ab^2\pi$$

20. **Direkte Bestimmung des Volumens des Ellipsoids.**
Es ist
$$y^2=\dfrac{b^2}{a^2}(a^2-x^2)=b^2\left(1-\dfrac{x^2}{a^2}\right)$$
$$V=\pi\int_{-a}^{+a}y^2\,dx=2\pi\int_0^a y^2\,dx=2\pi\dfrac{b^2}{a^2}\int_0^a(a^2-x^2)\,dx=2\pi\dfrac{b^2}{a^2}\left|a^2x-\dfrac{x^3}{3}\right|_0^a$$
$$V=2\pi\dfrac{b^2}{a^2}\left(a^3-\dfrac{a^3}{3}\right)=2\pi\dfrac{b^2}{a^2}\cdot\dfrac{2}{3}a^3=\dfrac{4}{3}ab^2\pi$$

21. Rotiert die Ellipse um die y-Achse, so entsteht ein Sphäroid. Welches Volumen hat die Schicht, welche bei der Rotation der Fläche $R_1P_1P_2R_2$ entsteht? Die Grenzen sind y_1 und y_2.

Die Ellipse hat die Gleichung:

$\dfrac{x^2}{a^2}+\dfrac{y^2}{b^2}=1\quad$ oder

$x^2b^2+y^2a^2=a^2b^2\quad$ oder

$x^2=\dfrac{a^2}{b^2}(b^2-y^2)$

$$V=\dfrac{a^2\pi}{b^2}\int_{y_1}^{y_2}(b^2-y^2)\,dy$$

Die weitere Entwicklung wie bei Aufgabe 19.
Es wird dann

$$V=\dfrac{\pi\cdot h}{6}\left(3x_1^2+3x_2^2+\dfrac{a^2}{b^2}h^2\right)$$

Für das ganze Sphäroid wird $x_1=0;\ x_2=0;\ h=2b$

$$V=\pi\dfrac{2b}{6}\cdot\dfrac{a^2\,4b^2}{b^2}=\dfrac{4}{3}a^2b\pi$$

22. **Direkte Bestimmung des Volumens des Sphäroids.**
Es ist
$$x^2=\dfrac{a^2}{b^2}(b^2-y^2)=a^2\left(1-\dfrac{y^2}{b^2}\right)$$
$$V=\pi\int_{-b}^{+b}x^2\,dy=2\pi\int_0^b x^2\,dy=2\pi\dfrac{a^2}{b^2}\int_0^b(b^2-y^2)\,dy$$
$$=2\pi\dfrac{a^2}{b^2}\left|b^2y-\dfrac{y^3}{3}\right|_0^b=2\pi\dfrac{a^2}{b^2}\left(b^3-\dfrac{b^3}{3}\right)$$
$$V=2\pi\dfrac{a^2}{b^2}\cdot\dfrac{2}{3}b^3=\dfrac{4}{3}a^2b\pi$$

Ist $a = 4$ und $b = 2$ cm, so wird das Volumen des

Ellipsoids $\dfrac{4}{3} a b^2 \pi = \dfrac{4}{3} \cdot 4 \cdot 4 \cdot \pi = \dfrac{64}{3} \pi$ cm³

Sphäroids $\dfrac{4}{3} a^2 b \pi = \dfrac{4}{3} \cdot 16 \cdot 2 \cdot \pi = \dfrac{128}{3} \pi$ cm³

23. Von der Ellipse $\dfrac{x^2}{81} + \dfrac{y^2}{36} = 1$ rotiere die Fläche von 0 bis $+9$ um die x-Achse. Wie groß ist das Volumen des Ellipsoids?

$\dfrac{x^2}{81} + \dfrac{y^2}{36} = 1 \Rightarrow 4x^2 + 9y^2 = 324$

$y^2 = \dfrac{324}{9} - \dfrac{4x^2}{9} = 36 - \dfrac{4x^2}{9} = \dfrac{4}{9}(81 - x^2)$

$V = 2\pi \displaystyle\int_0^9 \left(36 - \dfrac{4x^2}{9}\right) dx = 2\pi \left| 36x - \dfrac{4x^3}{27} \right|_0^9 = 2\pi(324 - 108) = 432\pi E^3$

oder $V = 2\pi \cdot \dfrac{4}{9} \displaystyle\int_0^9 (81 - x^2) dx = \dfrac{8\pi}{9} \left| 81x - \dfrac{x^3}{3} \right|_0^9 = \dfrac{8\pi}{9}(729 - 243) = 432\pi E^3$

24. Desgleichen bei der Ellipse $\dfrac{x^2}{36} + \dfrac{y^2}{9} = 1$ die Fläche von $x = 0$ bis $x = 6$.

$y^2 = 9 - \dfrac{x^2}{4} = \dfrac{36 - x^2}{4}$

$V = 2\pi \displaystyle\int_0^6 y^2 dx = 2\pi \displaystyle\int_0^6 \left(9 - \dfrac{x^2}{4}\right) dx = 2\pi \left| 9x - \dfrac{x^3}{12} \right|_0^6 = 2\pi(54 - 18) = 72\pi E^3$

oder $V = \dfrac{2\pi}{4} \displaystyle\int_0^6 (36 - x^2) dx = \dfrac{\pi}{2} \left| 36x - \dfrac{x^3}{3} \right|_0^6 = \dfrac{\pi}{2}(216 - 72) = 72\pi E^3$

25. Wie groß ist für die Ellipse $\dfrac{x^2}{81} + \dfrac{y^2}{36} = 1$ das Volumen des Sphäroids?

$4x^2 + 9y^2 = 324 \Rightarrow x^2 = \dfrac{324}{4} - \dfrac{9y^2}{4} = 81 - \dfrac{9}{4}y^2 = \dfrac{9}{4}(36 - y^2)$

$V = 2\pi \displaystyle\int_0^6 \left(81 - \dfrac{9}{4}y^2\right) dy = 2\pi \left| 81y - \dfrac{9}{12}y^3 \right|_0^6 = 2\pi \left| 81y - \dfrac{3}{4}y^3 \right|_0^6 = 648\pi E^3$

oder $V = \dfrac{2\pi \cdot 9}{4} \displaystyle\int_0^6 (36 - y^2) dy = \dfrac{9}{2}\pi \left| 36y - \dfrac{y^3}{3} \right|_0^6 = \dfrac{9\pi}{2}(216 - 72) = 648\pi E^3$

26. Desgleichen von der Ellipse $\dfrac{x^2}{36} + \dfrac{y^2}{9} = 1$

Es ist $x^2 = 36 - 4y^2 = 4(9 - y^2)$

$V = 2\pi \displaystyle\int_0^3 x^2 dy = 2\pi \displaystyle\int_0^3 (36 - 4y^2) dy = 2\pi \left| 36y - \dfrac{4}{3}y^3 \right|_0^3$

$= 2\pi(108 - 36) = 144\pi E^3$

oder $\quad V = 2\pi 4 \int\limits_0^3 (9-y^2)\,dy = 8\pi \left| 8y - \dfrac{y^3}{3} \right|_0^3 = 8\pi(27-9) = 144\,\pi E^3$

27. Ein Ellipsoid entsteht durch Rotation der Ellipse mit der Gleichung $\dfrac{x^2}{100} + \dfrac{y^2}{25} = 1$ um die x-Achse. Im Abstand $x = \pm 6$ sollen parallel der y-Achse 2 Kappen abgeschnitten und in den entstandenen Ellipsoidenstumpf ein Loch mit einem Durchmesser gleich dem Durchmesser der beiden Endflächen gebohrt werden. Wie groß ist der entstandene Restkörper?

Aus $\quad \dfrac{x^2}{100} + \dfrac{y^2}{25} = 1 \quad$ folgt $\quad y^2 = \dfrac{100-x^2}{4} = 25 - \dfrac{x^2}{4}$

Das Ellipsoid ist also

$$V = 2\pi \int\limits_0^{10} \left(25 - \dfrac{x^2}{4}\right) dx = 2\pi \left| 25x - \dfrac{x^3}{12} \right|_0^{10} = \dfrac{1000}{3}\pi E^3$$

für $x = 6$ wird $y = \pm 4$. Das Volumen der beiden Kappen ist

$$V_1 = 2\pi \left| 25x - \dfrac{x^3}{12} \right|_3^{10} = \dfrac{208}{3}\pi E^3$$

Der Ellipsoidenstumpf ist

$$V_2 = 2\pi \left| 25x - \dfrac{x^3}{12} \right|_0^6 = 264\,\pi E^3$$

Das Volumen des Loches ist

$$V_3 = \dfrac{8^2 \pi}{4} \cdot 12 = 192\,\pi E^3 \quad \text{oder}$$

$$V_3 = 2\pi \int\limits_0^6 y^2\,dx; \quad y = 4 \quad \text{also} \quad V = 2\pi \int\limits_0^6 16\,dx = 32\pi x \Big|_0^6 = 192\,\pi E^3$$

Der Restkörper ist also
$V_1 = 264\,\pi - 192\,\pi = 72\,\pi E^3$

8. Eine Hyperbel mit der Gleichung $\dfrac{x^2}{a^2} - \dfrac{y^2}{b^2} = 1$ rotiere um die y-Achse. Man soll den Umdrehungskörper berechnen, der zwischen den Grenzen $y = -b$ und $y = +b$ entsteht.

Aus der Hyperbelgleichung
$\dfrac{x^2}{a^2} - \dfrac{y^2}{b^2} = 1$ folgt

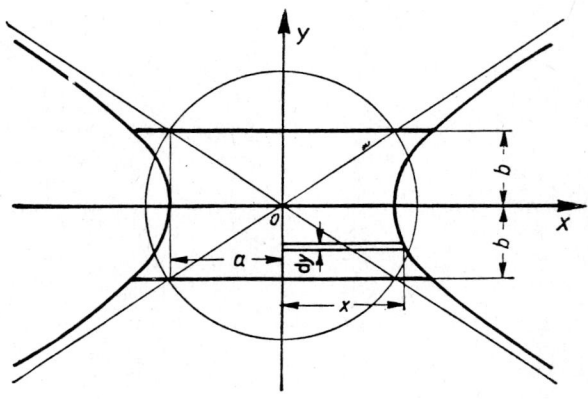

$$x^2 = \frac{a^2}{b^2}(b^2+y^2) = a^2 + \frac{a^2}{b^2}y^2$$

$$V = \pi\frac{a^2}{b^2}\int_{-b}^{+b}(b^2+y^2)\,dy = 2\frac{x^2}{b^2}\pi\int_0^b(b^2+y^2)\,dy$$

$$V = 2\frac{a^2}{b^2}\pi\left|b^2 y+\frac{y^3}{3}\right|_0^b = 2\frac{a^2}{b^2}\pi\left(b^3+\frac{b^3}{3}\right) = 2\pi\frac{a^2}{b^2}\frac{4b^3}{3} = \frac{8}{3}a^2 b\pi$$

oder

$$V = 2\pi\int_0^b\left(a^2+\frac{a^2}{b^2}y^2\right)dy = 2\pi\left|a^2 y+\frac{a^2}{b^2}\frac{y^3}{3}\right|_0^b$$

$$V = 2\pi\left(a^2 b+\frac{a^2 b}{3}\right) = 2\cdot\pi\frac{4}{3}a^2 b = \frac{8}{3}a^2 b\pi$$

29. Es ist der Inhalt des Zylinderhufes zu bestimmen.

1. Lösung:

Man zerlege den Huf in Schichten parallel dem Mittelschnitt CEM, dann wird das Volumen dV einer Schicht

$dV = \Delta HIK\,dx$ (1)

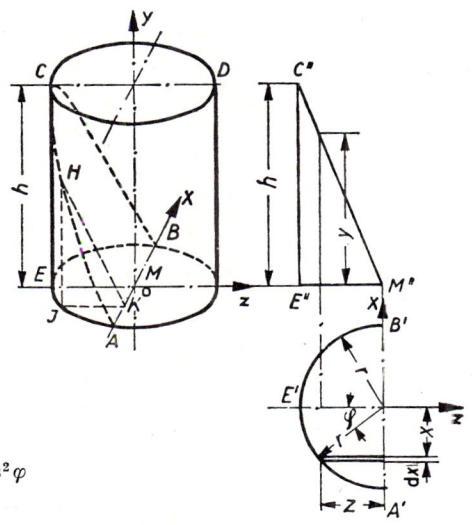

Aus dem Grundriß folgt:

$x = r\sin\varphi$ (2)

$z = r\cos\varphi$ (3)

Es verhält sich

$h:y = r:z$ oder $y = \frac{h\cdot z}{r}$

Dann ist $y = \frac{h\cdot r\cdot\cos\varphi}{r} = h\cos\varphi$ (4)

$\Delta HIK = \frac{z\cdot y}{2} = \frac{r\cos\varphi\cdot h\cos\varphi}{2} = \frac{rh}{2}\cos^2\varphi$

$dV = \Delta HIK\,dx = \frac{r\cdot h}{2}\cos^2\varphi\,dx$ (5)

Aus Gl. 2 folgt $dx = r\cos\varphi\,d\varphi$ (6)

$dV = \frac{r\cdot h}{2}\cos^2\varphi\cdot r\cos\varphi\,d\varphi = \frac{r^2 h}{2}\cos^3\varphi\,d\varphi$ (7)

$$V = \int_{-\frac{\pi}{2}}^{+\frac{\pi}{2}}\frac{r^2 h}{2}\cos^3\varphi\,d\varphi = 2\cdot\frac{r^2\cdot h}{2}\int_0^{\frac{\pi}{2}}\cos^2\varphi\cdot\cos\varphi\,d\varphi = r^2\cdot h\int_0^{\frac{\pi}{2}}(1-\sin^2\varphi)\,d(\sin\varphi)$$

$$V = r^2 h\left|\sin\varphi-\frac{\sin^3\varphi}{3}\right|_0^{\frac{\pi}{2}} = r^2 h\left(1-\frac{1}{3}\right) = \frac{2}{3}r^2 h$$

2. Lösung:

$z = \sqrt{r^2-x^2}$; $y = \frac{hz}{r} = \frac{h}{r}\sqrt{r^2-x^2}$; $\Delta HIK = \frac{z\cdot y}{2} = \frac{h(r^2-x^2)}{2r}$

$$V = \int_{-r}^{+r} \frac{h}{2r}(r^2 - x^2)\,dx = \frac{2h}{2r}\int_0^r (r^2 - x^2)\,dx = \frac{h}{r}\left| r^2 x - \frac{x^3}{3} \right|_0^r = \frac{h}{r}\left(r^3 - \frac{r^3}{3}\right)$$

$$V = \frac{h}{r}\cdot\frac{2}{3}r^3 = \frac{2}{3}r^2 h$$

30. Es ist das Volumen des Körpers zu berechnen, der entsteht, wenn die Fläche unter der Sinuskurve sich um die x-Achse dreht.

$$V = \pi \int_0^\pi y^2\,dx; \qquad y = \sin x; \qquad y^2 = \sin^2 x$$

$$V = \pi \int_0^\pi \sin^2 x\,dx = \pi\left[\frac{x}{2} - \frac{1}{4}\sin(2x)\right]_0^\pi = \frac{\pi^2}{2}\cdot E^3 \frac{9{,}8696}{2} = 4{,}9348$$

31. Es ist das Volumen des Körpers zu berechnen, der entsteht, wenn sich die Außenfläche der Sinuskurve von 0 bis $\frac{\pi}{2}$ um die y-Achse dreht.

1. *Lösung:* $\quad y = \sin x$

$$V = \pi \int_0^1 x^2\,dy = \pi \int_0^1 x^2 \frac{dy}{dx}\,dx$$

$$y = \sin x; \qquad \frac{dy}{dx} = \cos x$$

Die nach y begonnene Integration wurde in eine solche nach x umgewandelt. Deshalb müssen die Integrationsgrenzen geändert werden.

$$V = \pi \int_0^{\frac{\pi}{2}} x^2 \cos x\,dx \qquad\qquad \begin{aligned} u &= x^2 \\ du &= 2x\,dx \end{aligned} \qquad \begin{aligned} dv &= \cos x\,dx \\ v &= \sin x \end{aligned}$$

$$V = \pi\left[x^2 \sin x - 2\int_0^{\frac{\pi}{2}} x \sin x\,dx \right] \qquad \begin{aligned} u &= x \\ du &= dx \end{aligned} \qquad \begin{aligned} dv &= \sin x\,dx \\ v &= -\cos x \end{aligned}$$

$$V = \pi\left[x^2 \sin x - 2\left(-x\cos x + \int_0^{\frac{\pi}{2}} \cos x\,dx\right) \right]$$

$$V = \pi\left[x^2 \sin x + 2x\cos x - 2\sin x \right]_0^{\frac{\pi}{2}} = \pi\left[\frac{\pi^2}{4} + 0 - 2 - (0 + 0 - 0)\right]$$

$$V = \pi\left(\frac{\pi^2}{4} - 2\right) = \frac{\pi^3}{4} - 2\pi = \frac{31}{4} - 6{,}28 = 7{,}75 - 6{,}28 = 1{,}47\,E^3$$

2. *Lösung:* Das Flächenelement $dA = dx(1-y)$ beschreibt bei der Rotation den Weg $2x\pi$. So entsteht das Volumenelement $dV = 2\pi \cdot x \cdot (1-y) \cdot dx$. Die Summe aller Volumenelemente ist das Volumen des Rotationskörpers.

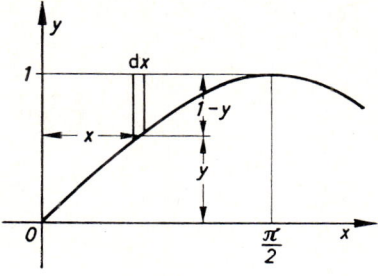

$$V = 2\pi \int_0^{\frac{\pi}{2}} (1-y) x \, dx = 2\pi \int_0^{\frac{\pi}{2}} (1-\sin x) x \, dx$$

$$V = 2\pi \int_0^{\frac{\pi}{2}} x \, dx - 2\pi \int_0^{\frac{\pi}{2}} x \sin x \, dx$$

$$V = 2\pi \frac{x^2}{2} \Big|_0^{\frac{\pi}{2}} - 2\pi \Big| -x \cos x + \sin x \Big|_0^{\frac{\pi}{2}}$$

$$V = \pi x^2 + 2x\pi \cos x - 2\pi \sin x \Big|_0^{\frac{\pi}{2}}$$

$$V = \frac{\pi^3}{4} + 0 - 2\pi - (0+0-0) = \frac{\pi^3}{4} - 2\pi = \frac{31}{4} - 6{,}28 = 1{,}47 \, E^3$$

4. WEITERE ANWENDUNGEN DER INTEGRALRECHNUNG

4.1 Statische Momente und Schwerpunkte bei Linien und Flächen

Eine Fläche, sei gleichmäßig mit Masse belegt. Dabei entfalle auf die Einheit dieser Fläche die Masse ϱ. Dann nennt man ϱ die Massendichte der Fläche, einfacher Flächendichte. Ist entsprechend die Kurve $y = f(x)$ gleichmäßig mit Masse belegt, spricht man von Liniendichte.

Die gesamte Fläche A hat dann die Masse:

$$M = \varrho \cdot A = \varrho \int_{K_1}^{K_2} y \cdot dx$$

Ist das statische Moment einer Fläche, bezogen auf eine in der Ebene der Fläche liegenden Achse zu bestimmen, zerlegt man die Fläche in sehr schmale Streifen $dA = y \cdot dx$ bzw. $x \cdot dy$ und ermittelt das Moment dieser Streifen bezogen auf die Achse. Der Grenzwert der Summe dieser Momentenelemente $dM_x = \varrho \cdot y \cdot dA$ und $dM_y = \varrho \cdot x \cdot dA$ ist das Moment der ganzen Fläche, wenn man den Grenzübergang durchführt.

$$M_x = \varrho \cdot \lim_{\Delta y \to 0} \Sigma y \cdot dA = \varrho \int y \, dA$$

$$M_y = \varrho \cdot \lim_{\Delta x \to 0} \Sigma x \cdot dA = \varrho \int x \, dA$$

Im Schwerpunkt $S(x_s/y_s)$ kann man sich Gesamtmasse M vereinigt denken. Dann ist:

$$\varrho \cdot A \cdot x_s = M_y = \varrho \int x \cdot dA \qquad x_s = \frac{\varrho \int x \cdot dA}{A} = \frac{M_y}{\varrho A}$$

$$\varrho \cdot A \cdot y_s = M_x = \varrho \int y \cdot dA \qquad y_s = \frac{\varrho \int y \cdot dA}{A} = \frac{M_x}{\varrho A}$$

Der Einfachheit halber wurde bei den folgenden Beispielen auf die Flächen-, bzw. Liniendichte ϱ verzichtet, weil sie für die Berechnung der Schwerpunktskoordinaten ohne Bedeutung ist. Bei der Angabe der Momente ist sie stets einzufügen!

$$M_x = \lim_{\Delta y \to 0} \Sigma y \, dA = \int y \, dA$$

$$M_y = \lim_{\Delta x \to 0} \Sigma x \, dA = \int x \, dA$$

$$A \cdot x_s = \int x \, dA \Rightarrow x_s = \frac{\int x \, dA}{A} = \frac{M_y}{A}$$

$$A \cdot y_s = \int y \, dA \Rightarrow y_s = \frac{\int y \, dA}{A} = \frac{M_x}{A}$$

Wird eine Fläche begrenzt durch die Kurve $y = f(x)$, die x-Achse und die beiden Grenzordinaten x_1 und x_2, so ermittelt man die statischen Momente, um eine Änderung der Integrationsgrenzen zu vermeiden, auf folgende Weise.

Der Streifen habe die Schwerpunktsordinate $\frac{y}{2}$.

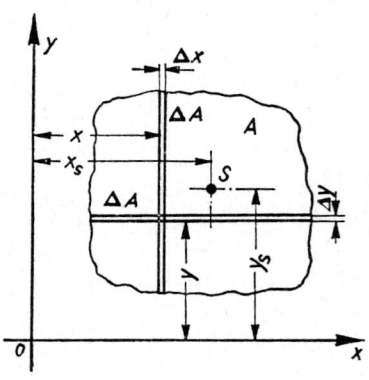

Dann ist:

$$M_x = \int_{x_1}^{x_2} \frac{y}{2} \, dA = \int_{x_1}^{x_2} \frac{y}{2} \, y \, dx = \frac{1}{2} \int_{x_1}^{x_2} y^2 \, dx$$

$$y_s = \frac{M_x}{A} = \frac{\frac{1}{2}\int_{x_1}^{x_2} y^2 \, dx}{\int_{x_1}^{x_2} y \, dx}$$

und

$$M_y = \int_{x_1}^{x_2} x \, dA = \int_{x_1}^{x_2} x \, y \, dx$$

$$x_s = \frac{M_y}{A} = \frac{\int_{x_1}^{x_2} x y \, dx}{\int_{x_1}^{x_2} y \, dx}$$

1. Es ist der Schwerpunkt einer Rechteckfläche zu bestimmen.

$$M_x = \int_0^h y \, dA = \int_0^h y \, b \, dy = b \int_0^h y \, dy$$
$$= \frac{b}{2} y^2 \Big|_0^h = \frac{b h^2}{2}$$

$$M_y = \int_0^b x \, dF = \int_0^b x \, h \, dx = h \int_0^b x \, dx = \frac{h}{2} x^2 \Big|_0^b = \frac{h b^2}{2}$$

$$x_s = \frac{M_y}{A} = \frac{h b^2}{2 h b} = \frac{b}{2}$$

$$y_s = \frac{M_x}{A} = \frac{b \cdot h^2}{2 \cdot b \cdot h} = \frac{h}{2}$$

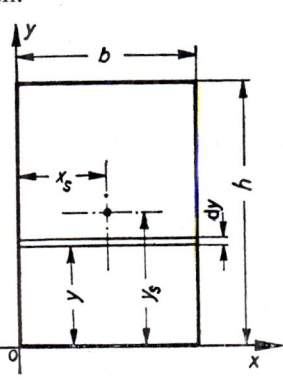

2. Bestimmung des Schwerpunktes $S(x_s | y_s)$ der Trapezfläche. S muß auf $M_a M_b$ liegen, deshalb kann hier vereinfacht werden.

$$M_x = \int_0^h y \, dA = \int_0^h x y \, dy$$

$$x = p + b$$
$$(a - b) : p = h : (h - y)$$
$$p = \frac{(h - y)(a - b)}{h}$$
$$x = \frac{a h - b h - a y + b y + b h}{h}$$
$$= \frac{1}{h}(a h - a y + b y)$$

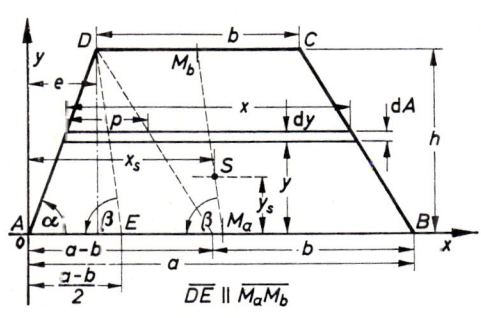

103

$$M_x = \frac{1}{h} \int_0^h (a\,h\,y - a\,y^2 + b\,y^2)\,dy = \frac{1}{h}\int_0^h (a\,h\,y - (a-b)\,y^2)\,dy$$

$$M_x = \frac{1}{h}\left|\frac{a\cdot h\cdot y^2}{2} - \frac{(a-b)\,y^3}{3}\right|_0^h = \frac{1}{h}\left(\frac{a\,h^3}{2} - \frac{(a-b)\,h^3}{3}\right)$$

$$M_x = \frac{1}{h}\left(\frac{a\,h^3}{2} - \frac{a\,h^3}{3} + \frac{b\,h^3}{3}\right) = \frac{a\,h^2}{2} - \frac{a\,h^2}{3} + \frac{b\,h^2}{3} = \frac{a\,h^2}{6} + \frac{b\,h^2}{3}$$

$$M_x = \frac{a\,h^2 + 2\,b\,h^2}{6}; \qquad A = \frac{a+b}{2}\,h$$

$$y_s = \frac{M_x}{A} = \frac{(a\,h^2 + 2\,b\,h^2)\cdot 2}{6\,(a+b)\,h} = \frac{h^2(a+2\,b)}{3\,(a+b)\,h} = \frac{h\,(a+2\,b)}{3\,(a+b)}$$

Während die Ordinate des Schwerpunktes allein von der Höhe des Trapezes und der Länge der beiden parallelen Seiten abhängig ist, wird die Abszisse auch durch den Winkel bestimmt, den einer der beiden Schenkel mit der x-Achse bildet.
Der Schwerpunkt liegt auf der Geraden $\overline{M_a M_b}$, die den Winkel $(180° - \beta)$ mit der x-Achse bildet und durch $M_a\left(\frac{a}{2}\,\middle|\,0\right)$ geht.
Die Gerade hat die Gleichung (Punktrichtungsform):

$$\frac{y-0}{x-\frac{a}{2}} = \tan(180° - \beta) = -\tan\beta \Rightarrow y = -\tan\beta\cdot x + \frac{a}{2}\cdot\tan\beta$$

$$\tan\alpha = \frac{h}{e} \Rightarrow e = \frac{h}{\tan\alpha}$$

$$\tan\beta = \frac{h}{\frac{a-b}{2} - e} = \frac{2\,h}{a-b-2\,e} = \frac{2\,h}{a-b-\frac{2\,h}{\tan\alpha}} = \frac{2\,h\cdot\tan\alpha}{(a-b)\tan\alpha - 2\,h}$$

$$y = \frac{-2\,h\cdot\tan\alpha}{(a-b)\tan\alpha - 2\,h}\cdot x + \frac{a\cdot h\cdot\tan\alpha}{(a-b)\tan\alpha - 2\,h}$$

Auf dieser Geraden liegt der Schwerpunkt $S(x_s\,|\,y_s)$, d. h. man erhält x_s, wenn man für y_s den gefundenen Wert einsetzt:

$$\frac{h\,(a+2b)}{3\,(a+b)} = \frac{-2\,h\cdot\tan\alpha}{(a-b)\tan\alpha - 2\,h}\,x_s + \frac{a\cdot h\cdot\tan\alpha}{(a-b)\tan\alpha - 2\,h}$$

$$x_s = \frac{-(a+2b)\,[(a-b)\tan\alpha - 2\,h]}{3\,(a+b)\cdot 2\cdot\tan\alpha} + \frac{a}{2}$$

$$x_s = \frac{\tan\alpha\,(a^2 + a\,b + b^2) + h\,(a + 2\,b)}{3\cdot(a+b)\tan\alpha}$$

Die Lösung bestätigt die vorausgesagte Abhängigkeit der Schwerpunktsabszisse x_s von den Parallelen a und b, der Höhe und dem Neigungswinkel eines Schenkels.

3. Eine Gerade geht durch die Punkte $P_1(3\,|\,2)$ und $P_2(6\,|\,4)$.
   a) Wie groß ist die Fläche, die durch die Projektion der durch die Punkte P_1 und P_2 begrenzten Strecke auf die x-Achse entsteht? Die Aufgabe ist durch Integration zu lösen und das Ergebnis durch die Planimetrie nachzuprüfen.

b) Welche Koordinaten hat der Schwerpunkt? Das Ergebnis ist zeichnerisch nachzuprüfen.

c) Wie groß ist das Volumen des Rotationskörpers, wenn die in a errechnete Fläche um die x-Achse rotiert? Die Aufgabe ist durch Integration zu lösen und das Ergebnis durch die *Guldin*sche Regel (s. S. 115/6) und stereometrisch nachzuprüfen.

Lösung:

a) $\dfrac{y-y_1}{x-x_1} = \dfrac{y_2-y_1}{x_2-x_1}$;

$\dfrac{y-2}{x-3} = \dfrac{4-2}{6-3} = \dfrac{2}{3}$

$3y - 6 = 2x - 6; \qquad y = \dfrac{2}{3}x$

$A = \int_3^6 y\,dx = \dfrac{2}{3} \int_3^6 x\,dx = \dfrac{2}{3} \cdot \dfrac{x^2}{2}\bigg|_3^6$

$\qquad\qquad = 9\,E^3$

Planimetrisch: $A = \dfrac{4+2}{2} \cdot 3 = 9\,E^3$

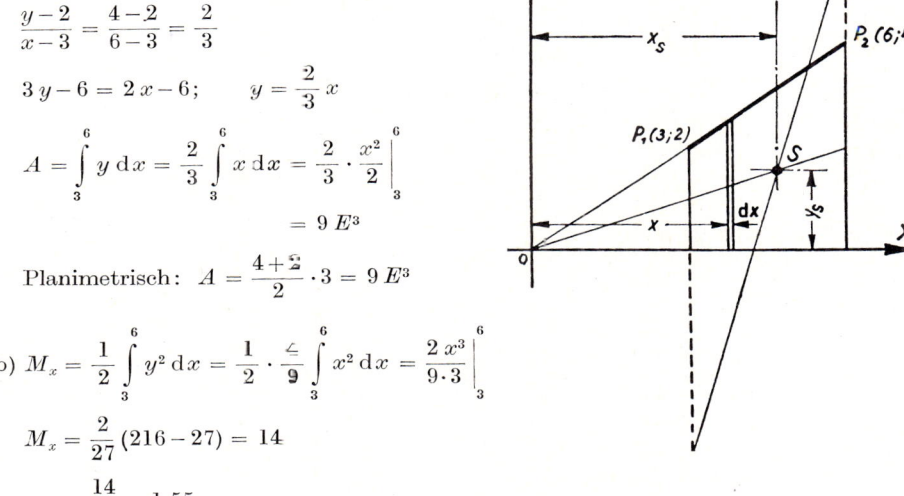

b) $M_x = \dfrac{1}{2} \int_3^6 y^2\,dx = \dfrac{1}{2} \cdot \dfrac{4}{9} \int_3^6 x^2\,dx = \dfrac{2 x^3}{9 \cdot 3}\bigg|_3^6$

$M_x = \dfrac{2}{27}(216 - 27) = 14$

$y_s = \dfrac{14}{9} = 1{,}55\ldots$

$M_y = \int_3^6 y\,dx \cdot x = \dfrac{2}{3} \int_3^6 x^2\,dx = \dfrac{2}{9} x^3 \bigg|_3^6 = 42$

$x_s = \dfrac{M_y}{A} = \dfrac{42}{9} = 4\dfrac{2}{3} \qquad S\left(4\dfrac{2}{3}\bigg|\dfrac{14}{9}\right)$

c) $V = \pi \int_3^6 y^2\,dx = \pi \cdot \dfrac{4}{9} \int_3^6 x^2\,dx = \dfrac{4}{9} \pi \dfrac{x^3}{3}\bigg|_3^6 = 28\,\pi = 87{,}965\,E^3$

Guldin: $V = A \cdot 2 y_0 \pi; \qquad y_s = \dfrac{14}{9}; \qquad V = 9 \cdot 2 \cdot \dfrac{14}{9} \pi = 28\,\pi\,E^3$

Stereometrisch: $V = \dfrac{1}{3} \pi \cdot h [R^2 + R r + r^2] = \dfrac{1}{3} \cdot \pi \cdot 3(16 + 8 + 4) = 28\,\pi\,E^3$

4. Bestimme den Schwerpunkt der Fläche unter der Geraden $y = 3x$ von $x_1 = 1$; $x_2 = 4$.

$M_x = 94{,}5; \qquad A = 22{,}5 \qquad y_s = \dfrac{189 \cdot 2}{2 \cdot 45} = \dfrac{21}{5} = 4{,}2$

$M_y = 63; \qquad x_s = \dfrac{63 \cdot 2}{45} = \dfrac{14}{5} = 2{,}8.$

5. Es ist das statische Moment und die Lage des Schwerpunktes eines Kreisbogens vom Radius r und dem Mittelpunktswinkel α zu berechnen.
Bezugsachse sei die Parallele zur Sehne s durch den Kreismittelpunkt O. Für den kleinen Bogen db ist das Moment $y\,db$. Nach der Figur ist $\cos\varphi = \dfrac{y}{r}$ oder $y = r \cdot \cos\varphi$ und $db = r\,d\varphi$, also wird $y\,db = r^2 \cos\varphi\,d\varphi$. Das statische Moment des ganzen Bogens, bezogen auf die Achse ist

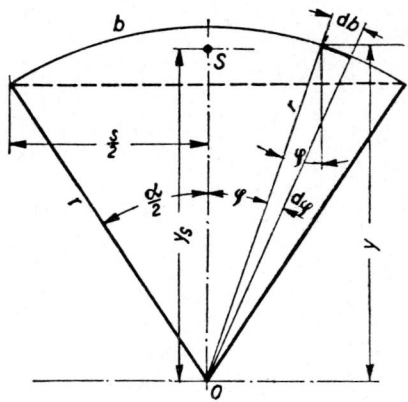

$$M_x = \int_{-\frac{\alpha}{2}}^{+\frac{\alpha}{2}} r^2 \cos\varphi\,d\varphi = 2\int_0^{\frac{\alpha}{2}} r^2 \cos\varphi\,d\varphi$$

$$= 2\,r^2 \sin\varphi \Big|_0^{\frac{\alpha}{2}} = 2\,r^2 \sin\left(\frac{\alpha}{2}\right)$$

Nun ist $\sin\dfrac{\alpha}{2} = \dfrac{s}{2r}$ also $M_x = 2\,r^2 \cdot \dfrac{s}{2r} = r \cdot s =$ Radius·Sehne. Der Abstand des Schwerpunktes S vom Kreismittelpunkt O ist aus der Momentengleichung: $b \cdot y_s = r \cdot s$

$$\text{oder} \quad y_s = \frac{r \cdot s}{b} = \frac{\text{Radius·Sehne}}{\text{Bogen}} \quad \text{Für den}$$

Halbkreisbogen: $y_s = \dfrac{r \cdot s}{b} = \dfrac{r \cdot 2\,r}{r \cdot \pi} = \dfrac{2\,r}{\pi} = 0{,}63662\,r$

Viertelkreisbogen: $y_s = \dfrac{r \cdot r \cdot \sqrt{2}}{\dfrac{r \cdot \pi}{2}} = \dfrac{2\,r}{\pi}\sqrt{2} = 0{,}90032\,r$

Sechstelkreisbogen: $y_s = \dfrac{r \cdot r}{\dfrac{2\,r\pi}{6}} = \dfrac{3\,r}{\pi} = 0{,}95493\,r$

6. Es ist die Lage des Schwerpunktes der Halbkreislinie zu bestimmen.
Das statische Moment des Bogenelementes db ist $db \cdot y$ und das statische Moment des ganzen Bogens somit $\int_0^{\pi} y\,db$ und ebenfalls ist das statische Moment $b\,y_s$; also ist $y_s = \dfrac{1}{b}\int_0^{\pi} y\,db$. Nun ist $db = r\,d\varphi$; $y = r \cdot \sin\varphi$ und $b = r\pi$. Dann wird

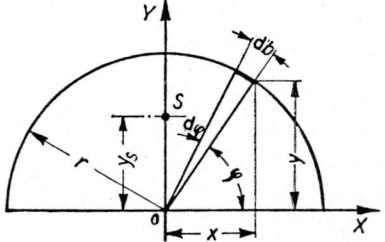

$$y_s = \frac{r^2 \int_0^{\pi} \sin\varphi\,d\varphi}{r\pi} = \frac{r^2 \big| -\cos\varphi \big|_0^{\pi}}{r\pi} = \frac{r(1+1)}{\pi} = \frac{2\,r}{\pi}$$

Anderer Weg:
Das statische Moment des ganzen Bogens ist

$M_x = \int_{-r}^{+r} y \, db$. Nach Abschnitt 3.3 ist die Länge eines Kurvenbogens $db\sqrt{1+\left(\dfrac{dy}{dx}\right)^2}\,dx$
und somit ist

$$M_x = \int_{-r}^{+r} y\sqrt{1+\left(\dfrac{dy}{dx}\right)^2}\,dx \qquad\qquad \text{Aus } x^2+y^2 = r^2 \text{ folgt}$$

$$M_x = \int_{-r}^{+r} y\sqrt{1+\dfrac{x^2}{y^2}}\,dx = \int_{-r}^{+r} y\,\dfrac{\sqrt{x^2+y^2}\,dx}{y} \qquad \dfrac{dy}{dx} = -\dfrac{x}{y}$$

$$= \int_{-r}^{+r} \sqrt{x^2+y^2}\,dx = r\int_{-r}^{+r} dx \qquad\qquad \left(\dfrac{dy}{dx}\right)^2 = \dfrac{x^2}{y^2}$$

$$= 2r\int_0^r dx = 2rx\Big|_0^r = 2r^2$$

$$y_s = \dfrac{M_x}{A} = \dfrac{2r^2}{r\pi} = \dfrac{2r}{\pi}$$

Nach der Regel von Guldin ist $S_x = 2\,y_s\,\pi\,s$

$$S_x = 2\cdot\dfrac{2r}{\pi}\,\pi\,r\,\pi = 4r^2\pi$$

7. Es ist die Lage des Schwerpunktes des Kreisausschnittes zu berechnen.
   Das statische Moment des Sektors ist

dA ist bei genügend kleinem db ein Dreieck, die Schwerpunktsordinate deshalb $\dfrac{2}{3}y$.

$$M = \int_{-\alpha}^{+\alpha} dA \cdot \dfrac{2}{3} y$$

$$= 2\int_0^\alpha dA \cdot \dfrac{2}{3} y$$

$dA = \dfrac{db\,r}{2} \qquad\qquad db = r\,d\varphi$
$\qquad\qquad\qquad\qquad y = r\cos\varphi$

$dA = \dfrac{r\,d\varphi\cdot r}{2} = \dfrac{r^2\,d\varphi}{2}$

$$M = 2\int_0^\alpha \dfrac{r^2\,d\varphi}{2}\cdot\dfrac{2}{3}r\cos\varphi$$

$$= \dfrac{2}{3}r^3 \int_0^\alpha \cos\varphi\,d\varphi$$

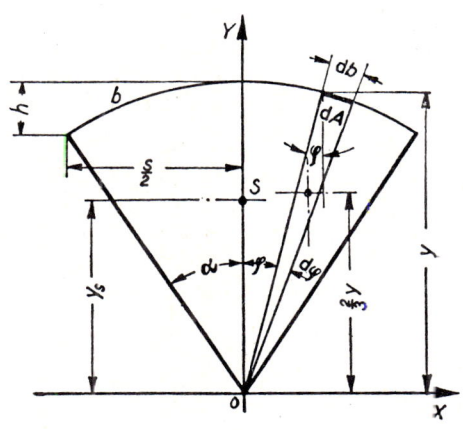

$$M = \frac{2}{3} r^3 \sin\varphi \bigg|_0^\alpha = \frac{2}{3} r^3 \sin\alpha = A \cdot y_s, \quad \text{also}$$

$$y_s = \frac{2}{3} \frac{r^3 \sin\alpha}{A}. \quad \text{Es ist} \quad A = \frac{b\,r}{2} = \frac{r}{2} \cdot r \cdot 2\,\alpha = r^2 \operatorname{arc}\alpha$$

$$y_s = \frac{2\,r^3 \sin\alpha}{3\,r^3 \operatorname{arc}\alpha} = \frac{2\,r \sin\alpha}{3\,\operatorname{arc}\alpha}$$

oder es ist

$$y_s = \frac{\frac{2}{3} r^3 \sin\alpha}{A} \quad A = \frac{b \cdot r}{2}; \quad \sin\alpha = \frac{\frac{s}{2}}{r} = \frac{s}{2\,r} \quad \text{und somit}$$

$$y_s = \frac{2\,r^3 \sin\alpha}{3\,A} = \frac{2\,r^3 s \cdot 2}{3 \cdot 2\,r \cdot b\,r} = \frac{2}{3} \frac{r \cdot s}{b}$$

Für die erste Form $\quad y_s = \dfrac{2\,r \sin\alpha}{3\,\operatorname{arc}\alpha} \quad$ gilt für die

Halbkreisfläche: $\quad \alpha = 90°; \quad \operatorname{arc}\alpha = \dfrac{\pi}{2}; \quad y_s = \dfrac{2\,r \cdot 1 \cdot 2}{3\,\pi} = \dfrac{4\,r}{3\,\pi} = 0{,}4244\,r$

Viertelkreisfläche: $\quad \alpha = 45°; \quad \operatorname{arc}\alpha = \dfrac{\pi}{4}; \quad y_s = \dfrac{2\,r\,\frac{1}{2}\sqrt{2}\cdot 4}{3\cdot\pi} = \dfrac{4}{3}r\cdot\dfrac{\sqrt{2}}{\pi} = 0{,}6002\,r$

Sechstelkreisfläche: $\quad \alpha = 30°; \quad \operatorname{arc}\alpha = \dfrac{\pi}{6}; \quad y_s = \dfrac{2\,r}{3}\cdot\dfrac{1\cdot 6}{2\cdot\pi} = \dfrac{2\,r}{\pi} = 0{,}6366\,r$

Für die zweite Form $\quad y_s = \dfrac{2}{3}\dfrac{r \cdot s}{b} \quad$ gilt für die

Halbkreisfläche: $\quad s = 2\,r; \quad b = r\,\pi; \quad y_s = \dfrac{2}{3} r \cdot \dfrac{2\,r}{r\,\pi} = \dfrac{4\,r}{3\,\pi} = 0{,}4244\,r$

Viertelkreisfläche: $\quad s = r\sqrt{2}; \quad b = \dfrac{r\,\pi}{2}; \quad y_s = \dfrac{2}{3} r \cdot \dfrac{r\sqrt{2}}{r \cdot \pi} \cdot 2 = \dfrac{4\,r}{3\,\pi}\sqrt{2} = 0{,}6002\,r$

Sechstelkreisfläche: $\quad s = r; \quad b = \dfrac{r\,\pi}{3}; \quad y_s = \dfrac{2}{3} r \cdot \dfrac{r \cdot 3}{r\,\pi} = \dfrac{2\,r}{\pi} = 0{,}6366\,r$

8. Es ist die Lage des Schwerpunktes bei der Halbkreisfläche zu ermitteln.

$$M_x = \int_0^r \mathrm{d}A \cdot y = \int_0^r 2\,x\,\mathrm{d}y \cdot y$$

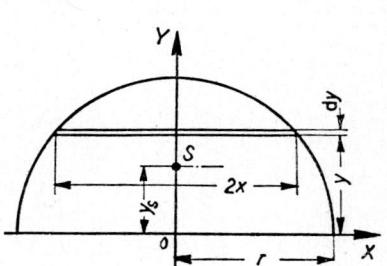

$$= 2\int_0^r \sqrt{r^2 - y^2}\, y\,\mathrm{d}y. \quad \text{Das Integral ist zu}$$

lösen nach der Substitutionsmethode oder direkt nach Formel 62

$$\int \sqrt{r^2 - y^2}\, y\,\mathrm{d}y = -\frac{1}{3}\sqrt{(r^2 - y^2)^3} \quad \text{also ist}$$

$$M_x = -\frac{2}{3}\sqrt{(r^2 - y^2)^3}\,\bigg|_0^r = -\frac{2}{3}[0 - r^3] = \frac{2}{3} r^3 \quad \text{und somit}$$

$$y_s = \frac{M_x}{A} = \frac{2}{3} \frac{r^3 \cdot 2}{r^2 \pi} = \frac{4r}{3\pi}$$

Man erhält ein einfacheres Integral, wenn man die Flächenstreifen senkrecht zur x-Achse annimmt.

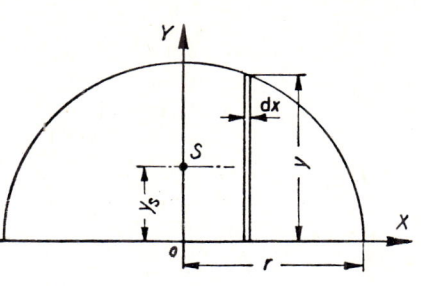

$$M_x = \frac{1}{2} \int_{-r}^{+r} y^2 \, dx = 2 \cdot \frac{1}{2} \int_0^r y^2 \, dx$$

$$= \int_0^r (r^2 - x^2) \, dx = r^2 x - \frac{x^3}{3} \Big|_0^r$$

$$= r^3 - \frac{r^3}{3} = \frac{2}{3} r^3 \quad \text{und}$$

$$y_s = \frac{M_x}{A} = \frac{2}{3} \cdot \frac{r^3 \cdot 2}{r^2 \pi} = \frac{4r}{3\pi}$$

9. Bestimme die Lage des Schwerpunkts eines Viertelkreises.

$$M_x = \int_0^r dA \cdot y = \int_0^r x \, y \, dy; \quad x = \sqrt{r^2 - y^2}$$

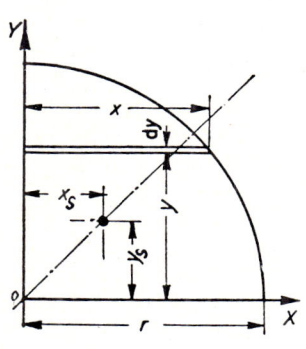

$$M_x = \int_0^r \sqrt{r^2 - y^2} \, y \, dy \quad \text{lösbar nach Formel 62, ein-}$$

facher bei der Annahme senkrechter Streifen

$$M_x = \frac{1}{2} \int_0^r y^2 \, dx = \frac{1}{2} \int_0^r (r^2 - x^2) \, dx$$

$$M_x = \frac{1}{2} \left| r^2 x - \frac{x^3}{3} \right|_0^r = \frac{1}{2} \cdot \frac{2}{3} r^3 = \frac{r^3}{3}; \quad A = \frac{r^2 \pi}{4}$$

und somit

$$x_s = y_s = \frac{r^3}{3} \frac{4}{r^2 \pi} = \frac{4r}{3\pi} \approx 0{,}4244 \, r$$

10. Bestimme die Lage des Schwerpunkts der Außenfläche des Viertelkreises.

$$M_x = \int_0^r (r-y) \, dx \cdot \left(y + \frac{r-y}{2}\right) = \frac{1}{2} \int_0^r (r-y)(r+y) \, dx$$

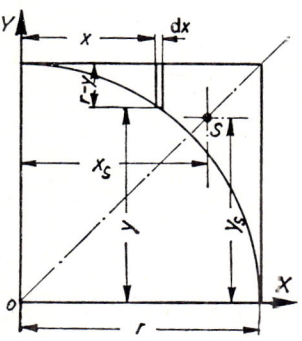

$$= \frac{1}{2} \int_0^r (r^2 - y^2) \, dx = \frac{1}{2} \int_0^r x^2 \, dx = \frac{1}{2} \frac{x^3}{3} \Big|_0^r = \frac{r^3}{6}$$

$$A = r^2 - \frac{r^2 \pi}{4} = \frac{r^2}{4}(4 - \pi) = \frac{r^2}{4} \cdot 0{,}8584, \quad \text{also}$$

$$x_s = y_s = \frac{r^3 \cdot 4}{6 \cdot r^2 \cdot 0{,}8584} = \frac{r}{6 \cdot 0{,}2146}$$

$$= \frac{r}{1{,}2876} = 0{,}776 \, r$$

11. Es ist die Lage des Schwerpunktes der Parabelfläche $y^2 = 2px$ zu bestimmen.

Bezogen auf die x-Achse ist:

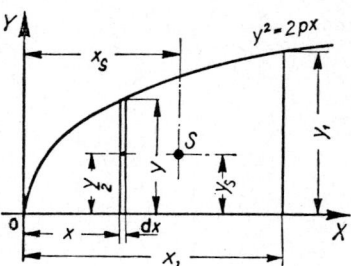

$$M_x = \frac{1}{2} \int_0^{x_1} y^2 \, dx = \frac{1}{2} 2p \int_0^1 x \, dx$$

$$= \frac{p}{2} x_1^2; \quad p = \frac{y_1^2}{2x_1} \quad \text{also}$$

$$M_x = \frac{y_1^2 \cdot x_1^2}{2x_1 \cdot 2} = \frac{y_1^2 \cdot x_1}{4}$$

$$y_s = \frac{M_x}{A}; \quad A = \frac{2}{3} x_1 y_1 \quad \text{und} \quad y_s = \frac{y_1^2 \cdot x_1 \cdot 3}{4 \cdot 2 \cdot x_1 y_1} = \frac{3}{8} y_1$$

Bezogen auf die y-Achse ist:

$$M_y = \int_0^{x_1} y \, dx \cdot x = \sqrt{2p} \int_0^{x_1} x^{\frac{1}{2}} \cdot x \, dx = \sqrt{2p} \cdot \left. \frac{x^{\frac{5}{2}} \cdot 2}{5} \right|_0^{x_1} = \frac{2}{5} \sqrt{2p} \, x_1^{\frac{1}{2}} \, x_1^2 = \frac{2}{5} y_1 x_1^2$$

$$x_s = \frac{M_y}{A} = \frac{2}{5} \frac{y_1 x_1^2 \cdot 3}{2 x_1 y_1} = \frac{3}{5} x_1$$

Legt man die Flächenstreifen horizontal, so ergibt sich die folgende Bestimmung des Schwerpunktes.

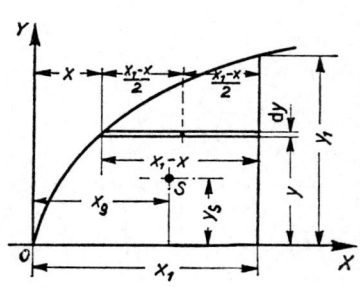

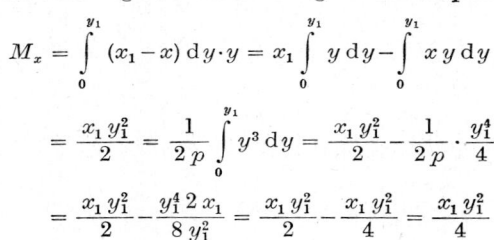

$$M_x = \int_0^{y_1} (x_1 - x) \, dy \cdot y = x_1 \int_0^{y_1} y \, dy - \int_0^{y_1} x y \, dy$$

$$= \frac{x_1 y_1^2}{2} = \frac{1}{2p} \int_0^{y_1} y^3 \, dy = \frac{x_1 y_1^2}{2} - \frac{1}{2p} \cdot \frac{y_1^4}{4}$$

$$= \frac{x_1 y_1^2}{2} - \frac{y_1^4 \, 2 x_1}{8 y_1^2} = \frac{x_1 y_1^2}{2} - \frac{x_1 y_1^2}{4} = \frac{x_1 y_1^2}{4}$$

und somit

$$y_s = \frac{M_x}{A} = \frac{x_1 y_1^2 \cdot 3}{4 \cdot 2 x_1 y_1} = \frac{3}{8} y_1$$

$$M_y = \int_0^{y_1} (x_1 - x) \, dy \cdot \left(x_1 - \frac{x_1 - x}{2}\right) = \frac{1}{2} \int_0^{y_1} (x_1 - x)(2x_1 - x_1 + x) \, dy$$

$$= \frac{1}{2} \int_0^{y_1} (x_1^2 + x^2) \, dy = \frac{1}{2} x_1^2 \int_0^{y_1} dy - \frac{1 \cdot 1}{2 \cdot 4 p^2} \int_0^{y_1} y^4 \, dy = \frac{1}{2} x_1^2 y_1 - \frac{1}{8 p^2} \cdot \frac{y_1^5}{5}$$

$$= \frac{1}{2} x_1^2 y_1 - \frac{y_1^5}{40} \cdot \frac{4 x_1^2}{y_1^4} = \frac{2}{5} x_1^2 y_1$$

und somit $x_s = \dfrac{M_y}{A} = \dfrac{2}{5} x_1^2 y_1 \cdot \dfrac{3}{2 x_1 y_1} = \dfrac{3}{5} x_1$

12. Es sind die Koordinaten des Schwerpunktes der Außenfläche der Parabel $y^2 = 2p$ zu bestimmen.

$$M_y = \int_0^{y_1} x\,dy\,\frac{x}{2} = \frac{1}{2}\int_0^{y_1} x^2\,dy$$

$$= \frac{1}{2}\cdot\frac{1}{4p^2}\int_0^{y_1} y^4\,dy = \frac{1}{8p^2}\cdot\frac{y_1^5}{5}$$

Es ist $y^2 = 2px$ und $p^2 = \dfrac{y^4}{4x^2}$

$$M_y = \frac{y_1^5}{5\cdot 8}\frac{4x_1^2}{y_1^4} = \frac{1}{10}x_1^2 y_1$$

$$A = \int_0^{y_1} x\,dy = \frac{1}{2p}\int_0^{y_1} y^2\,dy$$

$$= \frac{1}{2p}\frac{y_1^3}{3} = \frac{y_1^3}{6}\cdot\frac{2x_1}{y_1^2} = \frac{1}{3}x_1 y_1$$

$$M_y = A\cdot x_0;\quad x_0 = \frac{M_y}{A} = \frac{1}{10}\cdot\frac{x_1^2 y_1\cdot 3}{x_1 y_1} = \frac{3}{10}x_1$$

$$M_x = \int_0^{y_1} x\,dy\,y = \frac{1}{2p}\int_0^{y_1} y^3\,dy = \frac{1}{2p}\frac{y_1^4}{4} = \frac{y_1^4}{4}\cdot\frac{x_1}{y_1^2} = \frac{1}{4}x_1 y_1^2$$

$$y_s = \frac{1}{4}\frac{x\,y_1\cdot 3}{x_1 y_1} = \frac{3}{4}y_1$$

Legt man die Flächenstreifen vertikal, so ergibt sich die folgende Bestimmung der Schwerpunktskoordinaten.

$$M_x = \int_0^{x_1}(y_1-y)\,dx\left(y_1-\frac{y_1-y}{2}\right)$$

$$= \frac{1}{2}\int_0^{x_1}(y_1-y)(y_1+y)\,dx$$

$$= \frac{1}{2}\int_0^{x_1}(y_1^2-y^2)\,dx$$

$$= \frac{1}{2}y_1^2\int_0^{x_1}dx - \frac{1}{2}\int_0^{x_1} y^2\,dx$$

$$= \frac{1}{2}\left[y_1^2 y_1 - 2p\frac{x_1^2}{2}\right]$$

$$= \frac{1}{2}\left[y_1^2 x_1 - \frac{y_1^2 x_1}{2}\right] = \frac{y_1^2 x_1}{4} \qquad y_s = \frac{y_1^2 x_1\cdot 3}{4\cdot x_1 y_1} = \frac{3}{4}y_1$$

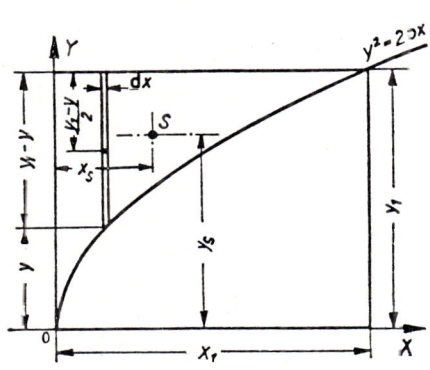

$$M_y = \int\limits_0^{x_1} (y_1 - y)\,dx \cdot x = y_1 \int\limits_0^{x_1} x\,dx - \int\limits_0^{x_1} y \cdot x\,dx = \frac{y_1 x_1^2}{2} - \sqrt{2p} \int\limits_0^{x_1} x^{\frac{3}{2}}\,dx$$

$$= \frac{y_1 x_1^2}{2} - \frac{\sqrt{2p}\, x_1^{\frac{5}{2}} \cdot 2}{5} = \frac{y_1 x_1^2}{2} - \frac{2}{5} y_1 x_1^2 = \frac{1}{10} x_1^2 y_1 \quad \text{und} \quad x_s = \frac{3}{10} x_1$$

13. Berechne den Schwerpunkt der Fläche über der Kurve $y = a x^2$.
Es ist zweckmäßig, die Streifen horizontal zu legen.

$$M_x = \int\limits_0^{y_1} x\,dy\, y; \qquad x = \frac{\sqrt{y}}{\sqrt{a}}$$

$$= \frac{1}{\sqrt{a}} \int\limits_0^{y_1} y^{\frac{1}{2}}\, y\,dy = \frac{1}{\sqrt{a}}\, y_1^{\frac{5}{2}} \cdot \frac{2}{5} = \frac{2}{5} \cdot \frac{1}{\sqrt{a}}\, y_1^{\frac{1}{2}}\, y_1^2$$

$$M_x = \frac{2\sqrt{a}\, x_1\, a^2\, x_1^4}{5\sqrt{a}} = \frac{2}{5} a^2 x_1^5$$

Fläche unter der Kurve:

$$A = \int\limits_0^{x_1} y\,dx = a \int\limits_0^{x_1} x^2\,dx = \frac{a}{3} x_1^3$$

Fläche über der Kurve:

$$A = x_1 y_1 - \frac{a}{3} x_1^3 = x_1 \cdot a x_1^2 - \frac{a}{3} x_1^3 = \frac{2}{3} a x_1^3 \quad \text{also wird}$$

$$y_s = \frac{M_x}{A} = \frac{2 a^2 x_1^5 \cdot 3}{5 \cdot 2 \cdot a x_1^3} = \frac{3}{5} a x_1^2 = \frac{3}{5} y_1$$

$$M_y = \frac{1}{2} \int\limits_0^{y_1} x^2\,dy = \frac{1}{2}\, \frac{1}{a} \int\limits_0^{y_1} y\,dy = \frac{1}{2 a}\, \frac{y_1^2}{2} = \frac{1}{4}\, \frac{a^2 x_1^4}{a} = \frac{a}{4} x_1^4$$

$$x_s = \frac{M_y}{A} = \frac{a x_1^4 \cdot 3}{4 \cdot 2 \cdot a x_1^3} = \frac{3}{8} x_1$$

14. Welche Koordinaten hat der Schwerpunkt der Außenfläche obiger Parabel?

$$M_x = \frac{1}{2} \int\limits_0^{x_1} y^2\,dx = \frac{1}{2} a^2 \int\limits_0^{x_1} x^4\,dx = \frac{a^2}{2}\, \frac{x_1^5}{5} = \frac{a^2 x_1^4 \cdot x_1}{10} = \frac{1}{10} y_1^2 x_1$$

$$y_s = \frac{M_x}{A} = \frac{a^2 x_1^5 \cdot 3}{10 \cdot a x_1^3} = \frac{3}{10} a x_1^2 = \frac{3}{10} y_1$$

$$M_y = \int\limits_0^{1} y\,dx\, x = \int\limits_0^{x_1} a x^3\,dx = \frac{a x_1^4}{4}$$

$$x_s = \frac{M_y}{A} = \frac{a \cdot x_1^4 \cdot 3}{4 \cdot a x_1^3} = \frac{3}{4} x_1$$

15. Berechne die Koordinaten des Schwerpunktes der Fläche unter der Parabel $y = 3x^2$ in den Grenzen $x_1 = 1$ und $x_2 = 3$

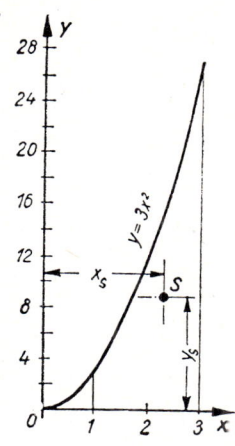

$$M_x = \frac{1}{2} \int_1^3 dA \cdot y = \frac{1}{2} \int_1^3 y\, dx\, y = \frac{1}{2} \int_1^3 y^2\, dx$$

$$= \frac{9}{2} \int_1^3 x^4\, dx = \frac{9}{2} \left.\frac{x^5}{5}\right|_1^3 = \frac{9}{10}(243-1) = 217,8$$

$$M_y = \int_1^3 dA \cdot x = \int_1^3 y\, dx\, x = 3 \int_1^3 x^3\, dx = \left.\frac{3}{4} x^4\right|_1^3$$

$$= \frac{3}{4}(81-1) = 60$$

$$A = \int_1^3 y\, dx = 3 \int_1^3 x^2\, dx = \left. x^3 \right|_1^3 = 26$$

$$x_s = \frac{M_y}{A} = \frac{60}{26} = 2,31; \quad y_0 = \frac{M_x}{A} = \frac{217,8}{26} = 8,38$$

16. Desgleichen für die Parabel $y = 6x^2$ in den Grenzen von $x_1 = 0$ und $x_2 = 10$

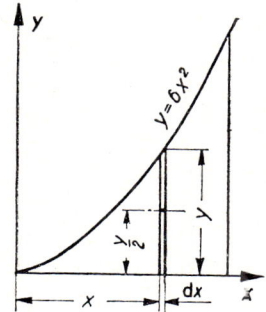

$$M_x = \frac{1}{2} \int_0^{10} y^2\, dx = \frac{36}{2} \int_0^{10} x^4\, dx = \left.\frac{18}{5} x^5 \right|_0^{10}$$

$$= \frac{18}{5} \cdot 10^5 = 360\,000$$

$$M_y = \int_0^{10} x\, y\, dx = 6 \int_0^{10} x^3\, dx = \left.\frac{3}{2} x^4 \right|_0^{10} = 15\,000 \qquad A = 6 \int_0^{10} x^2\, dx = \left. 2 \cdot x^3 \right|_0^{10} = 2000$$

$$y_s = \frac{360\,000}{2000} = 180 \qquad x_s = \frac{15\,000}{2000} = 7,5$$

17. Die Guldin'schen Regeln (1635–1641 entdeckt).

1. Die Mantelfläche eines Rotationskörpers.
Dreht sich eine in der Ebene liegende Kurve s um die y-Achse, entsteht die Mantelfläche eines Rotationskörpers. Diese kann man sich aus ganz kleinen Zylindermänteln -Ringen- von der Höhe ds und dem Radius x zusammengesetzt denken. Ein solcher Zylindermantel ist

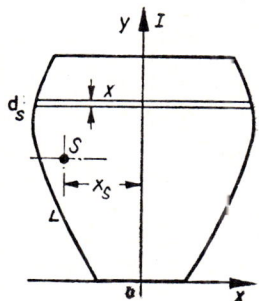

$$dS_s = 2x \cdot \pi \cdot ds$$

und die gesamte Mantelfläche des Rotationskörpers

$$S_y = \int 2x \cdot \pi \cdot ds = 2\pi \int x \cdot ds$$

$x \cdot ds$ ist das statische Moment für die y-Achse.

113

Deshalb kann man $x \cdot ds$ nach der Schwerpunktslehre durch das statische Moment der Gesamtkurve, durch $s \cdot x_s$ ersetzen, d. h. durch das Produkt aus Länge der Kurve und Abstand ihres Schwerpunktes von der Drehachse. Die Mantelfläche ist also

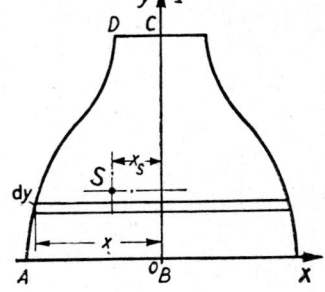

$$S_x = s \cdot 2\pi y_s \qquad S_y = s \cdot 2\pi x_s$$
$$\text{bei Rotation um die}$$
$$x\text{-Achse} \qquad\qquad y\text{-Achse.}$$

■ Die Mantelfläche eines Körpers, die durch Drehung einer Kurve um eine Achse, die mit der
■ Kurve in einer Ebene liegt und die Kurve nicht
■ schneidet, entsteht, ist gleich dem Produkt aus
■ der Länge s der Kurve und dem Weg ihres
■ Schwerpunktes.

2. Das Volumen eines Rotationskörpers.

Durch Drehen der Fläche ABCD um die y-Achse entsteht ein Rotationskörper. Diesen kann man sich aus lauter dünnen Scheiben vom Volumen $dV_s = $ Höhe $\times$ Querschnitt $= Q \cdot dy = x^2 \cdot \pi \cdot dy$ zusammengesetzt vorstellen, wenn die erzeugende Kurve $y = f(x)$ ist. Das Gesamtvolumen V_y ist demnach:

$$V_y = \pi \int_{y_1}^{y_2} x^2 \, dy = \pi \int_{y_1}^{y_2} x \cdot x \cdot dy$$

Die Fläche ABCD $= A_y = \int_{y_1}^{y_2} x \cdot dy;$ ferner:

$$H_y = \frac{1}{2} \int x \cdot dA_y = \frac{1}{2} \int x \cdot x \cdot dA_y = x_s \cdot A_y$$

Demnach ist:

$$\int x^2 \cdot dy = 2 \cdot x_s \cdot A_y \quad \text{und} \quad V_y = 2 \cdot \pi \cdot x_s \cdot A_y$$

Das Volumen eines Rotationskörpers ist

$$V_x = A_x \cdot 2 y_s \qquad V_y = A_y \cdot 2 x_s$$
$$\text{bei Rotation um die}$$
$$x\text{-Achse} \qquad\qquad y\text{-Achse.}$$

■ Das Volumen eines Körpers, der durch die Drehung einer ebenen Figur um eine
■ Achse, die mit der Figur in derselben Ebene liegt und die Figur nicht schneidet,
■ entsteht, ist gleich dem Produkt aus der Fläche der sich drehenden Figur und dem
■ Weg ihres Schwerpunktes.

18. Wie groß ist die Oberfläche und das Volumen des skizzierten Ringes?

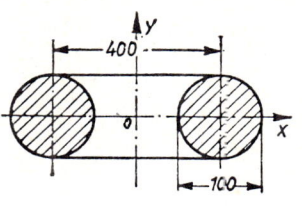

Maße in Abb. sind in mm angegeben.

1. Für die Oberfläche gilt:

$$O = S \cdot 2 x_s \pi = 10 \pi \cdot 2 \cdot 20 \pi = 400 \pi^2 \approx 4000$$

Also ist die Oberfläche 4000 cm²

2. Für das Volumen ist:

$$V = A \cdot 2 x_s \pi = \frac{10^2 \pi}{4} \cdot 2 \cdot 20 \cdot \pi = 1000 \pi^2$$

$$\approx 10\,000$$

Also ist das Volumen $\approx 10\,000$ cm³

19. Wie groß ist der Mantel und das Volumen des Kegels?

a) Mantel: $s = \sqrt{10^2 + 5^2} = \sqrt{125} = 11{,}18$ cm

$$x_{s_1} = 2{,}5 \text{ cm} = \frac{r}{2}$$

$$M = s \cdot 2 x_{s_1} \pi = 11{,}18 \cdot 2 \cdot 2{,}5 \pi = 55{,}9 \pi$$

Mantel $= 175{,}62$ cm²

b) Volumen: $A = 25$ cm² $x_{s_2} = \dfrac{r}{3} = \dfrac{5}{3}$

$$V = A \cdot 2 x_{s_2} \pi = 25 \cdot 2 \cdot \frac{5}{3} \pi = \frac{250}{3} \pi$$

Volumen $= \dfrac{785{,}4}{3} = 261{,}8$ cm³

20. Wie groß ist y_0 der Fläche unter der Sinuslinie?

$$y = \sin x \qquad A = \int_0^\pi \sin x \, dx = -\cos x \Big|_0^\pi$$

$$= -\Big|\cos \pi - \cos 0\Big| = -(\cos 180° - \cos 0°) = -(-1-1) = 2$$

$$M_x = \frac{1}{2} \int_0^\pi y^2 \, dx = \frac{1}{2} \int_0^\pi \sin^2 x \, dx = \frac{1}{2} \Big| \frac{x}{2} - \frac{1}{4} \sin(2x) \Big|_0^\pi$$

$$= \frac{1}{2} \left[\frac{\pi}{2} - 0 - (0-0) \right] = \frac{\pi}{4}$$

$$y_s = \frac{M_x}{A} = \frac{\frac{\pi}{4}}{2} = \frac{\pi}{8}$$

Das Volumen des Rotationskörpers ist $V = A \cdot 2 y_0 \pi = 2 \cdot 2 \cdot \dfrac{\pi}{8} \cdot \pi = \dfrac{\pi^2}{2}$

21. Berechne die Lage des Schwerpunktes unter der Kurve $y = e^x$ in den Grenzen $x_1 = 0$ und $x_2 = 1$

$$M_x = \frac{1}{2}\int_0^1 y^2\,dx = \frac{1}{2}\int_0^1 e^{2x}\,dx = \frac{1}{2}\cdot\frac{1}{2}\int_0^2 e^u\,du$$

$2x = u$ für $x = 0$	
$2\,dx = du$ wird $u = 0$	
	und für
$dx = \dfrac{du}{2}$	$x = 1$
	wird $u = 2$

$$= \frac{1}{4}e^u\Big|_0^2 = \frac{1}{4}(e^2 - e^0) = \frac{1}{4}(7{,}4 - 1) = 1{,}6$$

$$M_y = \int_0^1 y\,dx\,x = \int_0^1 x\cdot e^x\,dx = x\cdot e^x - \int_0^1 e^x\,dx$$

$u = x \qquad dv = e^x\,dx$
$du = dx \qquad v = e^x$

$$= e^x(x-1)\Big|_0^1 = e(1-1) - 1(0-1) = 1$$

$$A = \int_0^1 y\,dx = \int_0^1 e^x\,dx = e^x\Big|_0^1 = e - 1 = 2{,}71828 - 1 = 1{,}71828.$$

Dann wird $x_s = \dfrac{M_y}{A} = \dfrac{1}{1{,}71828} = 0{,}582 \qquad y_s = \dfrac{M_x}{A} = \dfrac{1{,}6}{1{,}71828} = 0{,}932$

22. Berechne die Lage des Schwerpunktes der Fläche zwischen der Kurve $y = \ln x$ und der x-Achse in den Grenzen von $x_1 = 1$ und $x_2 = 2$

$$A = \int_1^2 \ln x\,dx = \ln x \cdot x - \int_1^2 dx$$

$u = \ln x \qquad dv = dx$
$du = \dfrac{1}{x}dx \qquad v = x$

$$= x(\ln x - 1)\Big|_1^2 = [2(\ln 2 - 1)] - [1(\ln 1 - 1)]$$

$$= [2(0{,}6931 - 1)] - [1(0 - 1)] = [2(-0{,}3069)] + 1 = -0{,}6138 + 1 = 0{,}3862$$

$$M_y = \int_1^2 xy\,dx = \int_1^2 x\ln x\,dx = \frac{x^2}{2}\ln x - \frac{1}{2}\int_1^2 x\,dx$$

$u = \ln x \qquad dv = x\,dx$
$du = \dfrac{1}{x}dx \qquad v = \dfrac{x^2}{2}$

$$= \frac{x^2}{2}\ln x - \frac{x^2}{4}\Big|_1^2 = 2\ln 2 - 1 - \left(0 - \frac{1}{4}\right)$$

$$= 2\cdot 0{,}6931 - 0{,}75 = 1{,}3862 - 0{,}75 = 0{,}6362$$

$$x_s = \frac{M_y}{A} = \frac{0{,}6362}{0{,}3862} = 1{,}647$$

$$M_x = \frac{1}{2} \int_1^2 y^2 \, dx = \frac{1}{2} \int_1^2 (\ln x)^2 \, dx$$

$$\begin{aligned}u &= \ln x \quad dv = \ln x \, dx \\ du &= \frac{1}{x} \, dx \\ v &= x(\ln x - 1)\end{aligned}$$

$$= \frac{1}{2} x \ln x (\ln x - 1) - \frac{1}{2} \int_1^2 (\ln x - 1) \, dx$$

$$= \frac{1}{2} x \ln x (\ln x - 1) - \frac{1}{2} \int_1^2 \ln x \, dx + \frac{x}{2} \Big|_1^2$$

$$= \frac{1}{2} x \ln x (\ln x - 1) - \frac{1}{2} x (\ln x - 1) + \frac{x}{2} \Big|_1^2$$

$$= \frac{1}{2} x (\ln x)^2 - \frac{1}{2} x \ln x - \frac{1}{2} x \ln x + \frac{x}{2} + \frac{x}{2} \Big|_1^2$$

$$= \frac{1}{2} x (\ln x)^2 - x \ln x + x \Big|_1^2$$

$$= \frac{1}{2} \cdot 2 \cdot 0{,}6931^2 - 2 \cdot 0{,}6931 + 2 - (0 - 0 + 1)$$

$$= 0{,}6931^2 - 1{,}3862 + 2 - 1$$

$$= 0{,}4804 - 1{,}3862 + 1 = 1{,}4804 - 1{,}3862 = 0{,}0942$$

$$y_s = \frac{M_x}{A} = \frac{0{,}0942}{0{,}3862} = \frac{942}{3862} = 0{,}244$$

4.2 Statische Momente und Schwerpunkte von Körpern

Das statische Moment eines Körpers erhält man für die 3 Ebenen eines räumlichen Achsenkreuzes, wenn man jedes Volumenelement dV dieses Körpers mit den entsprechenden Entfernungen $x; y; z$ von den zugehörigen Ebenen multipliziert und die Summe dieser Teilmomente bildet.

Man erhält dann für die einzelnen Ebenen

$$M_{yx} = \int x\,dV; \quad M_{xz} = \int y\,dV; \quad M_{xy} = \int z\,dV$$

und somit wird:

$$x_s = \frac{M_{yz}}{V} = \frac{\int x\,dV}{V}; \quad y_0 = \frac{M_{xz}}{V} = \frac{\int y\,dV}{V}; \quad z_0 = \frac{M_{xy}}{V} = \frac{\int z\,dV}{V}$$

1. Es ist der Schwerpunkt der Pyramide zu bestimmen. $M_{xz} = \int y\,dV$ $dV = g \cdot dy$ hier ist y, d. h. der Abstand vor der xy-Ebene $(h-y)$. Die y-Achse ist Symmetrie-Achse. Dann ist das statische Moment bezüglich der Grundfläche G:

$$M = \int_0^h g\,dy(h-y) \quad g:G = y^2:h^2$$

$$\Rightarrow g = \frac{G \cdot y^2}{h^2}$$

$$M = \frac{G}{h^2} \int_0^h y^2\,dy(h-y)$$

$$= \frac{G}{h^2} \int_0^h (h y^2 - y^3)\,dy = \frac{G}{h^2} \left| \frac{h y^3}{3} - \frac{y^4}{4} \right|_0^h$$

$$= \frac{G}{h^2}\left(\frac{h^4}{3} - \frac{h^4}{4}\right) = \frac{G h^2}{12} \quad \text{also wird}$$

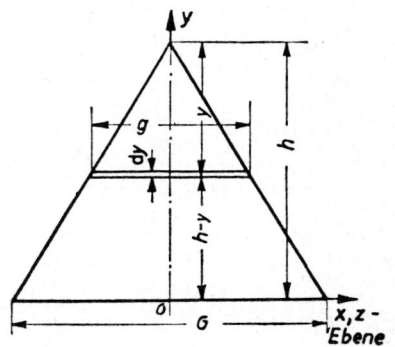

$$y_s = \frac{\frac{G h^2}{12}}{\frac{G \cdot h}{3}} = \frac{G \cdot h^2 \cdot 3}{12 \cdot G h} = \frac{h}{4} \quad \text{Der Schwerpunkt liegt also in } \frac{1}{4} \text{ der Höhe.}$$

2. Es ist der Schwerpunkt eines geraden Kreiskegels zu bestimmen.
Nach dem Vorstehenden ist $M_z = \int y\,dV$. Die Symmetrieachse ist die y-Achse.

$$M_z = \int_0^h y x^2 \pi\,dy \quad \text{Aus } r:x = h:y \text{ folgt } x = \frac{r y}{h}$$

$$M_z = \int_0^h y \cdot \frac{r^2 y^2}{h^2} \pi\,dy = \frac{\pi r^2}{h^2} \int_0^h y^3\,dy$$

$$= \frac{\pi r^2}{h^2} \left|\frac{y^4}{4}\right|_0^h = \frac{\pi r^2 h^2}{4}$$

$$y_s = \frac{M_z}{V} = \frac{\pi \cdot r^2 h^2 \cdot 3}{4 r^2 \pi \cdot h} = \frac{3}{4} h$$

Der Schwerpunkt liegt in der Entfernung $\frac{3}{4} h$ von der Spitze.

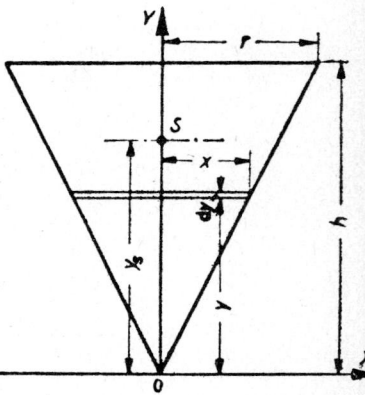

3. Es ist der Schwerpunkt der Halbkugel zu bestimmen. Als Symmetrieachse wählt man zweckmäßig die x-Achse und die Ebene senkrecht zu der x-Achse durch den Kugelmittelpunkt als Momentenebene. Das Moment einer Schicht im Abstand x bezogen auf diese Ebene ist dann

$$x \cdot dV = x \cdot y^2 \pi \, dx$$

und somit das Moment der Halbkugel

$$M_{yz} = \int_0^r x y^2 \pi \, dx$$

Aus der Kreisgleichung ist $y^2 = r^2 - x^2$ und

$$M_{yz} = \pi \int_0^r x(r^2 - x^2) \, dx = \pi \left[r^2 \frac{x^2}{2} - \frac{x^4}{4} \right]_0^r$$

$$= \pi \left(\frac{r^4}{2} - \frac{r^4}{4} \right) = \frac{\pi \cdot r^4}{4}$$

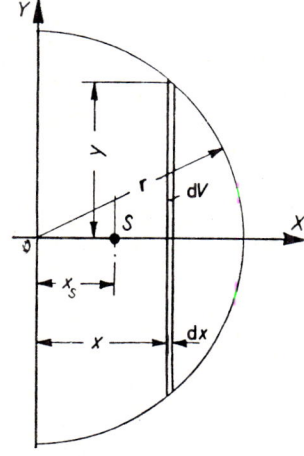

V der Halbkugel ist $\frac{2}{3} r^3 \pi$ und

$$x_s = \frac{M_{yz}}{V} = \frac{\frac{\pi \cdot r^4}{4}}{\frac{2}{3} r^3 \pi} = \frac{\pi \cdot r^4 \cdot 3}{4 \cdot 2 r^3 \pi} = \frac{3}{8} r$$

4. Bestimme die Lage des Schwerpunktes des Drehkörpers, der durch Drehung der Fläche unter der Kurve $y = 3 x^2$ zwischen den Grenzen $x_1 = 1$ und $x_2 = 3$ entsteht.

$$V = \pi \int_1^3 y^2 \, dx = 9 \pi \int_1^3 x^4 \, dx = 9 \pi \cdot \frac{x^5}{5} \bigg|_1^3$$

$$= \frac{9 \pi}{5} (243 - 1) = \frac{9 \pi \cdot 242}{5} = 435{,}6 \pi = 1368{,}17$$

$$M_{yz} = \pi \int_1^3 x y^2 \, dx = \pi \int_1^3 x \cdot 9 x^4 \, dx$$

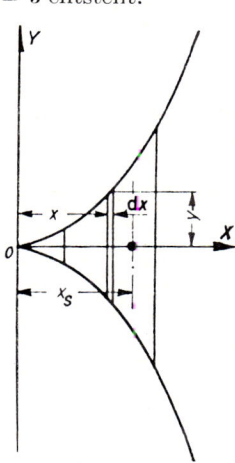

$$= \frac{9 \pi}{6} x^6 \bigg|_1^3 = \frac{3 \pi}{2} (729 - 1) = \frac{3 \pi}{2} \cdot 728$$

$$= 1092 \pi = 3430{,}63$$

$$x_s = \frac{M_{yz}}{V} = \frac{1092 \pi}{435{,}6 \pi} = 2{,}5$$

5. Aus einer Halbkugel mit dem Halbmesser r soll senkrecht zur Schnittebene ein gerader Kreiszylinder mit dem Radius ϱ herausgebohrt werden, dessen Mitte durch den Kugelmittelpunkt geht. Das Volumen und der Schwerpunkt des Restkörpers ist zu berechnen.

$$V = \pi \int_0^h y^2 \, dx - \pi \int_0^h \varrho^2 \, dx = \pi \int_0^h (y^2 - \varrho^2) \, dx$$

$$= \pi \int_0^h (r^2 - x^2 - \varrho^2) \, dx, \quad \text{es ist} \quad \varrho^2 = r^2 - h^2$$

$$= \pi \int_0^h (r^2 - x^2 - r^2 + h^2)\,dx = \pi \int_0^h (h^2 - x^2)\,dx = \pi \left| h^2 x - \frac{x^3}{3} \right|_0^h$$

$$= \pi \left(h^3 - \frac{h^3}{3} \right) = \pi \cdot \frac{2}{3} h^3$$

$$M_{yz} = \int_0^h x\,dV = \pi \int_0^h x y^2\,dx - \pi \int_0^h x \varrho^2\,dx$$

$$= \pi \int_0^h x(y^2 - \varrho^2)\,dx$$

$$= \pi \int_0^h x[(r^2 - x^2) - (r^2 - h^2)]\,dx$$

$$= \pi \int_0^h x(h^2 - x^2)\,dx = \pi \int_0^h (h^2 x - x^3)\,dx$$

$$= \pi \left| \frac{h^2 x^2}{2} - \frac{x^4}{4} \right|_0^h = \pi \left[\frac{h^4}{2} - \frac{h^4}{4} \right]$$

$$= \frac{\pi \cdot h^4}{4}$$

$$x_s = \frac{M_{yz}}{V} = \frac{\pi h^4 \cdot 3}{4 \cdot \pi\, 2 h^3} = \frac{3}{8} h$$

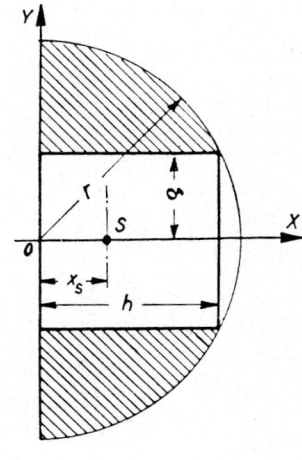

6. Es ist der Schwerpunkt eines Rotationsparaboloids zu bestimmen, das entsteht, wenn sich das halbe Segment der Parabel $y = c x^2$ von der Breite b und der Höhe $h = c b^2$ um die y-Achse dreht.

$$V = \int_0^h x^2 \pi\,dy = \int_0^h \frac{y}{c} \pi\,dy = \frac{\pi}{c} \frac{y^2}{2} \bigg|_0^h = \frac{\pi}{c} \cdot \frac{h^2}{2} = \frac{\pi}{2} \frac{h^2}{c}$$

$$= \frac{\pi}{2} \frac{h^2}{h} b^2 = \frac{1}{2} b^2 \pi \cdot h$$

$$M_{xz} = \int_0^h x^2 \pi\,dy\, y = \pi \int_0^h \frac{y}{c} \cdot y\,dy = \frac{\pi}{c} \frac{y^3}{3} \bigg|_0^h = \frac{\pi}{c} \frac{h^3}{3}$$

$$= \frac{\pi}{3} \frac{h^3}{h} b^2 = \frac{\pi}{3} b^2 h^2$$

$$y_s = \frac{M_{xz}}{V} = \frac{\pi b^2 h^2\, 2}{3 b^2 \pi \cdot h} = \frac{2}{3} h$$

7. Ein Körper von 1932,4 kg Gewicht hat einen Achsenschnitt, der begrenzt wird von der Kurve $y = 0{,}135 \sqrt{x}\,(3 - x)$. Maße in m. Gesucht wird:

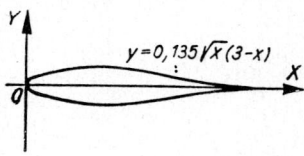

a) die Lage und Fläche des größten Querschnittes,
b) die Fläche des Achsenschnittes,
c) der Rauminhalt des Körpers und seine Wichte,
d) der Schwerpunkt des Körpers.

Zu a) $y = 0{,}135\sqrt{x}(3-x)$
$ = 0{,}135(3\sqrt{x} - x\sqrt{x})$
$ = 0{,}135\left(3x^{\frac{1}{2}} - x^{\frac{3}{2}}\right)$
$y' = 0{,}135\left(\dfrac{3}{2}x^{-\frac{1}{2}} - \dfrac{3}{2}x^{\frac{1}{2}}\right)$

x	0	1	2	3
y	0	0,27	0,191	0

$ = \dfrac{3}{2}\cdot 0{,}135\left(\dfrac{1}{\sqrt{x}} - \sqrt{x}\right) = 0$ für

$\dfrac{1}{\sqrt{x}} = \sqrt{x}\quad$ d. h. für $\quad x = 1$

Nach Zeichnung bei $x_E = 1$; Hochpunkt für $y = +0{,}135\sqrt{x}(3-x)$ und Tiefpunkt für $y = -0{,}135\sqrt{x}(3-x)$. Dann wird $y_E = 0{,}135\cdot 2 = 0{,}27$ m und $A = y_E^2\cdot \pi = 0{,}27^2\pi = 0{,}229$ m²

Dann wird $y_E = 0{,}135\cdot 2 = 0{,}27$ m und $A = y_E^2\cdot \pi = 0{,}27^2\,\pi = 0{,}229$ m²

Zu b) $A = 2\int_0^3 y\,dx = 2\int_0^3 0{,}135\sqrt{x}(3-x)\,dx = 0{,}27\int_0^3\left(3x^{\frac{1}{2}} - x^{\frac{3}{2}}\right)dx$

$ = 0{,}27\left|2x^{\frac{3}{2}} - \dfrac{2}{5}x^{\frac{5}{2}}\right|_0^3 = 0{,}27\left(6\sqrt{3} - \dfrac{18}{5}\sqrt{3}\right) = \dfrac{0{,}27\cdot 12}{5}\sqrt{3} = 1{,}1224$ m²

Zu c) $V = \pi\int_0^3 y^2\,dx = \pi\int_0^3 0{,}018225(9x - 6x^2 + x^3)\,dx$

$ = \pi\cdot 0{,}018225\left|\dfrac{9x^2}{2} - 2x^3 + \dfrac{x^4}{4}\right|_0^3 = \pi\cdot 0{,}018225(40{,}5 - 54 + 20{,}25)$

$ = \pi\cdot 0{,}018225\cdot 6{,}75 = 0{,}38648$ m³

$\gamma = \dfrac{G}{V} = \dfrac{1932{,}4}{386{,}48} = 5\,\dfrac{p}{\text{cm}^3}$

Zu d) $M_{yz} = \int_0^3 x\,dV = \int_0^3 xy^2\pi\,dx = \pi\int_0^3 x\cdot 0{,}018225(9x - 6x^2 + x^3)\,dx$

$\phantom{M_{yz}} = \pi\cdot 0{,}018225\int_0^3(9x^2 - 6x^3 + x^4)\,dx = \pi\cdot 0{,}018225\left|3x^3 - \dfrac{3}{2}x^4 + \dfrac{x^5}{5}\right|_0^3$

$\phantom{M_{yz}} = \pi\cdot 0{,}018225\cdot(81 - 121{,}5 + 48{,}6) = \pi\cdot 0{,}018225\cdot 8{,}1$

$\phantom{M_{yz}} = 25{,}447\cdot 0{,}018225 = 0{,}46377$ m⁴

$x_s = \dfrac{M_{yz}}{V} = \dfrac{0{,}46377}{0{,}38648} = 1{,}2$ m

8. Gegeben ist die Kurve mit der Gleichung $y = \dfrac{1}{2}(4-x)\sqrt{x}$. Gesucht werden:

a) Max und Min der Kurve,
b) der Inhalt der Fläche oberhalb der x-Achse,
c) der Schwerpunkt dieser Fläche,
d) der Rauminhalt des Körpers, der bei der Drehung dieser Fläche um die X-Achse entsteht,

e) der Schwerpunkt dieses Körpers.

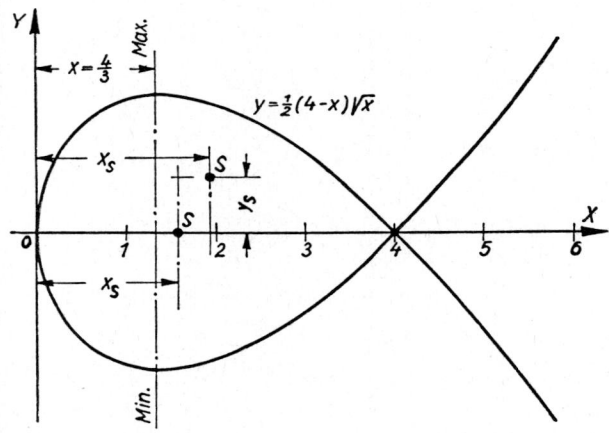

$x =$	0	$\frac{1}{4}$	$\frac{1}{2}$	$\frac{3}{4}$	1	$\frac{4}{3}$	2	3	4	5	6
$y =$	0	$\pm 0{,}94$	$\pm 1{,}235$	$\pm 1{,}406$	$\pm 1{,}50$	$\pm 1{,}54$	$\pm 1{,}41$	$\pm 0{,}866$	0	$\mp 1{,}118$	$\mp 2{,}45$

Zu a) $y = \frac{1}{2}(4-x)\sqrt{x} = 2\sqrt{x} - \frac{x}{2}\sqrt{x} = 2x^{\frac{1}{2}} - \frac{1}{2}x^{\frac{3}{2}}$

$$y' = \frac{1}{\sqrt{x}} - \frac{3}{4}\sqrt{x} = 0 \quad \text{für} \quad x_E = \frac{4}{3}$$

$$y' = x^{-\frac{1}{2}} - \frac{3}{4}x^{\frac{1}{2}}; \quad y'' = -\frac{1}{2}x^{-\frac{3}{2}} - \frac{3}{8}x^{-\frac{1}{2}} = -\frac{1}{2\sqrt{x^3}} - \frac{3}{8\sqrt{x}}$$

für $x_E = \frac{4}{3}$ wird

$$y'' = -\frac{\pm 3\sqrt{3}}{16} - \frac{\pm 3\sqrt{3}}{16} = \pm \frac{3\sqrt{3}}{8}.$$

Da y'' an der Stelle $x_E = \frac{4}{3}$ sowohl positiv als auch negativ ist, muß die Gesamtkurve, die aus den beiden Ästen $y = +\frac{1}{2}(4-x)\sqrt{x}$ und $y = -\frac{1}{2}(4-x)\sqrt{x}$ zusammengesetzt ist, hier gleichzeitig ein Max und Min haben.

Zu b) $y = \frac{1}{2}(4-x)\sqrt{x} = 2x^{\frac{1}{2}} - \frac{1}{2}x^{\frac{3}{2}}$

$$A = \int_0^4 y\,dx = 2\int_0^4 x^{\frac{1}{2}}\,dx - \frac{1}{2}\int_0^4 x^{\frac{3}{2}}\,dx = \frac{4}{3}x^{\frac{3}{2}}\bigg|_0^4 - \frac{1}{5}x^{\frac{5}{2}}\bigg|_0^4$$

$$= \frac{4}{3}\cdot 2^3 - \frac{1}{5}\cdot 2^5 = \frac{32}{3} - \frac{32}{5} = \frac{64}{15} = 4{,}2667 \; FE.$$

Zu c) $\quad x_s = \dfrac{M_y}{A} \qquad y = 2\,x^{\frac{1}{2}} - \dfrac{1}{2}\,x^{\frac{3}{2}} \qquad M_y = \int\limits_0^4 x\,y\,\mathrm{d}x = \int\limits_0^4 x\left(2\,x^{\frac{1}{2}} - \dfrac{1}{2}\,x^{\frac{3}{2}}\right)\mathrm{d}x$

$M_y = \int \left(2\,x^{\frac{3}{2}} - \dfrac{1}{2}\,x^{\frac{5}{2}}\right)\mathrm{d}x = \dfrac{4}{5}\,x^{\frac{5}{2}} - \dfrac{1}{7}\,x^{\frac{7}{2}}\Big|_0^4 = \dfrac{4}{5}\cdot 2^5 - \dfrac{1}{7}\,2^7$

$ = \dfrac{4}{5}\cdot 32 - \dfrac{128}{7} = 25\tfrac{3}{5} - 18\tfrac{2}{7} = 7\tfrac{11}{35} = \dfrac{256}{35} \approx 7{,}32$

$x_s = \dfrac{M_y}{A} = \dfrac{256\cdot 15}{35\cdot 64} = \dfrac{12}{7} \approx 1{,}7143$

$y_s = \dfrac{M_x}{A} \qquad M_x = \dfrac{1}{2}\int\limits_0^4 y^2\,\mathrm{d}x = \dfrac{1}{2}\int\limits_0^4\left(2\,x^{\frac{1}{2}} - \dfrac{1}{2}\,x^{\frac{3}{2}}\right)^2 \mathrm{d}x = \dfrac{1}{2}\int\limits_0^4\left(4\,x - 2\,x^2 + \dfrac{x^3}{4}\right)\mathrm{d}x$

$M_x = \int\limits_0^4 \left(2\,x - x^2 + \dfrac{x^3}{4}\right)\mathrm{d}x = x^2 - \dfrac{x^3}{3} + \dfrac{x^4}{32}\Big|_0^4 = 16 - \dfrac{64}{3} + 8 = \dfrac{8}{3} \approx 2{,}667$

$y_s = \dfrac{M_x}{A} = \dfrac{8\cdot 15}{3\cdot 64} = \dfrac{5}{8} = 0{,}625.$

Zu d) $\quad V = \pi\int\limits_0^4 y^2\,\mathrm{d}x = \pi\int\limits_0^4\left(4\,x - 2\,x^2 + \dfrac{x^3}{4}\right)\mathrm{d}x = \pi\left|\,2\,x^2 - \dfrac{2}{3}\,x^3 + \dfrac{x^4}{16}\,\right|_0^4$

$ = \pi\left(32 - \dfrac{128}{3} - 16\right) = \dfrac{16}{3}\,\pi \approx 5{,}33\cdot\pi = 16{,}754 \qquad \text{oder, da}$

$M_x = \dfrac{1}{2}\int y^2\,\mathrm{d}x,\ \text{ist}\ V = 2\,\pi\,M_x = 2\,\pi\cdot\dfrac{8}{3} = \dfrac{16}{3}\,\pi$

Zu e) $\quad x_s = \dfrac{M_{yz}}{V} \qquad M_{yz} = \pi\int\limits_0^4 x\,y^2\,\mathrm{d}x = \pi\int\limits_0^4 x\left(4\,x - 2\,x^2 + \dfrac{x^3}{4}\right)\mathrm{d}x$

$M_{yz} = \pi\int\limits_0^4\left(4\,x^2 - 2\,x^3 + \dfrac{x^4}{4}\right)\mathrm{d}x = \pi\left|\,\dfrac{4\,x^3}{3} - \dfrac{x^4}{2} + \dfrac{x^5}{20}\,\right|_0^4$

$\phantom{M_{yz}} = \pi\left(\dfrac{256}{3} - \dfrac{256}{2} + \dfrac{1024}{20}\right) = \dfrac{128}{15}\,\pi \approx 8{,}53\,\pi = 26{,}798$

$x_s = \dfrac{M_{yz}}{V} = \dfrac{128\,\pi\cdot 3}{15\cdot 16\,\pi} = \dfrac{16}{10} = 1{,}6$

4.3 Trägheitsmomente von Flächen

Man unterscheidet axiale oder äquatoriale Trägheitsmomente — diese sind auf eine in der Ebene liegende Achse bezogen — und polare Trägheitsmomente. Diese sind auf einen in der Ebene liegenden Punkt O, den Pol bezogen. Hierbei kann man den Pol auch betrachten als den Durchstoßpunkt einer senkrecht zur Ebene angeordneten Achse. Legt man durch den Pol O zwei senkrechte Koordinatenachsen als Bezugsachsen, und hat ein Flächenteilchen dA von diesen die Abstände x und y und von dem Pol den Abstand r, so sind die bezüglichen Trägheitsmomente dieses Flächenteilchens

$$I_x = \int y^2 \, dA; \quad I_y = \int x^2 \, dA; \quad I_p = \int r^2 \, dA.$$ Es ist nun $r^2 = x^2 + y^2$ und

$$I_p = \int (x^2 + y^2) \, dA = \int x^2 \, dA + \int y^2 \, dA = J_y + J_x.$$

Läßt sich das Flächenteilchen als Flächenstreifen so anordnen, daß dieser parallel zur Bezugsachse liegt, daß alle Punkte dieses Streifens also denselben Abstand von der Bezugsachse haben, so ist die Lösung der Integrale verhältnismäßig einfach.

Es ist nur erforderlich, die Trägheitsmomente für Achsen zu bestimmen, die durch den Schwerpunkt gelegt sind. Für jede andere Achse, die in einem Abstand a parallel zu dieser Schwerpunktsachse liegt, ergibt sich:

$$I_a = \int (x+a)^2 \, dA = \int x^2 \, dA + 2a \int x \, dA + a^2 \int dA.$$

Das erste Integral ist nach dem Vorstehenden J_y; das zweite Integral ist das statische Moment M_y der Fläche, bezogen auf die durch den Schwerpunkt gehende Achse, wofür auch $A \cdot x_s$ zu setzen ist. Da aber der Schwerpunkt auf der y-Achse liegt, ist $x_s = 0$, also auch $M_y = 0$. Das dritte Integral ist die Fläche A. Es wird also

$$I_a = I_y + a^2 A \qquad \text{Satz von Steiner oder Verschiebesatz.}$$

Man erhält also das Trägheitsmoment für eine beliebige Achse, wenn man das Trägheitsmoment für die durch den Schwerpunkt gezogene parallele Achse bestimmt und diesen Wert vermehrt um das Produkt aus der Fläche und dem Quadrat des Abstandes a der beiden parallelen Achsen.

1. Es ist das Trägheitsmoment eines Rechtecks zu bestimmen.

   Für die durch den Schwerpunkt gezogenen Bezugsachsen eines Rechtecks von der Fläche $A = b \cdot h$ ergibt sich:

$$I_{x_0} = \int_{-\frac{h}{2}}^{+\frac{h}{2}} dA\, y^2 = b \int_{-\frac{h}{2}}^{+\frac{h}{2}} y^2\, dy \qquad (dA = b \cdot dy)$$

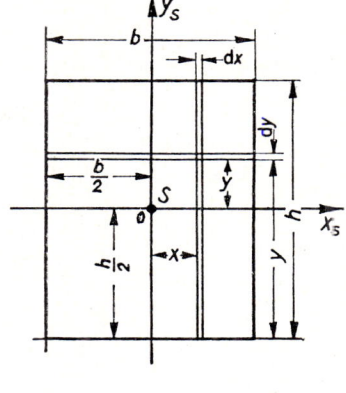

$$= 2b \int_0^{\frac{h}{2}} y^2\, dy = 2b \left.\frac{y^3}{3}\right|_0^{\frac{h}{2}} = \frac{2}{3} b \cdot \frac{h^3}{8} = \frac{b \cdot h^3}{12}$$

$$I_{y_0} = \int_{-\frac{b}{2}}^{+\frac{b}{2}} dA\, x^2 = h \int_{-\frac{b}{2}}^{+\frac{b}{2}} x^2\, dx \qquad (dA = h \cdot dx)$$

$$= 2h \int_0^{\frac{b}{2}} x^2\, dx = 2h \left.\frac{x^3}{3}\right|_0^{\frac{b}{2}} = \frac{2}{3} h \frac{b^3}{8} = \frac{h \cdot b^3}{12}$$

$$I_p = I_x + I_y = \frac{b \cdot h}{12}(h^2 + b^2)$$

Das Trägheitsmoment des Rechtecks, bezogen auf die Achse AB ist nach dem Satz von Steiner:

$$I_{AB} = I_S + A \cdot a^2 = I_S + A \cdot \left(\frac{h}{2}\right)^2$$

$$= \frac{b \cdot h^3}{12} + b \cdot h \cdot \frac{h^2}{4} = \frac{b \cdot h^3}{12} + \frac{b \cdot h^3}{4} = \frac{b \cdot h^3}{3}$$

2. **Das Trägheitsmoment eines Dreiecks.**

Für die Fläche unter der Geraden $y = c\, x$ ergibt sich für die Grenzen $x_1 = 0$ und $x_2 = b$ nach der Figur, da $h = c \cdot b$ und $dA = y \cdot dx$ ist:

$$I_y = \int_0^b y\, dx\, x^2 = \int_0^b c\, x\, x^2\, dx$$

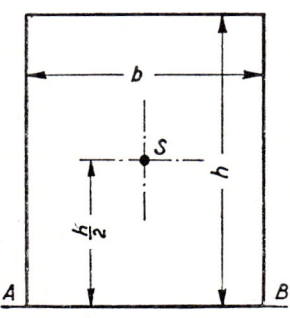

$$= c \cdot \left.\frac{x^4}{4}\right|_0^b = \frac{c\, b^4}{4} = \frac{h}{b} \cdot \frac{b^4}{4} = \frac{1}{4} b^3 h$$

Mit demselben Flächenstreifen erhält man I_x dieses Flächenstreifens aus der vorigen Aufgabe, wenn man für $I_x = \frac{bh^3}{12}$ unter Berücksichtigung des Satzes von Steiner für $b = dx$ und für $h = y$ setzt. Man erhält dann

$$dI_x = \frac{dx \cdot y^3}{12} + y \cdot dx \cdot \frac{y^2}{4} = \frac{dx\, y^3}{12} + \frac{dx\, y^3}{4} = \frac{1}{3} y^3\, dx$$

Also wird

$$I_x = \frac{1}{3}\int_0^b y^3\,\mathrm{d}x = \frac{1}{3}\int_0^b c^3 x^3\,\mathrm{d}x = \frac{1}{3} c^3 \cdot \frac{x^4}{4}\Big|_0^b = \frac{1}{3}\frac{c^3}{4}b^4$$

$$c = \frac{h}{b}; \qquad c^3 = \frac{h^3}{b^3} \qquad I_x = \frac{1}{12}\frac{h^3}{b^3}b^4 = \frac{1}{12}b\cdot h^3$$

Für die Schwerpunktsachsen x_s und y_s folgt nach dem Satz von Steiner $I_x = I'_x + a^2 A$ oder

$$I'_x = I_x - a^2 A; \qquad \text{hier ist} \qquad a = \frac{h}{3} \qquad \text{und} \qquad A = \frac{b\cdot h}{2}, \qquad \text{also wird}$$

$$I'_x = \frac{1}{12}\cdot b\,h^3 - \frac{h^2}{9}\cdot\frac{b\,h}{2} = \frac{b\,h^3}{12} - \frac{b\,h^3}{18} = \frac{b\cdot h^3}{36}$$

$$I'_y = \frac{1}{4}b^3 h - a^2 A; \qquad \text{hier ist} \qquad a = \frac{2}{3}b \qquad \text{und} \qquad A = \frac{b\,h}{2}$$

$$I'_y = \frac{1}{4}b^3 h - \frac{4}{9}b^2\cdot\frac{b\cdot h}{2} = \frac{b^3 h}{4} - \frac{2}{9}b^3 h = \frac{b^3\cdot h}{36}$$

3. Das Trägheitsmoment eines Dreiecks.

$$I_x = \int_0^h \mathrm{d}A\cdot y^2 = \int_0^h u\,\mathrm{d}y\,y^2$$

$$b : u = h : (h-y)$$

$$u = \frac{b}{h}(h-y)$$

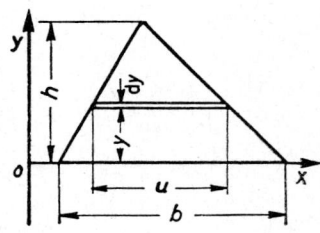

$$I_x = \frac{b}{h}\int_0^h (h-y)\,y^2\,\mathrm{d}y$$

$$I_x = \frac{b}{h}\int_0^h (h\,y^2 - y^3)\,\mathrm{d}y = \frac{b}{h}\left|\frac{h\,y^3}{3} - \frac{y^4}{4}\right|_0^h$$

$$I_x = \frac{b}{h}\left(\frac{h^4}{3} - \frac{h^4}{4}\right) = \frac{b}{h}\cdot\frac{h^4}{12} = \frac{b\,h^3}{12}$$

Für die Schwerpunktsachse im Abstand $\frac{h}{3}$ von der Achse O ist

$$I_s = I_x - a^2\cdot A = \frac{b\cdot h^3}{12} - \frac{h^2}{9}\cdot\frac{b\cdot h}{2}$$

$$= \frac{b\,h^3}{12} - \frac{b\cdot h^3}{18} = \frac{b\cdot h^3}{36}$$

4. Das Trägheitsmoment eines Rechtecks in bezug auf seine Diagonale.

$$I_d = \int_{-h}^{+h} y\,\mathrm{d}x\,x^2 = 2\int_0^h x^2 y\,\mathrm{d}x$$

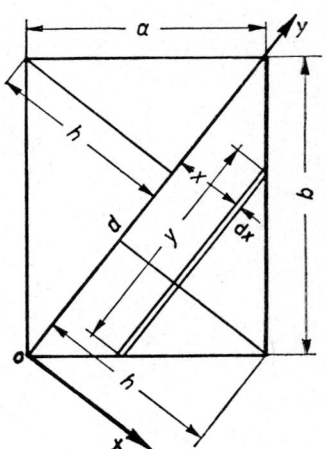

$$d:y = h:(h-x) \qquad y = \frac{d(h-x)}{h}$$

$$I_d = \frac{2d}{h}\int_0^h (h-x)x^2\,dx = \frac{2d}{h}\int_0^h (hx^2 - x^3)\,dx$$

$$= \frac{2d}{h}\left|\frac{hx^3}{3} - \frac{x^4}{4}\right|_0^h = \frac{2d}{h}\left(\frac{h^4}{3} - \frac{h^4}{4}\right)$$

$$= \frac{2d}{h}\cdot\frac{h^4}{12} = \frac{dh^3}{6} \qquad h\cdot d = a\cdot b;\qquad h = \frac{a\cdot b}{d};\qquad h^3 = \frac{a^3\cdot b^3}{d^3}$$

$$I_d = \frac{d\cdot a^3 b^3}{6\,d^3} = \frac{a^3 b^3}{6\,d^2} \qquad d^2 = a^2 + b^2$$

$$I_d = \frac{a^3 b^3}{6(a^2+b^2)}$$

5. Das Trägheitsmoment eines regelmäßigen Sechsecks, bezogen auf eine Diagonale.

$$dA = y\cdot dx$$
$$I_y = 2\int_0^h y\,dx\,x^2 \qquad a:h = (y-a):(h-x)$$
$$ah - ax = hy - ah$$

$$I_y = \frac{2a}{h}\int_0^h (2hx^2 - x^3)\,dx \qquad y = \frac{2ah - ax}{h}$$
$$y = \frac{a}{h}(2h - x)$$

$$I_y = \frac{2a}{h}\left|\frac{2hx^3}{3} - \frac{x^4}{4}\right|_0^h \qquad h = \frac{a}{2}\sqrt{3}$$

$$= \frac{2a}{h}\left(\frac{2h^4}{3} - \frac{h^4}{4}\right) = \frac{5}{6}a\,h^3$$

$$I_y = \frac{5}{6}a\cdot\frac{a^3}{8}\cdot 3\cdot\sqrt{3} = \frac{5}{16}a^4\sqrt{3}$$

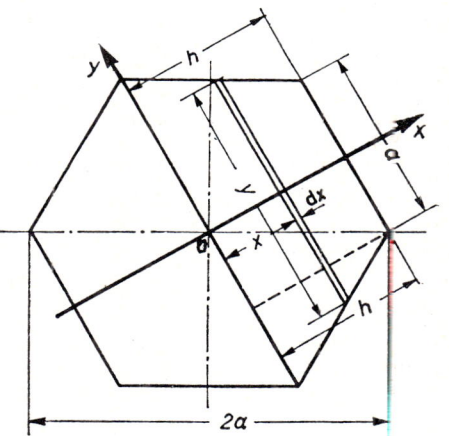

6. Das Trägheitsmoment eines regelmäßigen Sechsecks, bezogen auf eine Symmetrieachse.

$I_x = I_x$ Rechteck $BCEF + 4I_x$ Dreieck ABH. Nach Beisp. 1 u. 3 ist

$$I_{x\,\text{Rechteck}} = \left|\frac{bh^3}{12}\right| = \frac{a\cdot}{12}a^3\cdot 3\sqrt{3} = \frac{a^4}{4}\sqrt{3}$$

$$4I_{i\,\text{Dreieck}} = 4\left|\frac{bh^3}{12}\right| = \frac{1}{3\cdot 2\cdot 8}a\,a^3\,3\sqrt{3}$$
$$= \frac{a^4}{16}\sqrt{3}$$

$$I_x = \frac{a^4}{4}\sqrt{3} + \frac{a^4}{16}\sqrt{3} = \frac{5}{16}a^4\sqrt{3}$$

$I_y = I_y$ Rechteck $BCEF + 2I_y$ Dreieck ABF

$$I_{y\,\text{Rechteck}} = \left|\frac{h\cdot b^3}{12}\right| = \frac{a\sqrt{3}}{12}\cdot a^3 = \frac{a^4}{12}\sqrt{3}$$

$$2I_{y\,\text{Dreieck}} = 2(I + A\cdot e^2)$$

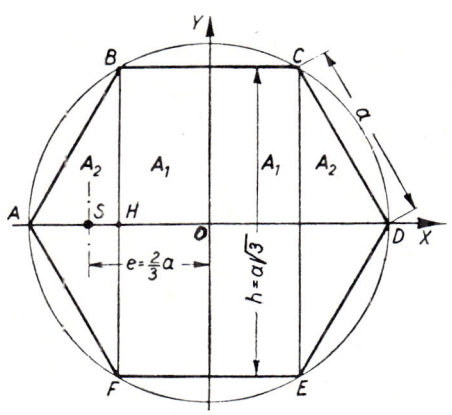

$$= 2\left(\left|\frac{bh^3}{36}\right| + \frac{a^2}{4}\sqrt{3}\cdot\frac{4}{9}a^2\right)$$

$$= 2\left(\frac{a\sqrt{3}}{36}\frac{a^3}{8}+\frac{a^4}{9}\sqrt{3}\right) = \frac{2a^4}{9}\sqrt{3}\left(\frac{1}{32}+1\right) = 2\cdot\frac{33}{32}\frac{a^4}{9}\sqrt{3} = \frac{11}{48}a^4\sqrt{3}$$

$$I_y = \frac{a^4}{12}\sqrt{3}+\frac{11}{48}a^4\sqrt{3} = \frac{15}{48}a^4\sqrt{3} = \frac{5}{16}a^4\sqrt{3}$$

7. **Das Trägheitsmoment einer Kreisfläche.**
Man erhält das polare Trägheitsmoment für den Mittelpunkt als Pol, wenn man dA als einen ringförmigen Streifen annimmt, der den inneren Radius ϱ und die Breite dϱ hat. Es ist dann

$$dA = 2\varrho\pi\,d\varrho \text{ und}$$

$$I_p = \int_0^r \varrho^2\,dA = 2\pi\int_0^r \varrho^3\,d\varrho$$

$$= \frac{2\pi}{4}\varrho^4\bigg|_0^r = \frac{\pi r^4}{2} = \frac{\pi d^4}{32}$$

Die beiden axialen Trägheitsmomente I_x und J_y sind gleich, und somit ist

$$I_x = I_y = \frac{I_p}{2} = \frac{\pi r^4}{4} = \frac{\pi d^4}{64}$$

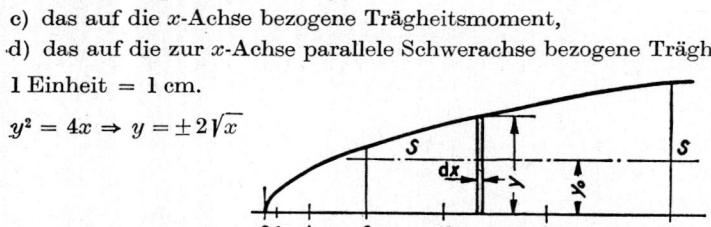

8. Gegeben ist die Parabel $y^2 = 4x$. Für das zwischen den Abszissen $x = 9$ und $x = 36$ liegende Flächenstück ist zu berechnen:

a) der Flächeninhalt,
b) der Schwerpunktsabstand y_0,
c) das auf die x-Achse bezogene Trägheitsmoment,
d) das auf die zur x-Achse parallele Schwerachse bezogene Trägheitsmoment.

1 Einheit = 1 cm.

$$y^2 = 4x \Rightarrow y = \pm 2\sqrt{x}$$

a) $A = \int_9^{36} y\,dx = 2\int_9^{36} x^{\frac{1}{2}}\,dx = 2\cdot\frac{2}{3}x^{\frac{3}{2}}\bigg|_9^{36} = \frac{4}{3}(216-27) = 252$

b) $A\cdot y_s = \int_9^{36} M_x = \frac{1}{2}\int_9^{36} y\,dx\,y = \frac{1}{2}\int_9^{36} y^2\,dx = \frac{1}{2}\cdot 4\int_9^{36} x\,dx = 2\left|\frac{x^2}{2}\right|_9^{36} = 36^2 - 9^2$

$$= 1296 - 81 = 1215 \qquad y_s = \frac{1215}{252} = 4{,}825$$

c) $I_x = \int_9^{36}\frac{dx\cdot y^3}{3} = \frac{1}{3}\int_9^{36} y^3\,dx = \frac{1}{3}\cdot 8\int_9^{36} x^{\frac{3}{2}}\,dx = \frac{8}{5}\cdot\frac{2}{3}x^{\frac{5}{2}}\bigg|_9^{36}$ s. Bemerkung Aufgabe 2

$$= \frac{16}{15}(6^5 - 3^5) = \frac{16}{15}(7776 - 243) = \frac{16 \cdot 7533}{15} = 8035,2$$

d) $I_s = I_z - A \cdot y_0^2 = 8035,2 - 252 \cdot 4,825^2 = 8035,2 - 5870 = 2165$

9. Bestimme das Trägheitsmoment der Fläche unter der Kurve $y = 3x^2$ bezogen auf die Koordinatenachsen von $x_1 = 1$ bis $x_2 = 3$.

$$I_x = \frac{1}{3} \int_1^3 y^3 \, dx \quad \text{s. Bemerkung Aufgabe 2} = \frac{1}{3} \cdot 27 \int_1^3 x^6 \, dx = \frac{9}{7} x^7 \Big|_1^3$$

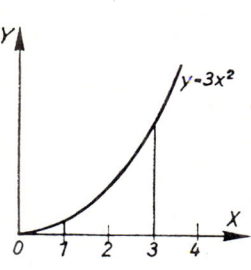

$$= \frac{9}{7}(2187 - 1) = \frac{9}{7} \cdot 2186 = 2810,57$$

$$I_y = \int_1^3 x^2 y \, dx = 3 \int_1^3 x^4 \, dx = \frac{3}{5} x^5 \Big|_1^3$$

$$= \frac{3}{5} \cdot 242 = \frac{726}{5} = 145,2$$

10. Gegeben ist die Funktion $y = 6x^2 - 3x^3$. Gesucht wird:
    a) der Graph der Funktion,
    b) die Hoch- und Tiefpunkt,
    c) der Wendepunkt und die Gleichung der Wendetangente,
    d) der Inhalt des Flächenstücks, das die x-Achse von der Kurve abschneidet,
    e) der Schwerpunkt dieser Fläche,
    f) die Trägheitsmomente dieser Fläche.

zu a)
x	-3	-2	-1	0	1	2	3
y	135	48	9	0	3	0	-27

Nullstellen: $y = 0 \Rightarrow x_{1/2} = 0$; $x_{03} = 2$ $N_{1/2}(0/0)$ $N_3(2/0)$

zu b) $y = 6x^2 - 3x^3$

$\quad y' = 12x - 9x^2 = 3x(4 - 3x) = 0$

$\quad$ für $\quad x_{11} = 0 \quad x_{12} = \frac{4}{3}$

$\quad\quad\quad y_{11} = 0 \quad y_{12} = \frac{32}{9} = 3\frac{5}{9}$

$E_1(0/0)$ T $\quad E_2(\frac{4}{3}/3\frac{5}{9})$ H

$y'' = 12 - 18x$

$y''_{(0)} = 12 > 0$, also Min für $x = 0$

$y''_{(\frac{4}{3})} = 12 - 24 = -12 < 0$, also Max für $x = \frac{4}{3}$

zu c) $y'' = 12 - 18x = 0$ Bei $x_{21} = \frac{2}{3}$ Wendepunkt.

$\quad\quad\quad\quad y_{21} = 6 \cdot \frac{4}{9} - \frac{3 \cdot 8}{27} = \frac{16}{9}$

$W\left(\frac{2}{3} \Big/ \frac{16}{9}\right)$

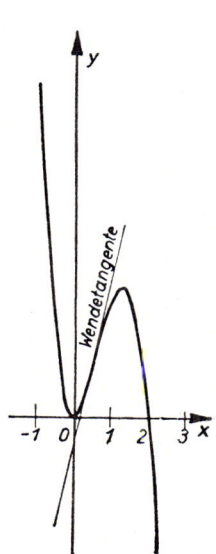

$\quad$ Gleichung der Tangente: $y = mx + n$

$y' = 12x - 9x^2 \quad m_W = 12 \cdot \frac{2}{3} - 9 \cdot \frac{4}{9} = 4$

aus $\frac{16}{9} = 4 \cdot \frac{2}{3} + n$ folgt $n = -\frac{8}{9}$ und somit $y = 4x - \frac{8}{9}$

Zu d) $6x^2 - 3x^3 = 0$; $3x^2(2-x) = 0$ $x_{01} = 0$ $x_{02} = 0$ $x_{03} = 2$

$$A = \int_0^2 y\,dx = \int_0^2 (6x^2 - 3x^3)\,dx = 2x^3 - \frac{3}{4}x^4\Big|_0^2 = 16 - 12 = 4$$

Zu e) $M_x = \dfrac{1}{2}\int_0^2 y^2\,dx = \dfrac{1}{2}\int_0^2 (6x^2 - 3x^3)^2\,dx = \dfrac{1}{2}\int_0^2 (36x^4 - 36x^5 + 9x^6)\,dx$

$$= \frac{1}{2}\left|\frac{36}{5}x^5 - 6x^6 + \frac{9}{7}x^7\right|_0^2 = \frac{1}{2}\left[\frac{36\cdot 32}{5} - 6\cdot 64 + \frac{9}{7}\cdot 128\right]$$

$$= \frac{32}{2}\left[\frac{36}{5} - 12 + \frac{36}{7}\right] = 16\cdot 12\left(\frac{3}{5} - 1 + \frac{3}{7}\right) = \frac{16\cdot 12}{35} = \frac{192}{35} = 5{,}48$$

$$M_y = \int_0^2 x\cdot y\,dx = \int_0^2 (6x^3 - 3x^4)\,dx = \frac{6x^4}{4} - \frac{3x^5}{5}\Big|_0^2 = \frac{6\cdot 16}{4} - \frac{3\cdot 32}{5}$$

$$= 24 - \frac{96}{5} = \frac{24}{5} = 4{,}8$$

$$x_s = \frac{M_y}{A} = \frac{4{,}8}{4} = 1{,}2 \qquad\qquad y_s = \frac{M_x}{A} = \frac{5{,}48}{4} = 1{,}37$$

Zu f) $I_y = \int_0^2 x^2\,dA = \int_0^2 x^2\cdot y\,dx = \int_0^2 (6x^4 - 3x^5)\,dx = \dfrac{6x^5}{5} - \dfrac{3x^6}{6}\Big|_0^2$

$$= \frac{192}{5} - 32 = \frac{32}{5} = 6{,}4$$

$$I_x = \frac{1}{3}\int_0^2 y^3\,dx \quad\text{(s. Bemerkung Aufgabe 2)} = \frac{1}{3}\int_0^2 (6x^2 - 3x^3)^3\,dx$$

$$= \frac{1}{3}\int_0^2 (216x^6 - 324x^7 + 162x^8 - 27x^9)\,dx$$

$$= \frac{1}{3}\left|\frac{216x^7}{7} - \frac{324x^8}{8} + \frac{162x^9}{9} - \frac{27x^{10}}{10}\right|_0^2$$

$$= \frac{27}{3}\left|\frac{8x^7}{7} - \frac{3}{2}x^8 + \frac{2}{3}x^9 - \frac{x^{10}}{10}\right|_0^2 = 9\left[\frac{8\cdot 128}{7} - \frac{3}{2}\cdot 256 + \frac{2}{3}\cdot 512 - \frac{1024}{10}\right]$$

$$= 9\cdot 128\left[\frac{8}{7} - 3 + \frac{8}{3} - \frac{4}{5}\right] = \frac{9\cdot 128\cdot 1}{105} = 10{,}97$$

11. In einen Kreis vom Radius r ist das Rechteck einzubeschreiben, das
    a) die größte Fläche;
    b) das größte Trägheitsmoment;
    c) das größte Widerstandsmoment hat.

Zu a) $A = x\cdot z;\qquad A^2 = x^2 z^2$
$\qquad z^2 = 4r^2 - x^2;\qquad A^2 = x^2(4r^2 - x^2)$
$\qquad\qquad\qquad\qquad\qquad A^2 = 4r^2 x^2 - x^4$

$\qquad y = 4r^2 x^2 - x^4$

$$y' = 8\,r^2 x - 4\,x^3 = 4\,x(2\,r^2 - x^2)$$
$$= 0 \text{ für } x_1 = 0; \quad x_2 = r\sqrt{2}$$
dann wird $z = \sqrt{4\,r^2 - x^2} = \sqrt{4\,r^2 - 2\,r^2}$
$$z = r\sqrt{2} \quad \text{d.h.}$$
ein Quadrat mit der Seite $r\sqrt{2}$.

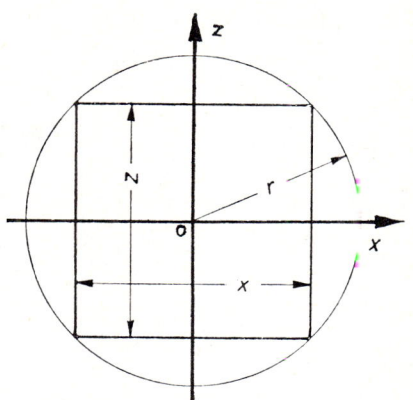

Zu b) $I = \dfrac{x \cdot z^3}{12} = \dfrac{x(4\,r^2 - x^2)^{\frac{3}{2}}}{12}$

$I_x^2 = \dfrac{x^2(4\,r^2 - x^2)^3}{144} = \dfrac{y}{144}$

$y = x^2(64\,r^6 - 48\,r^4 x^2 + 12\,r^2 x^4 - x^6)$
$y = 64\,r^6 x^2 - 48\,r^4 x^4 + 12\,r^2 x^6 - x^8$
$y' = 128\,r^6 x - 192\,r^4 x^3 +$
$\qquad\qquad + 72\,r^2 x^5 - 8\,x^7 = 0$
$= 8\,x(16\,r^6 - 24\,r^4 x^2 + 9\,r^2 x^4 - x^6) = 0$
für $x_1 = 0$, für $x_2 = t$ wird
$t^3 - 9\,r^2 t^2 + 24\,r^4 t - 16\,r^6 = 0$

führt also auf eine kubische Gleichung, daher versuchen, I_x als Funktion von z auszudrücken.

$I_x = \dfrac{x \cdot z^3}{12}$ oder $I_x^2 = \dfrac{x^2 z^6}{144}$; $x^2 = 4\,r^2 - z^2$

$I_x^2 = \dfrac{(4\,r^2 - z^2)\,z^6}{144} = \dfrac{4\,r^2 z^6 - z^8}{144}$;

$y = f(z) = 4\,r^2 z^6 - z^8$
$y' = 24\,r^2 z^5 - 8\,z^7 = 8\,z^5(3\,r^2 - z^2) = 0$ für
$z_1 = 0; \quad z_2 = r\sqrt{3}$

dann wird $x = \sqrt{4\,r^2 - 3\,r^2} = r$

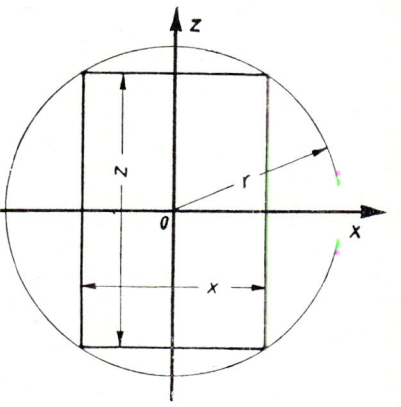

Zu c) $W = \dfrac{x z^2}{6} = \dfrac{1}{6} = x(4\,r^2 - x^2) = \dfrac{1}{6}(4\,r^2 x - x^3)$

$y = 4\,r^2 x - x^3; \quad y' = 4\,r^2 - 3\,x^2 = 0$ für

$x = \sqrt{\dfrac{4\,r^2}{3}} = \dfrac{2}{3}\,r\sqrt{3}$, dann wird

$z = \sqrt{4\,r^2 - \dfrac{4\,r^2}{3}} = \sqrt{\dfrac{8\,r^2}{3}} = \dfrac{2}{3}\,r\sqrt{6}$

$\dfrac{x}{z} = \dfrac{\sqrt{3}}{\sqrt{6}} = \dfrac{1}{\sqrt{2}} = \dfrac{2}{\sqrt{2}} \approx \dfrac{5}{7}$

4.4 Trägheitsmomente von Körpern

Bei den Trägheitsmomenten von Körpern unterscheidet man:

Planare Trägheitsmomente. — Das sind Trägheitsmomente, die auf eine Ebene bezogen sind.

Axiale Trägheitsmomente. — Das sind Trägheitsmomente, die auf eine Achse bezogen sind.

Polare Trägheitsmomente. — Das sind Trägheitsmomente, die auf einen Punkt bezogen sind.

Die planaren Trägheitsmomente auf die 3 Ebenen bezogen sind:

$$I_{yz} = \int x^2 \, dV; \qquad I_{xz} = \int y^2 \, dV; \qquad I_{xy} = \int z^2 \, dV$$

Die axialen Trägheitsmomente sind:
für die x-Achse:

$$I_x = \int \varrho^2 \, dV = \int (y^2 + z^2) \, dV$$
$$= \int y^2 \, dV + \int z^2 \, dV = I_{xz} + I_{xy}$$

für die y-Achse: $\qquad I_y = I_{yz} + I_{xy}$
für die z-Achse: $\qquad I_z = I_{yz} + I_{xz}$

Das polare Trägheitsmoment:

$$I_p = \int r^2 \, dV = \int (x^2 + y^2 + z^2) \, dV$$
$$= I_{yz} + I_{xz} + I_{xy}$$

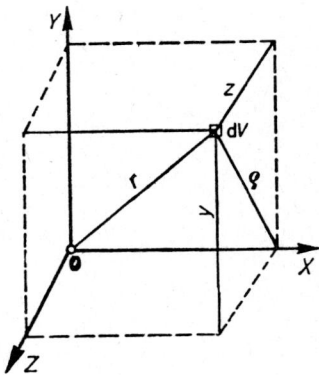

Es ist also das axiale Trägheitsmoment eines Körpers gleich der Summe der beiden planaren Trägheitsmomente, deren Momentenebenen sich in der Achse schneiden, und das polare Trägheitsmoment eines Körpers ist gleich der Summe der drei planaren Trägheitsmomente, deren Momentenebenen sich in dem Pol schneiden.

In der Dynamik treten Trägheitsmomente auf, und zwar bei der Berechnung der Energie (Wucht) rotierender Massen (Schwungrad, Kreisel). Ein Massenteilchen dm rotiere um eine feststehende Achse, die durch den Punkt O geht, mit der konstanten Winkelgeschwindigkeit ω. Seine kinetische Energie beträgt

$$dE_k = \frac{dm \, v^2}{2} = \frac{dm \, \varrho^2 \, \omega^2}{2}$$

Für die kinetische Energie des Gesamtkörpers ist dann

$$E_k = \int \frac{dm \cdot \varrho^2 \, \omega^2}{2} = \frac{\omega^2}{2} \int dm \, \varrho^2$$

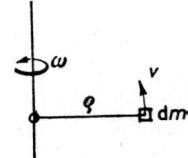

Den Ausdruck $\int dm \, \varrho^2$ nennt man das Massenträgheitsmoment oder dynamisches Trägheitsmoment und bezeichnet ihn mit I_d. Die kinetische Energie des rotierenden Körpers ist also

$$E_k = \frac{\omega^2}{2} I_d$$

Die obigen Formeln sind unter der Voraussetzung abgeleitet, daß die Dichte, d. h. die Masse der Raumeinheit gleich 1 ist, also $\dfrac{\gamma}{g} = 1$

$$m = \frac{G}{g} = \frac{V \cdot \gamma}{g} \qquad \text{für} \qquad \frac{\gamma}{g} = 1 \qquad \text{wird} \qquad m = V$$

Es kann somit für diesen Fall an Stelle der Masse das Volumen gesetzt werden.

1. Wie groß ist das Trägheitsmoment eines dünnen Stabes für eine Achse, die durch das Ende des Stabes geht?

Der Stab besitze die Länge l, den Querschnitt A und die Wichte γ.

$$I_d = \int_0^l dm \, \varrho^2; \qquad dm = A \cdot d\varrho \cdot \frac{\gamma}{g}$$

$$I_d = \int_0^l A \cdot \frac{\gamma}{g} \varrho^2 \, d\varrho = \frac{A\gamma}{g} \int_0^l \varrho^2 \, d\varrho$$

$I_d = A \dfrac{\gamma}{g} \dfrac{l^3}{3}$ Führt man die Gesamtmasse des Stabes

ein, also $m = A \cdot l \dfrac{\gamma}{g}$, so wird $I_d = m \dfrac{l^2}{3}$

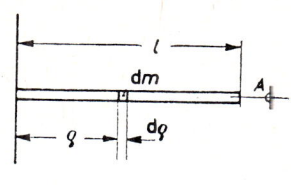

2. Das Massen-Trägheitsmoment eines dünnen Stabes in bezug auf seine Schwerachse senkrecht zur Stabrichtung ist zu bestimmen.

$$I_d = \int_{-\frac{l}{2}}^{+\frac{l}{2}} dm\, x^2 \qquad dm = \frac{f \cdot dx\, \gamma}{g} \qquad f = \text{Querschnitt}$$

$$I_d = \frac{f \cdot \gamma}{g} \int_{-\frac{l}{2}}^{+\frac{l}{2}} x^2 \, dx = 2 \frac{f\gamma}{g} \int_0^{\frac{l}{2}} x^2 \, dx$$

$$I_d = \frac{2 f \gamma}{g} \left. \frac{x^3}{3} \right|_0^{\frac{l}{2}} = \frac{2 f \gamma}{g} \cdot \frac{l^3}{24} = \frac{f \gamma}{g} \frac{l^3}{12}$$

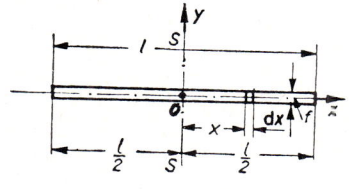

m des ganzen Stabes $= \dfrac{f \cdot l \cdot \gamma}{g}$

$I_d = m \cdot \dfrac{l^2}{12}$

3. Berechne das Trägheitsmoment eines dünnen Stabes von der Masse m und der Länge l für eine Achse x, die unter dem Winkel φ geneigt ist

$$dm = \frac{f \cdot dz \cdot \gamma}{g} = \mu\, dz; \quad y = z \cdot \sin\varphi \qquad I_d = \int_0^l dm \cdot y^2$$

$$I_d = \int_0^l \mu\, dz\, z^2 \sin^2\varphi = \mu \sin^2\varphi \int_0^l z^2\, dz$$

$$I_d = \mu \sin^2\varphi \left.\frac{z^3}{3}\right|_0^l = \mu \sin^2\varphi \frac{l^3}{3}$$

$m = \dfrac{f \cdot l \gamma}{g} = \mu\, l$ \quad also \quad $I_d = \dfrac{1}{3} m\, l^2 \sin^2\varphi$

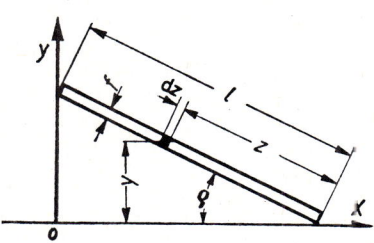

4. Es ist das Trägheitsmoment eines Stabes für eine Achse x zu bestimmen, die zum Stab senkrecht steht und von den Enden des Stabes die Entfernungen a und b hat.

$$I_d = \int_0^l dm\, x^2 \qquad dm = \frac{f\, dz\, \gamma}{g} = \mu\, dz$$

$$I_d = \mu \int_0^l x^2\, dz$$

Nach dem Kosinussatz ist
(1) $x^2 = a^2 + z^2 - 2az\cos\beta$
(2) $b^2 = a^2 + l^2 - 2al\cos\beta$;

$2a\cos\beta = \dfrac{a^2 + l^2 - b^2}{l}$ in (1) eingesetzt

$x^2 = a^2 + z^2 - z\dfrac{a^2 + l^2 - b^2}{l}$

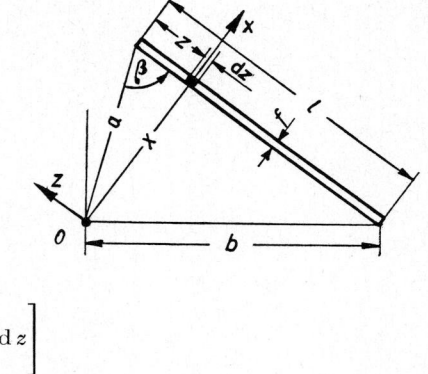

$I_d = \mu \int_0^l \left(a^2 + z^2 - \dfrac{z(a^2 + l^2 - b^2)}{l}\right) dz$

$I_d = \mu \left[a^2 \int_0^l dz + \int_0^l z^2 dz - \dfrac{a^2 + l^2 - b^2}{l} \int_0^l z\,dz\right]$

$I_d = \mu\left[a^2 l + \dfrac{l^3}{3} - \dfrac{a^2 + l^2 - b^2}{l} \cdot \dfrac{l^2}{2}\right] = \dfrac{\mu}{6}[6a^2 l + 2l^3 - 3a^2 l - 3l^3 + 3b^2 l]$

$I_d = \dfrac{\mu l}{6}[6a^2 + 2l^2 - 3a^2 - 3l^2 + 3b^2] = \dfrac{\mu l}{6}[3a^2 + 3b^2 - l^2]$;

$m = \dfrac{f \cdot l \cdot \gamma}{g} = \mu l$

$I_d = \dfrac{m}{6}[3a^2 + 3b^2 - l^2]$

5. Es ist das Trägheitsmoment eines Prismas zu bestimmen.

Zerlegt man den Körper in dünne Stäbe mit dem Querschnitt f und der Länge a, so ist die Masse eines dieser Stäbe mit der Entfernung ϱ von der Schwerachse

$dm = \dfrac{f \cdot a\gamma}{g}$

Das Massenträgheitsmoment in bezug auf die x-Achse ist also

$I_d = \int dm\,\varrho^2 = \dfrac{a\gamma}{g}\int f\varrho^2$

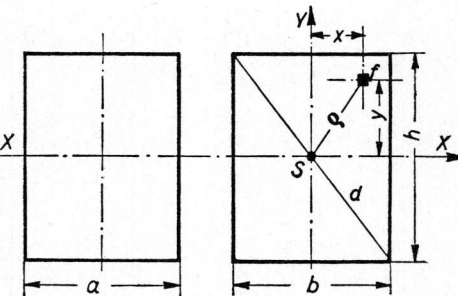

$\int f\varrho^2 = I_p$ ist das polare Flächen-Trägheitsmoment des Querschnitts in bezug auf den Schwerpunkt S.

Bezieht man die Flächenteile f auf ein rechtwinkliges Achsenkreuz, so ist $\varrho^2 = y^2 + x^2$, also

$I_p = \int f\varrho^2 = \int fy^2 + \int fx^2$ Es ist

$\int fy^2 = I_x$ und $\int fx^2 = I_y$, also die äquatorialen Flächenträgheitsmomente in bezug auf die Schwerachsen x u. y.

$I_p = I_x + I_y$

I_p ist nach Beispiel 1 des vorigen Abschnittes

$I_p = \dfrac{bh^3}{12} + \dfrac{hb^3}{12}$

Folglich ist das Massen-Trägheitsmoment

$$I_d = \frac{a \cdot \gamma}{g} \cdot J_p = \frac{a\gamma}{g}\left(\frac{bh^3}{12} - \frac{hb^3}{12}\right)$$

$$I_d = \frac{a\gamma}{g} \cdot \frac{bh}{12}(h^2 + b^2) = \frac{a\gamma}{g} \cdot \frac{bh}{12} \cdot d^2$$

$$I_d = m\frac{d^2}{12}$$

Verschiebesatz

S sei der Schwerpunkt der Querschnittsfläche eines prismatischen Körpers. Legt man nun im Abstand a von der Schwerachse S eine Achse O parallel zu der Schwerachse, so ist das Massen-Trägheitsmoment in bezug auf die Achse durch O.
$I_0 = \int dm \varrho^2$, wenn m ein Massenteilchen im Abstand ϱ von der Achse O ist. Nun ist nach der Figur

$\varrho^2 = (a+x)^2 + y^2 = a^2 + 2ax + x^2 + y^2$
$= a^2 + 2ax + r^2$ also ist

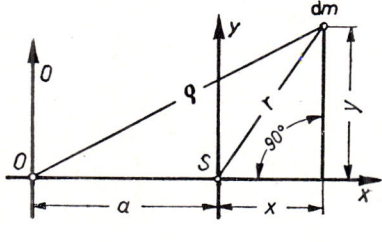

$$I_0 = \int (a^2 + 2ax + r^2)\,dm$$
$$= a^2 \int dm + 2a \int dm\,x - \int dm\,r^2$$

$\int dm \quad = m$ ist die Masse des ganzen Körpers

$\int dm \cdot x = m x_0 = 0$

$\int dm\,r^2 = I_s$

Also ist $\qquad I_0 = I_s + m a^2$

Das Massen-Trägheitsmoment eines Körpers in bezug auf eine der Schwerachse parallele beliebige Achse ist gleich dem Trägheitsmoment in bezug auf die Schwerachse plus der Masse mal dem Quadrat des Achsenabstandes.

Daher ist das Trägheitsmoment in bezug auf die Schwerachse das kleinste Trägheitsmoment eines Körpers.

6. Es ist das axiale Trägheitsmoment einer zylindrischen Scheibe vom Radius r und der Höhe h zu bestimmen.

$$I_z = \int \varrho^2\,dV \qquad dV = 2\varrho\pi\,d\varrho\,h$$

$$I_z = 2\pi h \int_0^r \varrho^2\,d\varrho = 2\pi h \left.\frac{\varrho^4}{4}\right|_0^r$$

$$I_z = 2\pi h \cdot \frac{r^4}{4} = \frac{\pi h r^4}{2} = r^2 \pi h \cdot \frac{r^2}{2}$$

$$I_z = V \cdot \frac{r^2}{2}$$

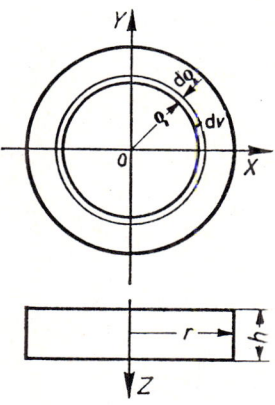

Oder das Massenträgheitsmoment. Es sei γ die Wichte des Körpers, dann ist $\frac{\gamma}{g}$ die Masse der Volumeneinheit, die physikalisch auch mit Dichte bezeichnet wird. Bezeichnet dv ein Volumenelement, so ist $\frac{dv \cdot \gamma}{g} = dm$.

Nach der Figur ist $dV = 2\varrho\pi\,d\varrho\cdot h$ = Volumen des Volumenelementes

und $dm = 2\varrho\pi\,d\varrho\,h\cdot\dfrac{\gamma}{g}$ = Masse des Volumenelementes

also ist $\quad I_d = \displaystyle\int_0^r dm\,\varrho^2 = \int_0^r \dfrac{\gamma}{g}\,2\pi h\,\varrho^3\,d\varrho = \dfrac{\gamma}{g}\,2\pi h\,\dfrac{r^4}{4} = \dfrac{\gamma}{g}\,\pi h\,\dfrac{r^4}{2}$

nun ist $\quad m = \dfrac{G}{g} = \dfrac{V\gamma}{g} = \dfrac{r^2\pi h\gamma}{g}\quad$ und somit folgt

$$I_d = \dfrac{m r^2}{2}$$

7. Berechne das Massen-Trägheitsmoment eines Zylinderringes von der Masse m und den Radien R und r.

m_R = Masse des Vollzylinders

m_r = Masse des herausgeschnittenen Zylinders.

Dann ist:

$I_R = m_R\cdot\dfrac{R^2}{2}$ das Massenträgheitsmoment des Vollzylinders

$I_r = m_r\cdot\dfrac{r^2}{2}$ das Massenträgheitsmoment des herausgeschnittenen Zylinders.

Für das Trägheitsmoment des verbleibenden Zylinderringes ist

$I = I_R - I_r = m_R\dfrac{R^2}{2} - m_r\dfrac{r^2}{2}.\quad$ Nun ist

$m_R = \dfrac{\gamma}{g}\,R^2\pi h$ = Masse des Vollzylinders

$m_r = \dfrac{\gamma}{g}\,r^2\pi h$ = Masse des herausgeschnittenen Zylinders

$m\;\; = \dfrac{\gamma}{g}\,(R^2-r^2)\,\pi h$ = Masse des Zylinderringes, also ist

$I_d = \dfrac{\gamma}{g}\,R^2\pi h\cdot\dfrac{R^2}{2} - \dfrac{\gamma}{g}\,r^2\pi h\cdot\dfrac{r^2}{2} = \dfrac{\gamma}{g}\,\dfrac{\pi h}{2}\,(R^4-r^4)$

$I_d = \dfrac{\gamma}{2g}\,\pi\cdot h\,(R^2-r^2)(R^2+r^2) = \dfrac{\gamma}{g}\,\pi h\,(R^2-r^2)\cdot\dfrac{R^2+r^2}{2}$

$I_d = m\,\dfrac{R^2+r^2}{2}$

8. Es ist das Trägheitsmoment eines beliebigen Drehkörpers in bezug auf die Drehachse zu bestimmen. Dreht sich eine Fläche von der Breite l unter einer Kurve mit der Gleichung $y = f(x)$ um die x-Achse, so ist dI_x das Trägheitsmoment einer Scheibe. Also ist nach Beispiel 6, wenn man $r = y$ und $h = dx$ setzt

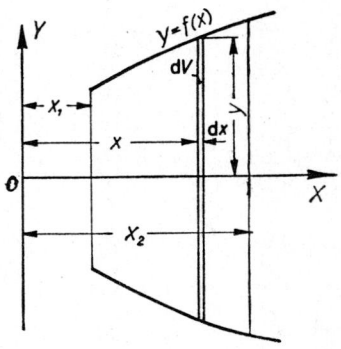

$dI_x = \dfrac{\pi}{2}\,dx\cdot y^4\quad$ und somit

$I_x\;\; = \dfrac{\pi}{2}\displaystyle\int_{x_1}^{x_2} y^4\,dx$

Für den Kreiszylinder ist:

$y = f(x) = r =$ konst. und
$x_2 - x_1 = l$, also

$$I_x = \frac{\pi}{2} r^4 \int_{x_1}^{x_2} dx = \frac{\pi}{2} r^4 x \Big|_{x_1}^{x_2} = \frac{\pi}{2} r^4 (x_2 - x_1) = \frac{\pi}{2} r^4 l$$

Hier ist $V = r^2 \pi l$ und somit $I_x = V \frac{r^2}{2} = V \frac{d^2}{8}$

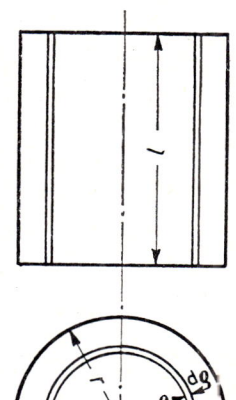

9. Es ist das Trägheitsmoment eines vollen Kreiszylinders in bezug auf seine Längsachse zu bestimmen.

Zerlegt man den Zylinder in unendlich viele, unendlich dünne Hohlzylinder, so ist die Masse eines solchen Hohlzylinders

$$dm = dv \frac{\gamma}{g} = 2 \varrho \pi d\varrho \cdot l \frac{\gamma}{g}$$

und somit das Trägheitsmoment

$$I_d = \int_0^r dm \cdot \varrho^2 = \int_0^r 2 \varrho \pi d\varrho \cdot l \cdot \frac{\gamma}{g} \varrho^2$$

$$I_d = 2 \pi l \frac{\gamma}{g} \int_0^r \varrho^3 d\varrho = 2 \pi l \frac{\gamma}{g} \frac{\varrho^4}{4} \Big|_0^r$$

$$I_d = 2 \pi l \frac{\gamma}{g} \frac{r^4}{4} = r^2 \pi \frac{\gamma l}{g} \cdot \frac{r^2}{2}$$

$$I_d = m \cdot \frac{r^2}{2} = m \frac{d^2}{8}$$

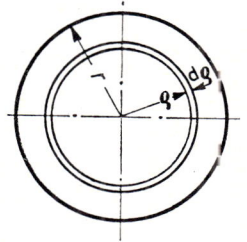

10. Das Trägheitsmoment eines Hohlzylinders.

Dieses ist gleich dem Trägheitsmoment des Vollzylinders, vermindert um das Trägheitsmoment des dem Hohlraum entsprechenden Zylinders.

$$I_d = m_2 \frac{r_2^2}{2} - m_1 \frac{r_1^2}{2}$$

$$I_d = r_2^2 \pi \frac{\gamma}{g} \cdot l \frac{r_2^2}{2} - r_1^2 \pi \frac{\gamma}{g} l \frac{r_1^2}{2}$$

$$I_d = \frac{\gamma}{g} \pi l \left(\frac{r_2^4 - r_1^4}{2} \right)$$

$$= \frac{\gamma}{g} \pi l (r_2^2 - r_1^2) \cdot \frac{r_2^2 + r_1^2}{2}$$

$$I_d = m \frac{r_2^2 + r_1^2}{2}$$

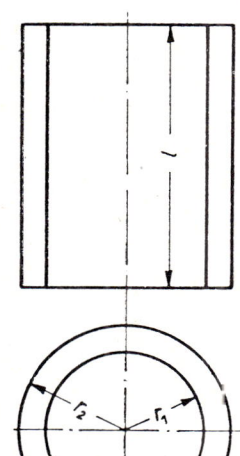

11. Es ist das Trägheitsmoment einer Kugel zu ermitteln.

Legt man die Koordinatenebenen durch den Mittelpunkt der Kugel und berücksichtigt die Kreisgleichung

$y^2 = r^2 - x^2$, so ist

137

a) das planare Trägheitsmoment

$$I_{yz} = \int_{-r}^{+r} x^2 \, dV = 2 \int_{0}^{r} x^2 \, dV$$

$$= 2 \int_{0}^{r} x^2 \, y^2 \, \pi \, dx = 2\pi \int_{0}^{r} x^2 (r^2 - x^2) \, dx$$

$$= 2\pi \int_{0}^{r} (r^2 x^2 - x^4) \, dx = 2\pi \left| r^2 \frac{x^3}{3} - \frac{x^5}{5} \right|_0^r$$

$$= 2\pi \left(\frac{r^5}{3} - \frac{r^5}{5} \right) = 2\pi \cdot \frac{2 r^5}{15} = \frac{4}{15} r^5 \pi$$

$$= \frac{4}{3} r^3 \pi \cdot \frac{r^2}{5} = \frac{1}{5} V r^2$$

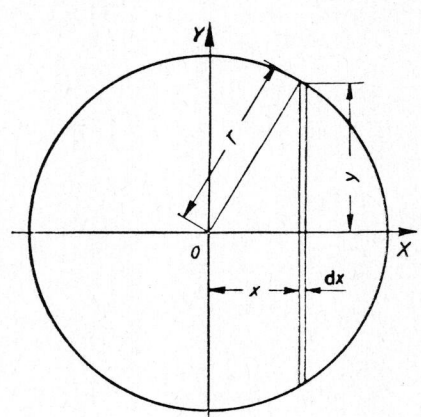

b) das axiale Trägheitsmoment:

$$I_x = I_y = I_z = 2 I_{yz} = \frac{8}{15} r^5 \pi = \frac{2}{5} V r^2$$

c) das polare Trägheitsmoment:

$$I_p = I_{xy} + I_{yz} + I_{zz} = 3 I_{xy} = 3 \cdot \frac{4}{15} r^5 \pi = \frac{4}{5} r^5 \pi = \frac{3}{5} V r^2$$

Das axiale Trägheitsmoment der Kugel ist auch leicht zu ermitteln unter Benutzung der Formel $I_x = \frac{\pi}{2} \int_{-r}^{+r} y^4 \, dx$ der Aufgabe 8

$$I_x = \frac{\pi}{2} \int_{-r}^{+r} y^4 \, dx = \pi \int_{0}^{r} y^4 \, dx. \quad \text{Nun ist} \quad y^2 = r^2 - x^2 \quad \text{und somit}$$

$$I_x = \pi \int_{0}^{r} (r^2 - x^2)^2 \, dx = \pi \int_{0}^{r} (r^4 - 2 r^2 x^2 + x^4) \, dx = \pi \left| r^4 x - 2 r^2 \frac{x^3}{3} + \frac{x^5}{5} \right|_0^r$$

$$I_x = \pi \left(r^5 - \frac{2}{3} r^5 + \frac{r^5}{5} \right) = \pi \frac{8}{15} r^5 = \frac{8}{15} r^5 \pi$$

12. Wie groß ist das Trägheitsmoment eines geraden Kreiskegels bezogen auf seine Achse? Man zerlegt den Kegel in unendlich dünne Scheiben parallel zur Grundfläche. Dann ist nach Beispiel 8

$$I_x = \frac{\pi}{2} \int_{0}^{h} y^4 \, dx$$

nun ist

$$r : y = h : x$$

oder $y = \frac{r \cdot x}{h}$

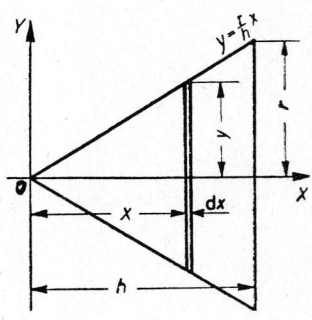

$$I_x = \frac{\pi}{2} \cdot \frac{r^4}{h^4} \int_{0}^{h} x^4 \, dx$$

$$I_x = \frac{\pi}{2} \cdot \frac{r^4}{h^4} \cdot \frac{h^5}{5} = \frac{\pi}{2} \cdot \frac{r^4 h}{5}$$

V des Kegels ist $\frac{r^2 \pi \cdot h}{3}$, also ist

$$I_x = \frac{3}{10} \cdot V r^2 \quad \text{setzt man} \quad m = \frac{G}{g} = \frac{V \cdot \gamma}{g} \quad \text{und} \quad \frac{\gamma}{g} = 1, \text{ so ist } m = V \quad \text{und}$$

$$I_d = \frac{3}{10} m r^2$$

Oder setzt man direkt in $J_x = \dfrac{\pi}{2} \displaystyle\int_0^h y^4 \, dx$ für $y = \dfrac{r}{h} x$, so ist

$$I_x = \frac{\pi}{2} \frac{r^4}{h^4} \int_0^h x^4 \, dx = \frac{\pi}{2} \frac{r^4}{h^4} \cdot \frac{h^5}{5} = \frac{\pi}{2} \frac{r^4 \cdot h}{5} = \frac{3}{10} V r^2$$

13. Es ist das Trägheitsmoment eines Rotationsparaboloids zu ermitteln.
Unter Benutzung der Formel

$$I_x = \frac{\pi}{2} \int_0^h y^4 \, dx \text{ der Aufgabe 9 folgt,}$$

da hier $y^2 = 2 p x$ oder $y^4 = 4 p^2 x^2$ ist

$$I_x = \frac{\pi}{2} \cdot 4 p^2 \int_0^h x^2 \, dx = 2 \pi p^2 \frac{h^3}{3}$$

Nun ist aus $y^2 = 2 p x$

$p = \dfrac{y^2}{2 x}$ oder hier $p = \dfrac{r^2}{2 h}$

$$I_x = 2 \pi \cdot \frac{r^4}{4 h^2} \cdot \frac{h^3}{3} = \pi \cdot \frac{r^4}{2} \cdot \frac{h}{3}; \quad V = \frac{r^2 \cdot \pi \cdot h}{2} \text{ und somit}$$

$$I_x = \frac{r^2 \pi h}{2} \cdot \frac{r^2}{3} = \frac{1}{3} V r^2$$

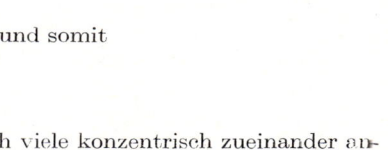

Zerlegt man das Rotationsparaboloid in unendlich viele konzentrisch zueinander angeordnete Hohlzylinder von der Wandstärke dy und der Länge $h - x$, so ist das Trägheitsmoment wie folgt zu ermitteln.

$$I_x = \int_0^r 2 y \pi \, dy \, (h - x) \, y^2$$

$$= 2 \pi \int_0^r (h - x) y^3 \, dy \text{ aus } y^2 = 2 p x \text{ ist } x = \frac{y^2}{2 p}$$

$$= 2 \pi \int_0^r \left(h - \frac{y^2}{2 p} \right) y^3 \, dy$$

$$= 2 \pi \int_0^r \left(h y^3 - \frac{y^5}{2 p} \right) dy = 2 \pi \left| \frac{h y^4}{4} - \frac{y^6}{12 p} \right|_0^r$$

$$= 2 \pi \left(h \frac{r^4}{4} - \frac{r^6}{12 p} \right) \text{ aus } r^2 = 2 p h \text{ ist } h = \frac{r^2}{2 p}$$

$$I_x = 2 \pi \left[\frac{h \cdot r^4}{4} - \frac{r^4 \cdot r^2}{6 \cdot 2 p} \right] = 2 \pi \left[h \frac{r^4}{4} - \frac{r^4}{6} \cdot h \right] = 2 \pi h \left(\frac{r^4}{4} - \frac{r^4}{6} \right)$$

$$= 2 \pi h \cdot \frac{r^4}{12} = \frac{1}{6} \pi h r^4 \cdot \frac{1}{2} r^2 \pi h \cdot \frac{1}{3} r^2 = \frac{1}{3} V r^2$$

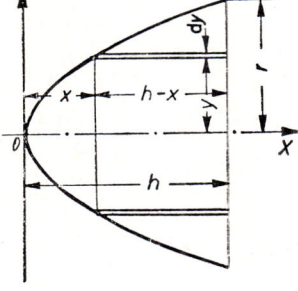

4.5 Die physikalische Arbeit als bestimmtes Integral

Wirkt die konstante Kraft F in Richtung des Weges s, dann ist die geleistete Arbeit
$$W = F \cdot s$$
Betrachtet man die Kraft F als konstante Funktion, den Weg a als Wegstrecke von s_1 bis s_2, ist die geleistete Arbeit als das Rechteck begrenzt von F, $s = s_1$, $s = s_2$ und $F' = 0$ darstellbar.

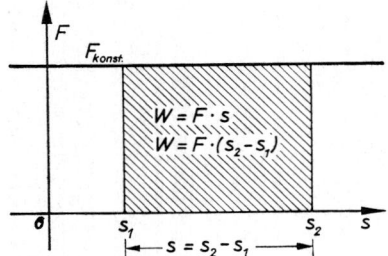 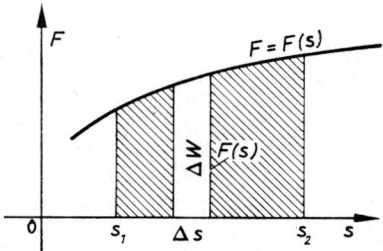

Ändert sich die Kraft F, ist sie nicht mehr konstant, sondern selbst eine Funktion von s, eine Funktion des Weges, läßt sich die Arbeit immer noch als die Fläche zwischen dem Graph der Kraft, der S-Achse mit den Grenzen s_1 und s_2 darstellen. Diese Fläche können wir in schmale Flächenstücke von der Breite Δs zerlegen. Jedes dieser Flächenstückchen stellt ein Arbeitselement ΔW dar. Und die Summe aller Arbeitselemente ist mit Hilfe der Integralrechnung als

$$W = \int_{s_1}^{s_2} F(s)\,\mathrm{d}s$$

zu ermitteln.

Beispiele

1. Bei einer elastischen Feder ist nach dem Gesetz von R. Hooke (engl. Physiker) die aufzuwendende Spannkraft $F(s)$ der jeweiligen Dehnung s proportional. Je nach Feder gilt eine entsprechende Federkonstante k. Für die Spannkraft gilt:
$$F(s) = k \cdot s$$
Die Federkonstante k ist abhängig vom Material, von der Form usw. Es ist die Kraft die erforderlich ist, um die Feder um $1\,LE$ auszuziehen.

Wird eine solche Schraubenfeder um den Weg s, d. h. von s_1 bis s_2 gedehnt, ist die dazu erforderliche Arbeit

$$W = \int_{s_1}^{s_2} F(s)\,\mathrm{d}s = \int_{s_1}^{s_2} k \cdot s \cdot \mathrm{d}s = \frac{k}{2}(s_1^2 - s_2^2)$$

Ist $s_1 = 0$, d. h. wird die Feder aus der Ruhelage gespannt, ist die aufgewendete Arbeit gleich der Energie der gespannten Feder

$$W = E = \frac{k}{2} s^2$$

Eine entspannte Feder mit der Federkonstanten $k = 0{,}6$ kp/cm soll aus der Ruhelage um 10 cm gedehnt werden. Welche Arbeit ist dazu nötig?

$$W = \int_0^{10} k \cdot s \, ds = \int_0^{10} 0{,}6 \cdot s \, ds = \left. \frac{0{,}6}{2} s^2 \right|_0^{10} = 30 \text{ kpcm}$$

$W = 0{,}3$ kpm

2. Spanne dieselbe Feder um weitere 10 cm, d. h. von 10 cm auf 20 cm und berechne die Arbeit.

$$W = \int_{10}^{20} 0{,}6 \cdot s \cdot ds = 0{,}3 \, (20^2 - 10^2) = 90 \text{ kpcm} = 0{,}9 \text{ kpm}$$

3. Fülle einen zylindrischen Wasserturm von 4 m Durchmesser und 5 m Höhe von unten her.

Man betrachte die dünne Schicht von der Dicke dy und dem Querschnitt Q als Volumenelement dV. Wird dieses Volumenelement dV um y m angehoben, ist die kleine Arbeit, das Arbeitselement dW vollbracht.

$$dW = Q \cdot y \cdot dy$$

Für die Gesamtarbeit folgt daraus:

$$W = \int_{y_1}^{y_2} Q \cdot y \cdot dy$$

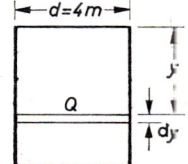

Der Querschnitt dieses Wasserturmes ist $x^2 \pi$ oder hier $r^2 \pi$. Damit die Gesamtarbeit:

$$W = 4\pi \int_0^5 y \cdot dy = \left. 4\pi \left(\frac{y^2}{2} \right) \right|_0^5 = 50 \pi \text{ m t}$$

4. Ein Brunnenschacht mit dem Querschnitt A soll insgesamt $h = 30$ m tief gebohrt werden. In diese Arbeit teilen sich 3 Unternehmer. Während der erste Unternehmer nur bis 8 m Tiefe bohrt, erledigt der zweite Unternehmer bis zu 20 m Tiefe. Der Rest wird von dem dritten Unternehmer übernommen.

Die Gesamtkosten dieses Projektes sind nach Arbeitsanteil zu verteilen.

Um die dünne Schicht $A \cdot dx$ x m hoch bis an die Erdoberfläche zu bringen, wird die Teilarbeit dW geleistet

$$dW = \gamma \cdot A \cdot x \cdot dx$$

γ = Die Wichte des Bodens.

$$W = A \cdot \gamma \int_0^h x \cdot dx = A \cdot \gamma \cdot 450 \text{ m t}$$

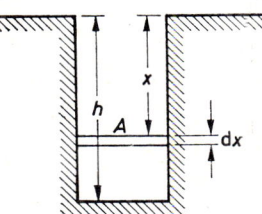

Gesamtarbeit.

Die Teilarbeiten sind:

Unternehmer 1: $\quad W_1 = A \cdot \gamma \int_0^8 x \cdot dx = \left. A \cdot \gamma \, \frac{x^2}{2} \right|_0^8 = A \cdot \gamma \cdot 32 \text{ m t}$

Unternehmer 2: $\quad W_2 = A \cdot \gamma \int_8^{20} x \cdot dx = \left. A \cdot \gamma \, \frac{x^2}{2} \right|_8^{20} = A \cdot \gamma \cdot 168 \text{ m t}$

Unternehmer 3: $\quad W_3 = A \cdot \gamma \int_{20}^{30} x \cdot dx = \left. A \cdot \gamma \, \frac{x^2}{2} \right|_{20}^{30} = A \cdot \gamma \cdot 250 \text{ m t}$

Die geleisteten Arbeiten verhalten sich:
$$W_1 : W_2 : W_3 = 32 : 168 : 250$$

Von der Gesamtsumme erhält:

Unternehmer 1: $\dfrac{32}{450} = 7\dfrac{1}{9} \%$

Unternehmer 2: $\dfrac{168}{450} = 37\dfrac{3}{9} \%$

Unternehmer 3: $\dfrac{250}{450} = 55\dfrac{5}{9} \%$

5. Ein kugelförmiger Wasserbehälter hat den Durchmesser $d = 12$ m. Er soll von einem Fluß aufgefüllt werden, dessen Wasserspiegel 25 m unter seinem tiefsten Punkt liegt. Welche Arbeit ist zu leisten, um den Behälter vom Flusse aus zu füllen?

Die Gesamtarbeit W ist eine Summe der Teilarbeiten:

W_1 um die gesamte Wassermenge bis an die Kugel anzuheben und

W_2 um die Kugel zu füllen.

Die erzeugende Kurve ist der Kreis:
$$x^2 + (y-r)^2 = r^2$$
$$x^2 = 2ry - y^2$$

Das Volumen der Wassermenge:
$$V = \pi \int_0^{2r} x^2 \cdot dy = \pi \int_0^{2r} (2ry - y^2)\, dy = \pi \left| ry^2 - \frac{y^3}{3} \right|_0^{2r}$$
$$= \pi \left(4r^3 - \frac{8r^3}{3}\right) = \frac{4}{3}\pi r^3$$

$$W_1 = V \cdot \gamma \cdot h = \frac{4}{3}\pi r^3 \cdot h = \frac{4}{3}\pi \cdot 216 \cdot 25 = 7200\,\pi \text{ m}t$$

W_2: $dW = Q \cdot dy \cdot y = x^2 \cdot \pi \cdot dy \cdot y$

$$W_2 = \pi \int_0^{2r} x^2 \cdot y \cdot dy = \pi \int_0^{2r} (2ry - y^2) \cdot y \cdot dy$$

$$= \pi \int_0^{2r} (2ry^2 - y^3)\, dy = \pi \left| \frac{2ry^3}{3} - \frac{y^4}{4} \right|_0^{2r} = \pi \left(\frac{16r^4}{3} - \frac{16r^4}{4}\right) = \frac{4}{3} r^4 \cdot \pi$$

$W_2 = 1728\,\pi \text{ m}t$

$W = (7200\,\pi + 1728\,\pi) \text{ m}t = 8928\,\pi \text{ m}t \approx 28\,048 \text{ m}t$

6. Ein künstlicher See hat die Form eines halben Rotationsellipsoids (Sphäroids), das durch Rotation um die Nebenachse entstanden ist.

Der obere Durchmesser ist 100 m, die größte Tiefe 30 m. Von einer Wasserstelle, die 40 m unterhalb des tiefsten Punktes dieses Sees liegt, ist dieser mit Wasser aufzufüllen.

Berechne die dazu erforderliche Arbeit?

Erzeugende Kurve ist die Ellipse:

$$\frac{x^2}{50^2} + \frac{(y-30)^2}{30^2} = 1$$

$$x^2 = \frac{50^2}{30^2}(60y - y^2)$$

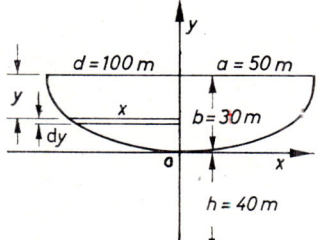

Die Gesamtarbeit W ist aufteilbar in

W_1 Wassermenge an tiefsten Punkt des Drehkörpers anheben,

W_2 Drehkörper von unten her füllen

$$W = W_1 + W_2$$

$$W_1 = V \cdot \gamma \cdot h \qquad V = \pi \int_0^{30} x^2 \, dy = \pi \cdot \frac{50^2}{30^2} \int_0^{30} (60y - y^2) \, dy$$

$$= \frac{50^2}{30^2} \pi \left| 30y^2 - \frac{y^3}{3} \right|_0^{30} = \frac{25}{9}\pi(27000 - 9000) = 50000\,\pi\,\text{m}^3$$

$$W_1 = 50000 \cdot 40 \cdot \pi\,\text{m}\,t = 2\,000\,000\,\pi\,\text{m}\,t$$

$$dW_2 = dy \cdot Q \cdot y \qquad W_2 = \pi \int_0^{30} x^2 \cdot y \cdot dy = \frac{25}{9}\pi \int_0^{30} (60y^2 - y^3)\,dy = \frac{25}{9}\pi \left| 20y^3 - \frac{y^4}{4} \right|_0^{30}$$

$$W_2 = \frac{25}{9}\pi(540000 - 202500) = 937500\,\pi\,\text{m}\,t$$

$$W = 2\,000\,000\,\pi\,\text{m}\,t + 937\,500\,\pi\,\text{m}\,t = 2\,937\,500\,\pi\,\text{m}\,t$$

7. Ein Staubecken hat die Form eines aufrecht stehenden Drehparaboloids. Es besitzt einen oberen Durchmesser von 80 m und eine größte Tiefe von 20 m. Es wird von einem Fluß aus aufgefüllt, dessen Wasserspiegel 120 m unter dem tiefsten Punkt des Staubeckens liegt. Welche Arbeit ist notwendig, um dies Staubecken von Fluß aus zu füllen?

Erzeugende Kurve: $y = ax^2$ $P(40/20)$ Kurvenpunkt

$20 = 1600a \qquad a = \frac{1}{80} \qquad y = \frac{1}{80}x^2$

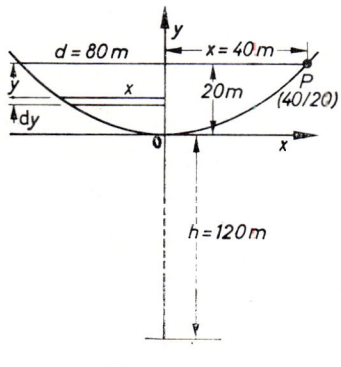

Gesamtarbeit W ist Summe der Teilarbeiten

W_1: Gesamte Wassermenge um 120 m anheben.

W_2: Das Becken von unten her füllen.

$W = W_1 + W_2$

$$W_1 = V \cdot \gamma \cdot h \qquad V = \pi \int_0^{20} x^2 \, dy \qquad x^2 = 80y$$

$$= 80\pi \int_0^{20} y \, dy = 80\pi \left| \frac{y^2}{2} \right|_0^{20} = 16000\,\pi\,\text{m}^3$$

$$W_1 = 16\,000 \cdot \pi \cdot 1 \cdot 120 = 1\,920\,000\,\pi\,\mathrm{m}\,t$$
$$\mathrm{d}W_2 = \mathrm{d}y \cdot Q \cdot y = x^2 \cdot \pi \cdot y \cdot \mathrm{d}y$$
$$W_2 = \pi \int_0^{20} 80\,y^2 \cdot \mathrm{d}y = 80\,\pi \int_0^{20} y^2 \cdot \mathrm{d}y = 80\,\pi \left.\frac{y^3}{3}\right|_0^{20} = 640\,000 \cdot \frac{\pi}{3}\,\mathrm{m}\,t$$
$$W_2 = 213\,333\,\frac{1}{3} \cdot \pi\,\mathrm{m}\,t$$
$$W = 1\,920\,000\,\pi\,\mathrm{m}\,t + 213\,333\,\frac{1}{3}\,\pi\,\mathrm{m}\,t = 2\,133\,333\,\frac{1}{3}\,\pi\,\mathrm{m}\,t$$

8. Wie groß ist die zu leistende Arbeit, wenn 1 kg Masse von der Erdoberfläche in die 3-fache Entfernung vom Erdmittelpunkt gebracht wird?

Die Erdoberfläche ist vom Erdmittelpunkt $r = 6{,}37 \cdot 10^6$ m entfernt.

Die Masse 2 kg wiegt auf der Erdoberfläche 2 kp. Mit dem Quadrat der Entfernung nimmt das Gewicht (die anziehende Kraft) ab. Daraus folgt für die Kraft F

$$1 : F(x) = x^2 : r^2$$
$$F(x) = 1 \cdot \frac{r^2}{x^2}\quad \mathrm{kp}$$
$$\mathrm{d}W = F(x) \cdot \mathrm{d}x \qquad W = \int_r^{3r} F(x)\,\mathrm{d}x = \int_r^{3r} 1 \cdot r^2 \cdot x^{-2} \cdot \mathrm{d}x$$
$$W = 1 \cdot r^2 \left. -x^{-1} \right|_r^{3r} = -r^2 \left.\frac{1}{x}\right|_r^{3r} = -r^2\left(\frac{1}{3r} - \frac{1}{r}\right) = \frac{2}{3}r$$
$$= 4{,}25 \cdot 10^6\,\mathrm{kpm}$$